ちくま学芸文庫

科学の社会史

ルネサンスから20世紀まで

古川 安

筑摩書房

増訂版まえがき

本書が世に出て早くも十余年の歳月が流れました。六刷まで刊行され、大学の講義やゼミのテキストとして採用されたり、一般読者にも広く読んでいただいたことは、著者として望外の喜びです。科学者や科学史研究者からも予想以上の反響がありました。アメリカ科学史学会の『アイシス』誌の書評では「英訳する価値のある本」との称賛をうけました。西欧科学の社会史を主題とした通史の概説書として類書がなかったこと、近年の科学史研究の成果を集積しそれをベースとしてまとめたことなどが認められたのだと思います。

十年前とくらべ、今では科学の社会史というモチーフはかなり定着した感があります。個別研究最近の科学史研究は社会史的色彩が強くなり、アプローチも多様化しています。個別研究が盛んになった結果、かえって全体像が見えにくくなってきたことも否めません。

今回の増訂版では、初版刊行以後現れたこうした関連文献を注に加えることを主眼としました。注は読者への文献案内を兼ねていますので、入門書としての本書の重要な柱の一つと考えています。細大洩らさずリストアップすることはできませんが、重要と判断した最近の文献は適宜入れたつもりです。本文は、第12章と終章の一部を補筆修正したほかは、基本的に初版のまま残すことにしました。ただし本文には書けなかった最近の社会史研究の動向の一端も、なるべく注に付記するよう心掛けました。それでも重要な見落としや誤りがあるかもしれません。読者諸氏のご批判、ご指摘をいただければ幸いです。

増訂にあたって初版の時と同様、南窓社の岸村正路社長にはいろいろとお世話になりました。今後とも本書が皆様の知的探究の一助となればこれにまさる喜びはありません。

二〇〇〇年三月

古川　安

まえがき

本書は、ヨーロッパ科学の社会史を主題としたモノグラフです。国内・海外を問わず、これまでに刊行された科学史の概説書は多数にのぼりますが、そのほとんどが科学の理論や概念の歴史を主体とした通史といっても過言ではありません。科学史を学ぶうえで、まずこうした科学の中身の歴史、すなわち「内的歴史」(internal history)を理解することが大切なことはいうまでもありません。しかし、科学の歴史は、単に概念や理論の歴史であるばかりでなく、科学というものを人間が実践してきた歴史でもあります。その営みには、さまざまな社会的要素が入り込んでいます。こうした科学と社会の相互作用、科学の社会的・文化的側面の歴史、すなわち「外的歴史」(external history)は、歴史における科学の生身の姿を知るうえでも、あるいは現代科学文明がもつ社会的基盤の歴史的成り立ちを理解するうえでも重要です。

筆者はかねがね、科学の社会史をメインテーマとした初学者向けの入門書ないし概説書のようなものがあってもいいのではないかと考えていました。そこで今回、南窓社より科学史の入門書を執筆するお勧めをいただいたのを機会に、自分なりにそれをモチーフとして書き下ろしたのがこの書です。

ひとくちに科学の社会史といっても大変間口が広い領域ですが、本書が描くのは、主として人間の営みとしての科学がどのように社会とかかわり、それによって近代科学の目的や性格はどう変わり、今日あるような姿になったか、ということです。それに関連して、制度史的な面の叙述にも多くを割くことになりました。社会史といえば、一昔前は、科学と社会をめぐる粗い一般論や、偏った史観からの再構成が少なくなかったように思います。幸い、欧米の学界ではここ二〇年ほどの間に（また国内でも徐々に）、しっかりとした一次史料に基づいて、個々の事象をキメ細かく分析する社会史的・制度史的研究が盛んになってきました。本書は、私自身のささやかな研究体験のほか、こうした最近の成果もできるだけ踏まえて書き下ろしたつもりです。その意味で本書は多くの研究者の肩の上に乗っています。執筆にあたっては、必要に応じ特定のトピックを掘り下げて論じた部分もある一方、論じたいと思いながらも全体のバランスや紙幅を考えてあえて切り捨てた事柄や、記述が浅くなった部分もあります。もちろん筆者自身の力不足もあります。見落としや、不十分な記述、誤りもあるかもしれませんが、それらはすべて筆者が負うべき責任です。本書はまだ粗いデッサンにすぎませんが、読者諸兄に何らかのお役に立つものとなれば幸せです。

本書を作成するにあたって、同学の諸兄や勤務先の諸氏から、文献についての御教示や、貴重な御意見を伺うことができました。お名前はあげませんが、この場を借りて謹んで感謝する次第です。索引の作成にあたっては川﨑勝氏の御協力をいただきました。おわりに、本書の編集の労をとって下さった南窓社の岸村正路社長に心からお礼を申しあげます。岸村氏は、遅筆な私を終始忍耐強く励まし、刊行への意欲をかき立ててくれました。編集段階での無理な注文も快くかなえて下さいました。氏の献身的な陰の支えなくしては、この本はこのような形で世に出ることはなかったと思います。

一九八九年五月

古川　安

目次

科学の社会史　ルネサンスから20世紀まで

本書は一九八九年七月十五日、南窓社から刊行された。底本には二〇〇〇年三月三十日刊行の増訂版を使用し、若干の加筆・修正を施した。

序章　社会における科学

西洋文明の衝撃と日本

図 序―1　近晴「武州潮田遠景」。1854年（嘉永 7）のペリー再来の時の黒船。当時の蒸気船は外輪式であり、同時に帆ももっていた。前年の初回来航時の黒船は四隻であり、うち蒸気船は二隻、残りは帆船の軍艦であった。

一八五三年（嘉永六）と翌五四年（嘉永七）の二度にわたって、開国と通商を求めてアメリカのペリー提督が率いる艦隊が浦賀沖に姿を現した折、黒煙を吐いて自在に走るその巨大な黒い軍艦と、それが撃ち放つ大砲の轟音は人々を不安に陥れた（図 序―1）。日米和親条約（神奈川条約）の締結に漕ぎつけた再度の来航の際に、日米双方が明らかに国威顕示の含みをもって見せたと思われる「ショー」は対照的であった。ペリー側は

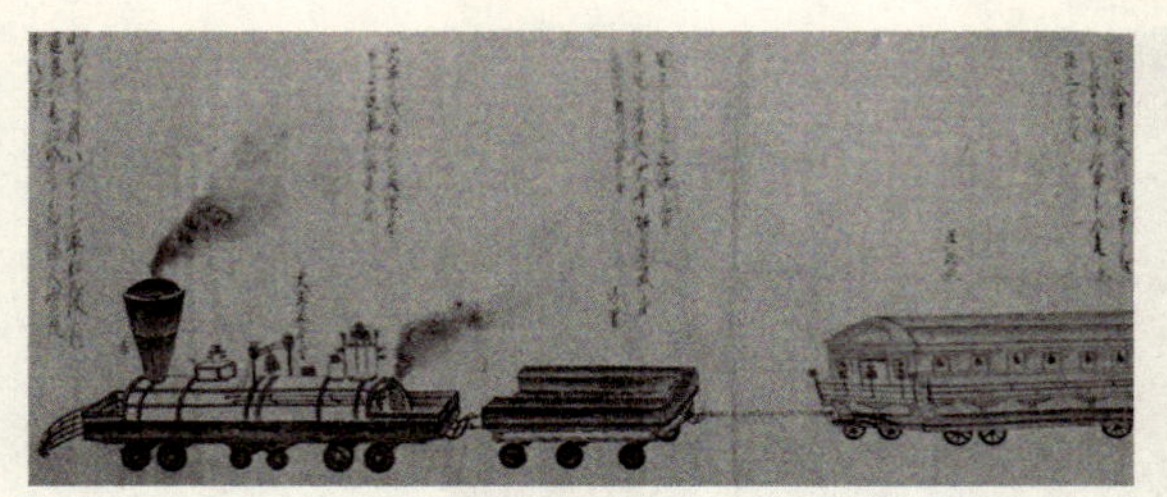

図 序―2　ペリーがもってきた小型蒸気機関車。実物の4分の1の模型であるが、円形に敷いた軌道の上を実際に走らせ、幕府の役人たちを驚かせた。真面目くさった一人の役人が客車の屋根の上に乗り、時速20マイルで走るその蒸気車に歯をむいて笑いながら必死にしがみついている光景は滑稽であったと、ペリーは書いている。

持参した小型蒸気機関車と有線電信機を実演して見せ、日本人の役人たちを驚嘆させた（図 序―2）。これに対して幕府側が彼らに見せたものは、巨漢力士の俵運びと相撲であった。わが国にも、異国人に劣らない怪力の大男がいることを誇示したかったのであろう。この時の模様を、ペリーは後に『日本遠征記』（一八五六）の中で次のように誇らしげに書いている。

それ〔蒸気機関車と電信機〕は日本の役人側の嫌悪すべき見せ物〔相撲〕に対して、より文明的な見せ物で、愉快な対照をなすものであった。残忍な動物力の見せ物の代わりに、それは科学と冒険的事業の勝利を、半開化した国民に高らかに示すものであった。(1)

この文面からペリーの、そしておそらくは当時のほとんどの欧米人が抱いていた西洋文明への強い自信と、非西洋文明に対する優越感のほどを読み取ることができる。欧米人が誇るその西洋文明の力の源泉は、まさに蒸気や電気に象徴される近代的技術にあった。それは一九世紀からこのかた、ヨーロッパ文明が世界を征覇するための重要なファクターとなったのである。

「黒船ショック」は、鎖国の中に生きてきた、ペリーのいう「半開化した」幕末の日本人が、西洋文明に直面して受けた衝撃をシンボリックに表すエピソードであった。近代的技術をそなえた西洋諸国の圧倒的な力の前に、わが国は開国を余儀なくされ、急遽ヨーロッパの科学・技術、および産業の導入をはかるに至る。隣国、清のイギリスとのアヘン戦争(一八四〇―四二)による一方的な敗北を目の当たりにし、欧米列強の植民地化の脅威にさらされていた日本は、そうせざるをえない状況に追い込まれていた。開国後の明治政府は、殖産興業・富国強兵のスローガンのもとに、国策として西欧の科学・技術を、制度ごと導入した。こうして始まった日本の近代化は、非西欧社会としては世界史的にも類を見ないほど短時日に成しとげられ、日本を大きく変貌させたのである。

ペリーが来航した一九世紀半ばのヨーロッパは、産業革命がまさに進行していた時代であった。ヨーロッパの技術は飛躍的な発展を遂げていた。工場生産は機械化され、鉄道が敷設され、蒸気船が海を渡り、都市にはガス灯が普及していた。アメリカ人画家・発明家のモースが発明した電信機が、ワシントン―ボルティモア間で送信実験されたのは一八四四年のことであった。ペリー一行が乗ってきた巨大な蒸気船（ちなみにペリーの旗艦サスケハナは一八五〇年に建造されたばかりの二、四五〇トンの外輪式気走フリゲート艦で当時世界最大）、土産として持参した蒸気機関車と電信機は、いずれも当時の先端技術の粋であった（贈物にはそのほかに銀板写真機、柱時計、ライフル銃、ピストル、農具などが含まれていた）。もっとも、電信機などを除き、当時のヨーロッパにおけるもろもろの近代的技術が既成の科学の直接の産物であったとは必ずしもいえない。それらはむしろヨーロッパの職人や技術者たちの、経験、創意工夫、試行錯誤の実験の賜物であった。当時の科学が技術とさまざまな点でかかわりをもつようになっていたことはたしかであろう。技術を理論的・合理的に研究する学としての工学（engineering）といえるものも芽生えていたし、科学者にも技術的問題に関心をもつ者が少なくなかった。しかし今日のような、科学を基礎として成り立つ技術、自然科学を系統的に応用することによって成立する「科学的技術」（scientific technology または science-based-technology, 日本語の「科学技術」という一綴りの漢とした用語も science and technology というより、これに近い意味で使われることが多い）が登場するのはしばらく後のことである。それでも近代技術発展の原動力はひとえに科学の進歩にあるというパブリック・イメージが一九世紀半ばの欧米にすでにできあがっていた。ペリーが近代的技術を

「科学」と呼んだのもそのことを象徴している。

同様に、文明開化の日本人の脳裏に焼きついた西洋科学とは、純粋な自然の探究というよりも、むしろ蒸気や大砲や電信機といった実用技術に近かったようである。伝統的な儒学や和学を実益のない学として批判し、西洋の学問を称賛した開化の啓蒙家、福沢諭吉も、西洋科学を蒸気や電気に代表される社会に役立つ学問、「実学」と見なしていた。scienceの訳語「科学」が普及し定着する以前の日本にはそれに対応する語として「理学」があったが、当時のこの語の用法からもその状況を一瞥することができる。今日とは違って明治期には、理学は自然科学ばかりか技術ないし工学をも包含した学問と解されていた。一八七七年(明治一〇)にわが国最初の総合大学として東京大学が誕生した際、その理学部は数学・物理学及星学(今日の天文学)、生物学、化学、工学、地質学及採鉱学というように、自然科学と実用技術の学科が混在していたし、一八八三年(明治一六)に創設された理学協会の設立趣旨書に定義された理学も同様の扱われ方をしている。(2) たしかに明治の約半世紀にわたる受容作業の間に、ヨーロッパ科学自体はますます技術と強い結びつきを示し、技術を媒体として社会を変える大きな力になっていった。

このように、明治に生まれた日本人の科学観――その余波は多かれ少なかれ今日まで残っている――は、ヨーロッパ科学の数百年の歴史を越えて受容した、「結果としての西洋科学」の性格を色濃く反映していた。理学に代わって定着した「科学」という日本語の由

或ハ害ヲ生スル者亦如何トモ爲ス可ラサルナリ然モ流體動學即水理
術ニ於テ一クヒ之ヲ活用スル時ハ流下ノ性能水車ヲ運シ以テ百般ノ
利用ヲ興シ又壓迫ノ性能水技ヲ奏シ激シテ噴泉トナラシムヘシ其他
此等凡百此性ヲ利用シテ能人間ノ利便ヲ興ス者蓋枚擧ニ暇アラス故
ニ學ハ人ノ性ニ於テ能其智ヲ開キ術ハ人ノ性ニ於テ能其能ヲ益ス者
ナリ然ルニ如此ク學ト術トハ其旨趣ヲ異ニスト雖モ然モ所謂科學ニ
至テハ兩相混シテ判然區別ス可ラサル者アリ譬ヘハ化學ノ如シ大要
分解法ノ化學ハ之ヲ學ト謂フヘク總合法ノ化學ハ之ヲ術ト謂フヘシ
ト雖モ亦判然相分ツ可ラサル者アルカ如シ今爰ニハ此等精密ノ論ト
暇アラス唯其學術相關スル所以ヲ明カシテ足レリ而テ本論ノ主意タ
ル先百學術ノ相組織結構スル所以ヲ論述セムトスルニ方リ肯一二言

明六雜誌　二十一

図 序—3　明治7年、西周の「知説」に登場した「科学」の文字（マル印）。この論説でこの語は一度出てくるだけであるが、その後の彼の哲学の論文の中ではしばしば使われた。

来にしてもそれがいえる。西欧文明が本格的に入ってくる前のわが国には、「科学」なる日本語すら存在していなかった。この語をscienceに対する翻訳語として最も早期に使用した人物の一人が、「哲学」「理性」「主観」「客観」「現象」「帰納」「演繹」などの訳語の考案者としても知られる哲学者の西周（にしあまね）であった。一八七四年（明治七）、『明六雑誌』に掲載された彼の論文「知説」の中に早くも、この「科学」の語を見いだすことができる（図序—3）(3)。西があえてこの訳語を選んだのには、それなりのわけがあった。それは当時、文明開化の日本に怒濤のように入ってきた一九世紀後半の西洋のサイエンスの性格をそのまま反映した言葉であった。すでにヨーロッパでは近代科学の基礎が築かれて久しく、物理学・化学・生物学・博物学・地質学（これらも幕末から明治にかけてに登場した訳語である）といったさまざまな分野に専門分化した状態の学問領域となっていた。それゆえこの学問を総称して、さまざまな「科」からなる「学」問というところから「科学」と名づけられたのである（なお今日、中国や南北朝鮮でも同じ漢字を使うが、これはわが国からの輸出語である）。歴史に仮定法は無用であるが、これがたとえば、もし一七世紀の西欧科学であったならばどうだったかと考えてみるのも面白い。たぶん違った訳語が考案されていたであろう。なぜならば、英仏語の science がラテン語の scientia（スキエンティア＝知ること）に由来しているように、ガリレオやデカルトやニュートンが活躍した一時代前のサイエンスは、哲学・思想・宗教を包含した、境界をもたない未分化の幅広い知的活動を意味していたからである。

科学の社会的次元——本書の視点——

自然に関する知識の体系とそれをつくり出す営みを広く「科学」と呼ぶならば、それは何もヨーロッパの専売特許ではない。その意味での科学は、古代から近代に至るまで、ギリシア、インド、アラビア、中国、そして日本など、洋の東西にかかわらず存在していた。

しかし、通常、今日われわれが科学といえば（その日本語の由来をもち出すまでもなく）、ヨーロッパで生まれた近代科学をさす。ここでいう近代科学（modern science）とは、一六世紀から一七世紀の西欧近代の幕開けに成立した科学の総称である。近代科学は、たとえばかつて中国やインドで生まれたそれとは異なる、独特の自然認識をもった知識体系であるのだが、現代世界においては、あえて「ヨーロッパ」科学と断り書きをつけるまでもないほど国際化している。

その誕生から今日に至るまでの約五世紀の間に、近代科学は大きな成長をとげた。しかしその間に、おそらく概念や理論の内的変化以上に著しい変貌をとげたのは、その社会的側面であろう。科学を行う形態、科学の目的や役割や性格、科学の社会的地位や社会への影響度などにおいて、近代科学の黎明期と現在とでは隔世の感がある。ケプラーやガリレオが生きた一六世紀末から一七世紀初めには、科学という営みはまだ社会で「市民権」すらもっていなかったといっても過言ではない。中世から多数あった学問の府、大学では科学の専門教育は全く行われていなかった。自然の探究はアマチュア愛好家の個人的な知的営み・余技といった方が適切であり、それを行うためには私財を投じるか、君主や貴族などの裕福なパトロンに財政援助を乞うしかなかった。また、科学は職人技術とはほとんど融合していなかった。科学の社会的有用性を主張する概念は生まれていても、あるいは間接的・散発的な形での理論と実践の結びつきは見られたとしても、自然探究の成果は一般に当時の技術や産業と系統的に結びついていなかった。科学は哲学や宗教と区別できない営みであったし、そもそも宇宙の理解、自然の探究は総じて神の計画を理解するという信仰上の動機から行われていた。

現代の科学は単なる愛好家の個人的な知的営みの域を超えて、社会的に大きな意味をもつ営為になっている。社会的に定着した仕組みを「制度」(institution)と呼ぶならば、科学はそれ自体、明らかに一つの制度となっている。科学は職業として確立され、大学は職業科学者を大量生産する教育機関としての役割を果たしている。科学研究を行う場や環境も「制度化」されている。研究所や大学での研究は、多くの場合、個人単位ではなく研究者のチームを編成して遂行され、そのスポンサーとなるのは主に国家(その財源は国民の税金)や産業界などである。政府は国家運営の柱として科学政策を打ち立てている。哲学や宗教や文化的価値から遊離した知的活動である現代の科学は、その内部でもさまざまな学問分野に分化し、多種多様な専門学会が存在する。そしてそれぞれの領域における高度に専門化した研究は、もはや素人を寄せつけない。科学者は研究成果を論文にまとめ、それぞれの領域を代表する学会誌に発表する。研究競争を鼓舞する褒賞制度や特許制度や職制が確立されている。科学の使命は、神の計画を知るとか、教養のためとか、文化活動とかいうことよりも、ひとえに社会や国家の実益に資することにあると見なされる傾向が強い。科学と産業技術や軍事技術との結びつきは深く、科学者とエンジニアを識別するのは難しい。科学は主としてそれと結びついた技術の諸成果を通して社会に大きなインパクトを与え、現代文明の中枢で機能している。

この五〇〇年間に生じた科学の「社会化」(socialization) ともいえる著しい変貌をどう理解したらよいだろうか。それは、単に科学そのものの内的発展、すなわち科学理論の発展の自動的な帰結といえるものなのだろうか。たしかに科学は外界から独立し、それ自体が自律的な成長能力をもつ「生き物」のようにも見える。だが、科学は空虚の中で成長してきたものではない。科学をつくり育んできたのはほかならぬ人間であり、その成長を可能にし、それを方向づけた社会があった。今日の科学の社会的相貌は、ヨーロッパの四世紀の歴史における科学と人間と社会とのダイナミックな相互作用の中から形づくられてきたものであるともいえる。現代科学は、哲学や神学を基礎においたかつての自然哲学とは違って、西欧文明の「シッポ」がとれて世俗化され、いわばマニュアル化されて国際的にも伝達可能な様相を帯びている。そうした科学自体の性格の変化も、一九世紀以降急速に、ヨーロッパの科学文明が世界を席巻するようになったのも、単に理論や概念の優位性の問題というよりも、こうした確たる社会的基盤と意義をそなえた営為に発展していたことによるところが大きい。わが国が一九世紀後半、西洋近代科学を導入した際、それを支える諸制度(学校教育・学会・試験研究機関・資格試験など)の移植の方が、科学の中身(理論や思想)の理解・摂取よりもむしろ先行していたのも象徴的である。

本書は、こうしたヨーロッパ近代科学の社会化の歴史に焦点を当てる。扱う時代は、中世後期から二〇世紀中葉までである。政治的・文化的出来事（たとえば、ルネサンス・ピューリタン革命・啓蒙主義・フランス革命・産業革命・巨大産業の台頭・ナショナリズムの高揚・世界大戦）は科学とどうかかわり、科学の性格や社会的位置をどう変えたのか。近代科学はいかにして世俗化・大衆化・制度化・職業化・専門分化・技術化・産業化・ナショナル化・軍事化・巨大化の道をたどったか。翻って、それらの変化は社会にどのような影響を及ぼしたか。総じて、現代科学文明がもつ社会的基盤はどのようにしてつくられてきたか。本書は、こうした問題を念頭において書かれたものである。

今日あるような科学の社会的相貌は、決して予定調和的にできあがったものではない。そこに至る道筋にはさまざまのプロセスが複雑に交錯している。ひとくちに科学の社会化といっても、それぞれの時代により、国により、違う文脈が存在した。科学をつくってきたのが人間であるように、社会化された科学をつくりあげてきたのも結局は人間であることは忘れてはならない。それぞれの時代に、それぞれの場面で、科学者（自然探究者）は自らの営みを社会的に認知させるための主張をさまざまの形で展開してきた。科学の実践者自身のこうした訴えが、科学の社会化・制度化に果たしてきた役割は大きい。他方において、科学のパトロンやスポンサーとなった側（知識人・君主・貴族・商人・資本家・産業界・政府など）は、その時代の社会的状況に応じ、彼らなりの意図や問題意識をもって科学活動を支えてきた。一般大衆レベルの科学に対する意識、科学のパブリック・イメージも時代により変化した。これらの要素はどう絡み合い、科学の性格や方途をどう規定したかを考察することは社会史的な分析に有用である。過去数百年の間に、「信仰のための科学」「教養・人間形成のための科学」「学問それ自体のための科学」「技術のための科学」「文化運動としての科学」「社会変革のための科学」「体制維持のための科学」「産業のための科学」「国家のための科学」ともいえる、さまざまな科学の理念やイデオロギーが、それぞれの社会でそれぞれの場面において登場した。こうした理念やイデオロギーは、何らかの形でその時代の社会や文化の状況が刻印されたものと見なされるし、現実につくられる教育や研究の制度（学校・学会・団体・研究機関など）の性格を規定してきた。これらもろもろの、科学の理念やイデオロギーは、拮抗し、競合し、浮沈し、あるいは融合したりしながら、その時代の、その社会の科学の制度化に反映された。制度というものは、いったん確立されると、個々の成員の意志から独立して集団の態度や行動を規定し固定化する特徴をもつ。それゆえ、制度が以後の科学の性格や方向に与える影響は大きい。また、ある制度が確立された後、新たに生じた社会的・文化的状況にそれがうまく機能しなくなった場合もあるし、創設時の理念から離れて、新たな状況に適応すべくその機能や性格を変えたこともある。ある所で生まれた教育や研究の制度が大きな成功を収めると、他の国々の制度化にも大きな影響を与える。それをモデルとして他の国でつくられた制度は、新しい発展を見た場合もあるし、逆に異なる社会的・文化的環境ゆえに十分機能しなかった場合もある。さまざまなプロセスを経ながらも、ヨーロッパ科学の目的と性格は大局的には共通の方向に向かっていった。経済競争や戦争が、科学の社会的相貌の画一化を促したことは疑いの余地がない。歴史における科学と社会のかかわりをたどるにあたって、科学をめぐる過去のさまざまなイデオロギーや制度化の変遷の様相を、後知恵を排し、可能な限りそれぞれの文脈に即して理解する姿勢が必要である。そうすることにより、われわれの生きる現代の特異性と歴史とのつながりが浮かび上がってくるであろう。

現代の科学技術には、一方においてわれわれの社会生活を豊かにする光の面と、他方において公害・環境汚染・自然破壊・生態系破壊・科学兵器・原発事故・生命操作・人間疎外といった人類を脅威にさらす影の顔をもっている。近年、とくにこうした影の側面が深刻化するにつれて、現代科学技術は危殆に瀕しているという感が強まっている。こうした問題点の所在を探り、これからの科学技術のあり方を考えるうえでも、歴史は何がしかの手掛りを与えてくれるであろう。

近年、科学の社会史はさまざまな個別テーマの詳細な研究が進展している反面、広いタイム・スパンから鳥瞰した通史はまだ驚くほど少ない[4]。社会史は広大であり、多様な視座からそれにアプローチできる余地が残されているはずである。本書はこの広い海原の一つの側面を特定の視座からスケッチしたものにすぎないが、ヨーロッパ科学の社会史を展望するための一つの素材を提供することになれば幸いである。

第1章　二つのルネサンスから近代科学へ

科学革命とギリシア科学の遺産

近代科学の基盤がヨーロッパで築かれたのは、一六世紀から一七世紀にかけてのことである。この時期の思想は極めて急速に変化し、人々の宇宙観や人間の自然における位置の概念を一新した。そこで歴史家たちはしばしば、それを「科学革命」(Scientific Revolution)という言葉で表している。この科学の進展ぶりを「革命」という言葉で最初に表現したのは、一八世紀のフランスの啓蒙思想家たちであるといわれる。しかし、「科学革命」なる語が広義の歴史用語として定着するのは、二〇世紀のイギリスの歴史家バターフィールドが『近代科学の起源』(一九四九)で使用して以来のことと思われる。[1]その年代区分には統一した見解はないが、便宜上、新時代を画する科学の書物が登場した年をいちおうの目安として、一五四三年をこの科学革命の起点とし、一六八七年をその完結点に置くことが多い。一五四三年とは、コペルニクスが『天球の回転について』を出版して地動説に基づく天文学体系を公にし、またヴェサリウスが近代的解剖学の始まりを象徴する解剖図解集『人体の構造について』を出した年である。ちなみにそれは日本でポルトガル人が種子島に漂着し鉄砲を伝えた年にあたる。一六八七年は、ニュートンが「運動の三法則」や「万有引力の法則」など、今日でいう古典物理学の基礎原理をまとめた『プリンキピア(自然哲学の数学的原理)』の出版年にあたる。

近代科学の起源に関して、これまでさまざまな内的・外的要因が科学史家によって論及され、それをめぐる論争も尽きない。本書ではそうした個々の議論に立ち入って科学革命の原因を論ずることはしないが、ヨーロッパ近代科学の特質とその社会や文化との連関を考えるうえで現象論的に重要と思われる側面を初めの数章でいくつか取りあげておきたい。本章ではまず近代科学をルネサンスという文化運動との関係から眺めることにする。近代科学は思想的に多くの面でギリシア科学を土台にしている。その復興は、後の科学文明の母体になるヨーロッパ知性の出発点となった。

ギリシアの科学思想は、紀元前六世紀のイオニアの自然哲学の出現に始まり、前四世紀のプラトンやアリストテレスが活躍したアテナイの黄金時代を経て、エジプトのプトレマイオス王朝の首都アレクサンドリアが中心となるヘレニズム時代が幕を閉じる紀元後一世紀頃までの間に興隆した。そこでは自然現象を合理的・体系的に説明する精神が生まれ、さまざまな世界観・宇宙論が発展した。そして、数学(算術・幾何学)、医学、天文学のほか、自然学や認識論、学問方法論などの広範な領域にまたがる知(ギリシア人の言葉でフィロソフィア philosophia もしくはエピステーメー episteme)が結晶した。

この古代ギリシアの時代からヨーロッパの近代に至るまでは、優に千年を越すタイム・スパンがある。地中海に臨む古代ギリシアは地理的にヨーロッパの一部に違いないが、ギリシア人が開花させた科学は、中世後期まで西欧世界ではほとんど忘れ去られていたのである。古代ギリシアの科学は、ヘレニズム世界と接触したローマ人に受け継がれたが、中世初期のヨーロッパでは、その一部がキリスト教思想と混淆(こんこう)したり、修道院で一部のギリシア典籍の写本作業が行われていたほかは、次第に途絶えていった。

のちにヨーロッパ世界がこの失われたギリシアの遺産を再発見し、大々的に復活させた時期が二回あった。最初は一二世紀であり、次が一四世紀から一五世紀にかけてであった。後者がよく知られている「ルネサンス」(仏・英 Renaissance, 伊 Rinascita のち Rinascimento, いずれも仏語に由来し、聖書用語からの比喩で「再生」を意味する。この言葉が歴史用語として定着するのは一九世紀以後のことである)である。前者はこれと対比的に「一二世紀ルネサンス」(Renaissance of the Twelfth Century)と呼ばれている。これはアメリカの歴史家ハスキンズ(2)が使って以来普及した用語である。中世ヨーロッパ史において「ルネサンス」の名が冠されている事象ではこのほか、八世紀後半から九世紀にかけての「カロリング・ルネサンス」(Carolingian Renaissance, 地中海地方からキリスト教とともに伝えられたギリシア・ローマ文化の影響を受けて、フランク王国のカール大帝がラテン語の純化や修道院教育の充実をはかった運動)がよく知られているが、古代科学の復活という点では上記の二つが問題となる。

一二世紀ルネサンス

一二世紀ルネサンスに先立って、古典古代の文化を大規模に継承する役割を果たしたのは、ヨーロッパ自身ではなく西アジアであった。いくつかの政治的事件が、ギリシア・ローマ文化の東方への伝播を促した。三九五年、ローマ帝国は東西に分裂した。五世紀以降、東ローマ帝国（かつてのギリシアはこの領内にあった）の東方正教会から異端の烙印を押されたキリスト教徒のネストリウス派（キリストの中に神と人間の二性を認める一派）や単性論者（キリストの人性を完全に否定し神性のみを認める一派）たちは、難を逃れてササン朝ペルシア領内に移り、ギリシアの哲学とその著作をそこに伝えた。五二九年に、東ローマ帝国の皇帝ユスティニアヌスは異端者による哲学の教育を禁止する勅令を出し、ギリシア最古の学校アカデメイア（Akademeia, 紀元前三八七年頃プラトンがアテナイに創設）が閉鎖に追い込まれると、シンプリキオスやダマスキオスといった優れたギリシア系学者もこの地に亡命した。彼らを迎え入れたペルシア王は、ギリシア・ローマ文化の吸収に努め、ここで古典古代の著作の翻訳運動が開始された。当初、ギリシア語の文献は主として土着語のシリア語に翻訳されていたが、七世紀にイスラムがこの地域を占領すると、アラビア学者はカリフの庇護を得てシリア語からアラビア語へ、その後はギリシア語から直接アラビア語への翻訳活動を進めた。こうしてイスラム帝国では、八世紀から一五世紀にかけて、ギリシア科学を母体とし、さらにインドや中国の科学の影響も受けたアラビア科学が隆盛した。[3]
ヨーロッパの一二世紀ルネサンスは、このアラビア科学の受容から生じた。一二世紀はしばしば西欧世界の「離陸の世紀」といわれる。商業の復活によって都市が勃興し、そこにやがて相次いで大学が誕生する（大学の起源と展開については第3章参照）。キリスト教の歴史は古いが、それが社会の底辺の階層にまで深く浸透するようになったのもようやくこの頃である。キリスト教会は権威と富を得て、各地にロマネスクやゴシックの建築様式による大きな尖塔寺院を建立し、教会文化が花開く。それまでイスラムに支配されていたイベリア半島（後のスペイン）ではキリスト教徒による国土回復運動（レコンキスタ）が高まりを見せていた。一一世紀末までには、イベリア半島や南イタリアのシチリア島を占拠していたイスラムが後退し、ヨーロッパ人はアラビア学問のいくつかの拠点を掌握した。今やアラビアの学術書を直接入手できるようになったヨーロッパ人は、これらの書物をアラビア語から、西欧の共通学問語であったラテン語に翻訳していった。かくして一三世紀までには、アラビア学者の著作や注釈とともに、西欧の知的伝統から久しく途絶えていた医聖ヒッポクラテス、万学の祖アリストテレス、数学者エウクレイデス（ユークリッド）、天文学者プトレマイオス、医学者ガレノスら古代人の著作が、アラビア語訳書（ギリシア語文献からの翻訳も一部あった）を通してヨーロッパ世界に続々と紹介された。アリストテレスやプトレマイオスの天動説による宇宙観が西欧精神に確固たる地位を占めるようになったのもこの時以来である。アルキメデスの著作は、一二世紀に一部がラテン語訳されたが、一三世紀までにはそのほとんどの作品が完訳されている。[4]

とりわけ、ギリシア最大の哲学者アリストテレスの自然学と学問の方法論が中世後期の西欧知識人に与えた衝撃は大きい。『アリストテレス著作集』（ラテン名 Corpus Aristotelicum）の形で今日に伝わる膨大な著書は、彼のリュケイオン（Lykeion, アリストテレスが前三三五年にアテナイに創設した学校）での講義録をもとに前一世紀に一一代目のリュケイオン学頭アンドロニコスが主題別に編纂したものである。これらの著作はイスラムでも深く研究され、一二世紀には西欧の学者たちにより『分析論前書』、『分析論後書』、『自然学』、『霊魂論』、『生成消滅論』、『天体論』、『気象学』、『形而上学』など一連の重要な著作が、イスラム学者たちの注釈書とともに、トレド、シチリア、北イタリアで次々に訳出されていった。一三世紀になると、アリストテレス哲学はドミニコ会士の聖トマス・アクィナスらの努力によりキリスト教教義と融合され体系化された（図1―1）。「スコラ哲学」として知られるこの巨大な知の体系は、ほぼ同じ頃ヨーロッパの諸都市に誕生した大学の主要な学問として隆盛した。しかし一方において、信仰（それまで絶対視されてきた聖書の教え）と理性（異端の民ギリシア人の哲学）のどちらを優先すべきかの論争が白熱していた。アリストテレスの著作や注釈書に対する教会会議の抵抗はアクィナスによるスコラ学の体系化以前からあったが、その後わけても、イスラムの哲学者アヴェロエスのもたらしたアリストテ

図1―1　ボナユーティ作「聖トマス・アクィナスの勝利」(1360年代)。フィレンツェのサンタ・マリア・ノヴェラ教会礼拝堂の壁画。中央の椅子に座しているのがアクィナス。足元中央にひざまずく異端者アヴェロエス。その下の女性たちは7つの自由学芸（左側）と神学関係（右側）の学問を擬人化したもの。最下列はそれぞれの学科を代表する古代の学者。

レス解釈は既存のキリスト教教義との矛盾を生じ、西欧学者の間で賛否をめぐる論争を呼んだ。パリ大学の学芸学部を中心としてアヴェロエスの注釈を支持する「ラテン・アヴェロエス主義」が台頭すると、教会や正統的神学者はこれに強く反対し、たびたび異端宣告を発した。アヴェロエス主義は哲学上の真理と信仰上の真理がたとえ矛盾しても両者を共に認めるという「二重真理説」の立場を取っていると見なされた。

またアヴェロエス派が容認したアリストテレスの「世界の永遠性」の概念（世界には初めも終わりもないとする考え）は、神の天地創造を否定するものとして弾劾された。パリ大学の神学部教授であり、アリストテレス哲学をキリスト教神学に取り入れた当のアクィナスは、神中心の立場を維持し、反アヴェロエス主義の側に立った。そしてこの論争は、学芸学部と神学部の間の闘いにまで発展した。とくに一二七七年のパリ司教タンピエによる断罪は有名である。彼は教皇ヨハネス二一世の命でパリ大学に渦巻く論争を調査し、その結果アヴェロエス派が主張するという二一九個条にのぼる命題を掲げ、そのいずれか一つでも弁護する者は破門に処すという布告を発令した。科学史家グラントらが指摘するように、パリ断罪事件は、後の一四世紀に独特の知的風土を生み出す効果を与え、かつてないほどアリストテレス解釈の多様化を促した[5]。スコラ的アリストテレス主義の上に乗りながらも、その宇宙論や運動論への批判的解釈が生まれることになったのである。それは、その頃始まったもう一つのルネサンスの流れにつながっていった。

イタリア・ルネサンス

第二のルネサンスは、一四世紀のイタリアに始まり、一五世紀以降ヨーロッパ各地に広まった古代ギリシア・ローマ文化の新しい復興運動とそれに伴う文化的変革である[6]。通常、西洋史の上でそれは、「地理上世界の拡大」や「宗教改革」とともにヨーロッパの「近代」

の幕開けを告げる出来事の一つとされている。イタリア・ルネサンス最大の中心は、トスカナ地方の都市共和国フィレンツェであった。一四世紀から商業で勢力を伸ばした大富豪のメディチ家は、一五世紀になるとフィレンツェの市政に君臨し文芸を愛護し、ルネサンス運動の熱心なパトロンとなった。文芸復興のパターンから見ると、一二世紀ルネサンスがイスラム世界から入った古典学芸を主としてアラビア語を介して復興した運動であったのに対し、イタリア・ルネサンスでは各地に散在するギリシアやローマの原典を広範に収集し、直接原語から古典学芸をラテン語訳して厳密に研究したことに特徴がある。一四五三年、東ローマ帝国がオスマン・トルコに滅ぼされると、同帝国の首都コンスタンティノープル（ビザンティウム）からギリシア系学者がフィレンツェに亡命し、ギリシア語の古写本も大量にもち込まれた。また、ヨーロッパ各地の修道院に伝わる古写本の大掛かりな調査も行われた。これを契機に、プラトン哲学・ヘルメス思想・原子論・ギリシア数学など、一二世紀ルネサンスでは蘇らなかったギリシア思想が相次いで復活した。これらはスコラ的アリストテレス主義の対抗思想となり、その棄却——それは一六世紀中葉から一七世紀にかけての科学革命の一つの特徴である——を促した。[6]

コンスタンティノープルからの亡命学者プレトンは、メディチ家の統領コジモ・デ・メディチの保護を受けて一四四三年、フィレンツェにアカデミア・プラトニカという学者の研究機関を創設し、プラトン哲学やヘルメス思想の復活に努めた。プラトンの著作のうち中世の西欧に知られていたのは『ティマイオス』篇のラテン語訳ほかわずかなものであったが、ここで初めてその全著が原文で研究された。コジモの侍医でアカデミアの学頭となったフィチーノは、一四八四年プラトンのラテン語版全集を出版した。また、一四六〇年にマケドニアで発見された『ヘルメス文書』（ラテン語名 Codex Hermeticum, 前三世紀から後三世紀にかけてエジプトで書かれたヘルメス・トリスメギストスと呼ばれる神の教えと伝えられる文書群）の翻訳をコジモから命じられた彼は、一四七一年にそのラテン語訳『ヘルメス大全』を刊行している。ヘルメス主義は魔術・宇宙論・占星術・錬金術を取り込んだ深遠な思想としてルネサンス人を魅了した。コペルニクス、パラケルスス、ディー、ブルーノ、ケプラー、ファン・ヘルモントらに大きな影響を与えたことはよく知られている。

レウキッポスとデモクリトスによる古代初期の原子論（その原著作は残存していない）の存在はアリストテレスの著作を通じて西欧世界ですでに知られていたが（ただし反原子論の立場に立つアリストテレスはそれを批判的に論じた）、古代にその学説を正統的に継承したギリシア後期のエピクロスやローマの詩人ルクレティウスの原子論思想はこの時期に蘇った。一四一七年、ポッジョ・ブラッチョリーニはモルバッハの修道院でルクレティウスの叙事詩『事物の本性について』の写本を発見した。文学上の関心も集まり、これから多くの写本が作成され、一四七三年頃印刷本として出されて以来一六〇〇年までに三〇版が出版された。もう一人の原子論者エピクロスの原著は失われていたが、その思想は後期ギリシアの哲学者ディオゲネス・ラエルティオスの『著名哲学者の生涯と教説』の第一〇巻に引用されて残されていた。同著の写本は一四世紀に東ローマ帝国から伝わり、一四三一年にトラヴェルサリがコジモの命によりラテン語訳を完成し、のちにローマで出版した。以後いくつかの版が現れるが、これをもとに一七世紀になってフランスのガッサンディがエピクロス的原子論をヨーロッパに広く普及することになる。

図1―2　中世の写本作業。左の人物が口述し右の人物が筆耕する。オッカム『対話篇』(1494年頃)の木版広告より。

いずれの場合にも、こうした古代の著書や訳書はこの時期に登場した印刷術により活字本として速やかに出版され、広く行き渡ったことが分かる。口述文化・手写本文化にあった一二世紀ルネサンスにはなかった新現象である(図1―2)。中国ではすでに唐の時代(八世紀初頭)に木版印刷が発明されていたが、西洋では七〇〇年後の一五世紀中葉にドイツのマインツのグーテンベルクが金属(鉛合金)の鋳造活字による活版印刷術を発明した。一五世紀中頃までにはヨーロッパで製紙術も確立され、従来の羊皮紙に代わって、麻布を原料とした安価で簡便な紙が印刷に使われた。印刷術は、テキストや図版を正確に大量に再生産し、広範囲に、しかも急速に知識を伝播する役割を演じた。それにより、科学は累積的性格を増し、個々の自然探究者はますます容易に先人たちの業績の上に乗って仕事ができるようになった（図1―3）。以後のヨーロッパ圏で科学が途切れることなく確実に伝承され、また学問が比較的広い層に行き渡ることになる背景には、この印刷術という伝達媒体の普及があったことを忘れてはならないであろう。[7]

西欧の自然探究者たちは、蘇った古代思想を拠り所として、彼らの時代の価値観と調和させせつつ新しい世界観を築き上げた。一六世紀以降に出現したいわゆる「数学的自然観」「新実験哲学」「粒子哲学」「機械論哲学」など、西欧近代科学を特徴づける自然認識のスタイルは、いずれもこの時代のギリシア著作の復活に源流をもつ。物理的世界の複雑な現象を数学の言葉に置き換えて理解する数学的自然観の興隆は、真理＝イデアは数学を通してのみ理解すべきであるという認識論に立つプラトン思想の復活と深くかかわっている。また実験や観察を自然探究の基礎とする新実験哲学の起源は、部分的にはグロステストやロジャー・ベイコンらのスコラ学における自然学研究の方法論に求めることもできようが、一部は感覚的認識を重んじるヘルメス主義の台頭とそれに結びついた錬金術の実験操作の伝統にもある。また粒子哲学や機械論哲学の台頭は、一切の自然現象を粒子の衝突や運動

CAII PLINII SECVNDI NATVRALIS HISTORIAE LIBER .II.

AN Finitus sit mundus: & an unus. Ca.i.

MVNDVM ET HOC QVOD NOMINE alio cælū appellari libuit: cuius circūflexu tegūt cuncta: numen esse credi par est æternū: imēsū: neq; genitum: neq; interiturū unq̄. Huius extera indagare nec interest hominū: nec capit hūanæ coniectura mentis. Sacer est: æternus: imensus: totus in toto: immo uero ipse totū: infinitus: ac finito silis. Omniū rerū certus & similis icerto. Extra intra cūcta cōplexus in se: idēq; rerū naturæ opus: & rerū ipsa natura. Furor est mensurā eius animo quosdā agitasse: atq; ꝓdere ausos. Alios rursus occasione hinc sūpta: aut his data inumerabiles tradidisse mūdos: ut totidē rerū naturas credi oporteret. Aut si una oēs icubarēt: totidē tamen soles: totidēq; lunas: & cætera etiā in uno & immensa & innumerabilia sydera: quasi nō eadē quæstiōe semp in termino cogitatiōis occursura desyderio finis alicuius. Aut si hæc infinitas naturæ oīū artifici possit assignari: nō illud idē in uno facilius sit itelligi tāto præsertī ope. Furor est ꝑfecto furor egredi ex eo: & tāq̄ iterna eius cūcta plane iam sit nota: ita scrutari extera: quasi uero mensurā ullius rei possit agere: qui sui nesciat: aut mens hominis uidere quæ mundus ipse nō capiat.

DE Forma eius. Cap.ii.

FOrmā eius in speciē orbis absoluti globatā esse nomen in primis & consensus in eo mortaliū orbē appellantiū. Sed & argumenta rerū docent: non solū quia talis figura oībus sui partibus uergit in sese: ac sibi ipsa toleranda est: seq; includit & continet nullarū egens cōpaginū: nec finē aut initiū ullis sui partibus sentiens: nec quia ad motum quo subinde uerti debeat: ut mox apparebit: talis aptissima est: Sed oculorū quoq; ꝓbatiōe: q; conuexus mediusq; quacunq; cernat: cum id accidere i alia non possit figura.

DE Motu eius. Cap. iii.

HAnc ergo formam eius æterno & irrequieto ābitu inenarrabili celeritate .xxiiii. horarū spatio circūagi solis exortus & occasus haud dubiū reliquere: an sit imēsus: & ideo sensum auriū facile excedens tantæ molis rotata uertigine assidua sonitus non equidē facile dixeri: nō hercle magis q̄ circūactorū simul tinnitus syderū suosque uoluentium orbes. An dulcis quidē & incredibili suauitate concentus nobis qui intus agimur iuxta diebus noctibusq; tacitus labitur mundus: esse innūeras ei effigies aīaliū rerūq; cunctarū ipressas. Nec ut in uolucrum notamus ouis leuitate continua lubricū corpus: quod clarissimi auctores dixere tenerū argumētis idicatur: quoniā inde deciduis rerū oīū seminibus innūeræ in mari præcipue: ac plerūq; cōfusis mōstrificæ digenerāt effigies. Præterea uisus probatiōe alibi plaustra: alibi ursi: tauri alibi: alibi līæ figura cādidiore medio sup uerticē circulo.

Cur Mundus dicatur. Cap.iiii.

EQuidem & consensu gentium moueor. Nā quē κόσμον cosmon græci noīe ornamēti appellauerūt: eum & nos a perfecta absolutaq; elegantia mundum. Cælum quidem haud dubie cælati argumento diximus: ut interpretatur. M. Varro. Adiuuat rerū ordo descripto circulo: qui signifer uocatur in .xii. aīaliū effigies: & p illas solis cursu cōgruens tot sæculis ratio.

DE Quattuor elementis. Cap.v.

NEc de elemētis uideo dubitari quattuor esse ea. Ignitū summo: īde tot stellarū collucētium illos oculos. Proximū spiritus: quē græci nriq; eodē uocabulo aera appellāt. Vitalē hunc: & p cuncta rerū meabilē totoq; consertum: cuius ui suspensam

図1—3　1469年版のプリニウスの『自然誌』の印刷本。印刷術の導入直後に100部刷られたこの書は、科学に関する最古の印刷本と考えられている。

から説明する古代原子論の再生が絡んでいる。これらの思想は相矛盾する面もはらんでいたが、いずれもアリストテレス主義の対抗思想となった点で共通している。この時代にはアリストテレス思想自体も、アラビア語の翻訳書や注釈書ではなく、直接ギリシア語の原典や古代人の注釈書から研究し直され、中世とは違った新しいアリストテレス解釈も生まれるようになった。

ルネサンス運動の基調になった人文主義（ラテン humanitas, 英 humanism）は、古典の収集・模倣・文献学的研究を通して、古代文化を再生し、それを範として封建社会の殻を破り人間性の復興と解放、個我の自覚をはかろうとする思潮であった（図1―4）。後にヒューマニズムという語が「人道主義」の意味でしばしば用いられるようになるのもそのためだが、そのラテン語源フマニタスはもともと自由人の人間形成のために行う自由学芸教育という一般的意味をもっていた（大学における自由学芸については第3章参照）。ルネサンス期において、人文主義運動がまず文法や修辞学のような古典的な自由学芸の研究から始まり、しかも初期のヒューマニストの職業に大学の文法や修辞の教師が多かったのもそのことと関連している。傑出したヒューマニストの中にはたしかに大学外のフリーランサー（もしくは諸侯や都市の書記）がいたが、目立たないにせよ比較的多数のヒューマニストがこうした教師であったことを考えると、人文主義が大学の外で始まったという通説は必ずしも正しくないようである。[8] いずれにしても、彼らは古典古代の世界に人間性の解放された精神

図1—4　ラファエロの描いた「アテナイの学堂」(1509-10)。ローマ、ヴァティカン宮殿「署名の間」壁画。アリストテレス(右)とプラトンを中央に配し、古今の知者たちが一堂に会したルネサンス的想像図。

を見出し、それを範として人間の再生を求めるようになった。そして、その中でヒューマニストたちは、スコラ学や既成の大学や教会の権威を批判する勢力となった。その意味で、人文主義運動は当時の社会批判の一形態であったともいえる。現実にはイタリア・ルネサンスは富豪や教皇の保護のもとに発展したため、貴族的性格を帯び、既成の政治や社会体制を直接的に変革するには至らなかったが、自らの文化圏の古代の黄金時代をあるべき姿・理想として現状批判の武器とした姿勢は、ヨーロッパの一群の知識人たちがそれまでの封建社会と袂を分かつ意識を強め始めたことを示している。

古代と当時との中間に横たわる「中世」(ラテン media tempestas ないし medii aevi, 英 Middle Ages)という時代区分(普通四世紀初めのコンスタンティヌス帝の時代から一五世紀中葉のコンスタンティノープルの陥落まで)自体は、この時期の人文主義者のルネサンス的価値観に基づく歴史意識から芽生えたものである。今や自分たちの時代と意図的に切り離されたこの「中世」一千年の過去は、野蛮で不毛な「暗黒時代」という烙印を押された。こうした中世暗黒史観は、一八世紀になって興隆した啓蒙主義によりさらに強調されるようになる(第5章参照)。しかし、一二世紀ルネサンスに代表される中世文化のあの高揚を想い起こすならば、それがいかに第二のルネサンス人の再脚色であったかがよく分かるであろう。とはいえ、古代人の英知から「真理」を学び取ることができるという信念に裏づけられたこの熱狂的な復興運動は、結果的に西欧世界に大きな知的転換を招く一つのバックグランドになったのである。

第2章　キリスト教文化における近代科学

ベイコンの科学観

前章で見た二つのルネサンスによるギリシア思想の復活は、一六世紀以降の西欧近代科学の萌芽へ至る重要なステップとなった。だが、そこで蘇ったギリシア思想は、ヨーロッパの文脈の中で、西欧的に取捨選択・再整理・改変・発展されたものである。この意味で、ルネサンスは古代文化の単なるコピーに終始したのではなく、それ以上のものがあったことは注意しなければならない。われわれの現代文明が依って立つところの近代科学が東洋やその他の文化圏ではなく、なぜヨーロッパで成立を見たかを考えてみる時、その背後にあるヨーロッパに固有な文化を無視することはできない。その固有な文化とはキリスト教文化である。さまざまな国や民族からなるヨーロッパが文化的統一性を維持していたのは、地理的条件ばかりでなく、またラテン語という学者の共通言語をもっていたことだけではなく、キリスト教という共通の宗教を基礎として成り立っていたためである。キリスト教文化のもつ自然観と初期近代科学との相互関係を考察することにより、ヨーロッパ科学のもう一つの側面が浮かび上がってくる。

図2―1　ベイコン（1618年頃）。名家に生まれ大法官となった彼は1621年汚職で失脚し、晩年を著作活動に捧げた。

近代科学黎明期に生きたイギリスの思想家フランシス・ベイコンの科学観は、同時代および後世の人々にさまざまな意味で絶大な影響を与えた。彼自身は、イングランドのジェイムズ一世の時代の王室弁護士・検事総長・枢密顧問官・大法官を務めた政治家であった（図2―1）。自然探究においては、その実践者というよりも、むしろ新しい科学の方法と役割を体系化した科学のスポークスマンであった。彼は晩年の著『ノヴム・オルガヌム（新機関）』（一六二〇）の冒頭に近い部分で、「知と力はひとつに合一する。……自然はこれ〔知〕に服従することによってでなければ、征服されない」という象徴的な言葉を残している（図2―2）[1]。

この言明には、科学は、それまでのスコラ学のように学問に終始する学問ではなく、自然を支配し変革して人間生活の改善をめざすための営みであるという「技術としての科学」、「技術のための科学」のスローガンが込められている。彼によれば、アダムは楽園喪失により人類に与えられるべき被造物の世界に対する支配権を失ったが、それでも人間が努力すればその支配権を取り戻して自然界を活用することができたのに、人類は愚かにもそれを放棄してしまった。自然は自由気ままにさせておくよりも、技術により尋問し拷問にかけることによって、より明瞭にその姿を現すのである。中世以来、西欧知識人に大きな影響を与えているアリストテレスの哲学はこの点、無力な空論である。これに比べて職人たちの技術の方が、はるかに人間が自然を利用し搾取することに貢献してきた。それゆ

図2—2『大革新』の扉絵。『ノヴム・オルガヌム』はこの著作の第2部。地中海西端のヘラクレスの柱（人間が航海できる最果ての地点にそびえると言い伝えられていた）を抜け出て大海に船出し、新世界から情報や産物を持ち帰って戻る船を描いている。

え、坑夫や鍛冶屋などの職人は新しい自然探究者のモデルとなるはずである。彼は、印刷術・火薬・羅針盤という三大発明が世界を大きく変革したことを読者に喚起する。こうした技術はさらに、自然の内奥にまだ隠されている秘密を解き明かすのに役立つ。彼にとって、技術としての科学（スキエンティア）は自然と社会を変革する力となるのであった。[2]

こうした視座に立って、彼は科学のあるべき方法として、アリストテレス以来強調されてきた演繹法（deduction、一般原理から個々の現象を説明する方法）に代わって、受動的ではなく、能動的に自然を操作して実験・観察を行い、それにより集積された膨大なデータから公理（一般法則・一般原理）を導き出す帰納法（induction）を強調した。帰納も実験もベイコンが初めて考案したものではないが、そこには人間による自然のコントロールという姿勢が今まで以上に明確に主張され、管理された実験による体系的なデータ収集、その中から本質的関係を探り出し、公理へと導く方法が具体的に提示されている。それは人々に具体的な形で提示された科学的発見の方法（彼のいう「自然解明の技術」）であった。[3]

ベイコン主義（Baconianism）はしばしば、実験や観察のみをすべての科学の出発点とするナイーヴな経験主義の見本と見なされ、今日の科学論では批判されている。実際、科学革命期に成立した古典的諸科学（天文学・力学・光学など）の新理論の多くは、膨大な観察誌・実験誌的なデータから帰納法によって整然と導き出されたものではない。もっともベイコン自身は、蟻のようにデータの山を積み上げるだけの硬直した経験主義を支持してはいなかった。ただ漫然とやたらに実験をするのではなくて、実験を組織化し方向づける必要性を強調した。しかし一方において同時代には、デカルトのように、感覚的経験をあてにならないものとして退け、数学的確実性を知識獲得の拠り所とした演繹的な方法論を進めた立場もあった。帰納主義そのものはさておき、ベイコンがそこで強調した実験的手法が、より洗練され精緻化された形で科学の諸領域に適用され大きな実りを結ぶのは、むしろ一八世紀以降のことであるといった方がよい。それはたとえば、ベイコンも重視しなかった数学的手法と結びついた精密な定量的実験である。ただし、理念と実効のギャップは別としても、彼の提起した視座が一七世紀およびそれ以降の多くの自然探究者に歓迎され、彼らの科学活動の指針となったことは特筆すべき事実である。次の世代のボイルが新実験哲学（New Experimental Philosophy）の旗のもとに進めた自然探究も、その根幹はベイコン主義であった。後の章で見るように、ベイコン主義はまた学会の成立の指導原理となったし、さまざまな場面で社会変革のイデオロギーとしても使われることになる。

ここで注目すべきは、ベイコンの思想に見られる自然に対する基本姿勢の特徴である。その思想に織り込まれている主体―客体の分離、自然支配、自然改造の観念は決して彼個人のオリジナリティーに帰すべきものではなく、むしろこの時代の自然探究者の精神の一端を代弁し、それを見事に定式化したものであるといえよう。ベイコン思想の起源については、近年、歴史家の間でさまざまな議論がなされている。イギリス・ルネサンスの人文主義論理学の流れ、ルネサンスの技術的発明とその影響、学者たちに芽生えていた機械的技術への関心などの脈絡の中に彼の思想を位置づけることもできる。[4] またベイコンが新しい科学の目的と方法を記述するのに用いた表現スタイルやレトリック（修辞）は、彼が本来専門としていた法律のそれと奇妙なほど重なっている。「実験」（experiment）の概念は、法的訴訟と法廷における審理を彷彿させるものがある。訴訟においても、ベイコンの自然哲学においても、第一の決定的な段階は、「事実」の確立である。自然の搾取は、法廷で被告人を尋問し拷問することと似ている。被告人は自然であり、裁判官はベイコンのいう「自然の解釈者」である。こうした事実を踏まえて、イギリスの歴史家マーティンは最近の研究で、ベイコンを国王に仕える保守的な政治家と見て、その自然哲学の改革は、専制君主体制を維持するために彼が提起した法改革をそのままモデルとしたものである、と主張している。[5] またフェミニズム運動で知られるアメリカの女流史家・哲学者マーチャントによれば、ベイコンの記述は魔女裁判との類比からきているという。彼が仕えたジェイムズ一世はかつて魔女撲滅を指揮した人物であり、君主にならってベイコンは、真理の審問という名のもとに被告人たる魔女（自然）を拷問し性的迫害を加えるイメージをもっていたのだという。[6] さらにマーチャントは、ベイコンの自然支配の唱道が一般に女性支配の含みをもっていることを示唆している。イヴという一人の女の誘惑によって、エデンの園から追われた人間は、被造物への支配力を失った。「一人の女の詮索好きが、神から授けられた支配力を男から失わせたかもしれないが、別の女である自然への執拗な尋問によって、男はその支配力を再び取り戻すことができた」[7]。こうした論議は全く根拠のないことではないが、ベイコンの哲学体系の起源をそれだけの面に求めるのは困難であろう。

イタリアの歴史家ロッシの研究は、歴史家がそれまで無視してきたルネサンスの魔術とベイコンとの深いかかわりを明らかにしている[8]。ルネサンスの魔術思想は、新プラトン主義やヘルメス主義やカバラ主義と混合して発展した思想で、自然を神から与えられた、隠れた力をもつ存在と見なした。若き日に強い感化を受けたこのルネサンス魔術思想から、彼は自然の技術的支配の観念、すなわち自然の力を知ることにより世界を支配する術を獲得しようとする観念を汲み取り、それをキリスト教のもつ神・人間・自然の関係の思想の基盤に乗せたという。感覚的認識の重視、錬金術的実験操作もルネサンス魔術のもつ側面であった。ベイコンは後に魔術の批判者に転じたが、その要素をキリスト教的世界観に組み入れて新しい科学観・自然観に転換したといえよう。たしかに、彼の思想はその時代のキリスト教的精神と和合した自然観を内包していたことが分かる。

キリスト教は、人間を超越した唯一絶対的な神の存在を信じる啓示宗教であり、この神が世界を創造したと説く。さらに、この世界の中で、人間だけが神に似せてつくられた特別の被造物であり、その他の被造物（自然）は神が人間のために与えたものである。したがって、人間は自然の一部というよりも、自然から独立した存在である。ここから、人間が他の被造物を客観的に調べて、研究の対象にするという、主体（人間）と客体（自然）の分離が可能となる。人間は自然を知ることによって、それを支配し搾取し改造することもできる。さて、人間より一段低いとされる自然も、決して神が恣意的に創造したものではない。神の綿密な計画のもとにつくられたこの世界には一定不変の秩序、すなわち法則が賦与されている。特別の地位を与えられた人間だけが、世界を調べてその法則を見出すことができるはずである。一見混沌とした自然の中から法則性を発見すること、すなわち、いうなれば科学することは、とりもなおさず創造主の存在の必然性を明らかにし、神の計画の偉大さの認識を深めること、つまり信仰活動にほかならなかったのである。[9]

当時の自然探究者の多くが共有していたこうしたキリスト教的自然観は、ベイコンの思想にも色濃く現れている。彼にとって、自然の制御と探究における発見はいわば一つの新しい「創造」であり、「神の御業の模倣」なのであり、人間に与えられた特権であった。ただし、人間は自然探究によって神の偉大な力を知ることはできるのだが、被造物の考察それ自体からは神の本質や属性は知ることができない、というのが彼自身の基本的立場であった。「信仰に対しては信仰のものであるものを与えよ」という彼の言明は、人間の自然解釈が過度に働くことによって信仰の真理そのものが侵食されることを危惧したことからきたものであった。[10] この意味で彼は、いかに人間の自然に関する知識が力になろうとも、それは聖書の前には無力であると考えていた。被造物の内に神の属性の刻印を見出してそれを崇めることに意義を認めたボイルに例示されるように、後のベイコン主義者の解釈は、上記のような形で信仰と科学の分離を促したベイコンの視座と異なる部分がある。[11] 一八世紀以降のベイコン主義には宗教色を払拭する傾向が強まるが、やはり一種のベイコン主義者と見なされるフランスの啓蒙主義者たちは、理性を宗教から切り離すばかりでなく前者を後者に優先させた（第5章参照）。キリスト教的自然観を反映したベイコンの科学の方法と理念は、逆説的に、科学が神離れしやすい要素を内包していたともいえる。

ピューリタン革命と近代科学

科学社会学の祖であるアメリカのマートンは、長編論文「一七世紀の英国における科学・技術・社会」（一九三八）の中で、キリスト教的自然観の普及と科学の興隆を、宗教改革、とりわけイギリスにおけるピューリタン革命（一六四二—四九）と結びつけて論じた。[12] マートンがこの著作で主張したテーゼには、もう一つ科学と技術のかかわりがあるが、ここではピューリタニズム（Puritanism, ピューリタン主義、清教徒主義）の問題に絞って考察することにする。彼によれば、とりわけイギリスに台頭したプロテスタントの新しい一派ピューリタン（Puritan）は、信仰や生活態度において功利主義・経験主義・理性主義といったエートス（価値観・倫理観・信念の総称）をもっていた。中世カトリックもピューリタンもこの俗世に邪悪が満ちていることを認めていた点は同じだが、その解決策として前者が俗世から隠遁して修道院に籠ることにより心の安寧を求めたのに対し、後者は逃避することなく絶ゆまぬ努力によってこの現実世界（社会と自然）をつくり変え、悪や欲望を征服するもくろみをもっていた。個人は現世でのよき実践活動を通して正当化され、その活動は自分のみならず他の人々を幸福にし、結局、最高の善たる神を喜ばせる。同時に、ピューリタンにとって、神の創造した本来の自然を研究することは、神の知恵と力と善を理解するための有力な手段とされた。それによって、人間の善が促されるからである。そのためには、観察や実験に基づいて自然をしっかりとらえ、本能や感情に走ることなく理性に従って考え、かつ行動すべきである。こうしたピューリタンのエートスは、時の新しい科学の精神——いわばベイコン的科学観——と見事に合致していた。かくして英国では、一七世紀中葉のピューリタン革命によりピューリタニズムが台頭すると、神を崇め人間生活を変革する有力な手段として科学活動が盛んになった。もし別の時代的文脈であったなら他の社会活動に専心していたかもしれない多くの知識人も、この時代にはその才能とエネルギーをことさら自然の探究に捧げることになった。だからこそ、たとえばウィリスは神学者から医学者に転身したし、ケンブリッジ大学でのニュートンの師バロウはギリシア語学者から数学者に転向した。結局、ピューリタンのエートスは人々に科学する動機を与え、一七世紀科学の興隆の大きな要因となった、というのである。マートンは、当時の自然探究者の中にピューリタンの占める割合がいかに大きかったかを、統計データをもって示している。ちなみにマートンのこの統計的手法は、科学史や知識社会学の研究におけるプロソポグラフィー（prosopography）――多くの人物の履歴・伝記を調査し、その中に何らかの共通項を探し出す手法――の先駆となった。

この「マートン・テーゼ」をめぐって、その後、学者の間で賛否両論が渦巻いた[13]。中には、近代科学はそもそもピューリタニズムから生まれた、とマートン・テーゼを拡大解釈する者も現れた。しかし、マートン自身はそのような因果関係は論じていない。彼は、その時代の科学のエートスとピューリタンのエートスとの類似性が、結果的に科学の発展に寄与したと主張しているのである。たしかに一部の批判家が指摘するように、マートンのいう「ピューリタン・エートス」の概念は漠然としすぎているかもしれない。マートンは、ピューリタンのエートスと科学のエートスが別々の起源から生まれていたという前提で、その類似性を吟味しているが、ピューリタンのエートス自体がそもそも当時の科学のエートスから影響を受けていたと思われる面もあるし、その逆の面もある。両者を完全に切り離して考えることは難しいのである。いずれにせよ、この時期の信仰と科学活動の動機は深いかかわりがあり、プロテスタンティズムの改革運動の大きな流れの中で、ベイコン的な科学観が社会的に広く容認されるようになった、という事実を明らかにした点はまず高く評価されるべきであろう。

マートン・テーゼをこのように建設的に吟味した場合、乗り越えるべき点がもう一つある。マートンの論じた舞台は一七世紀のイギリスに限定されている。なるほど、功利主義とか経験主義というラベルで特徴づけられた「エートス」は、当時のイギリスの自然探究者の多くが共有していた。しかし、観察・経験を重んじた科学は必ずしも新教国イギリスの科学に固有のものではなく、旧教勢力の根強いイタリアやフランスでもすでに一六世紀以来、盛んになっていたことは忘れてはならない。ガリレオ、メルセンヌ、ガッサンディ、パスカルといった実験を重視した主導的な自然探究者は、敬虔なカトリックであった。宗教改革で劣勢となったカトリック勢力の立て直しを狙って結成された、反宗教改革派の若手組織イエズス会も、科学活動を奨励した。彼ら大陸のカトリック系学者もイギリス人と同様、実験科学に関心をもち、また明らかに科学活動を宗教により正当化した。プロテスタント系科学者とカトリック系科学者の間に思想的な相互影響があったことは、この時代に彼らが読んでいた書物からも裏づけられる。このことは、マートンの言う「イギリス的エートス」が必ずしもピューリタンないしプロテスタントの占有物ではなかったことを物語っている。宗教的エートスが科学活動を促したとすれば、むしろ宗教改革という出来事を通してこの時期のキリスト教徒全般が共有することになった「クリスチャン・エートス」全体を問題にする必要があろう。

イギリスのティムが一六一二年に書いた次の一節は、当時の自然探究者の神と自然に対する基本的な考えを端的に物語っている。

天と地を生み出した全知全能の創造主は、二冊の最も重要な書物をわれわれの眼の前に差し示された。一冊は自然という書物であり、もう一冊は聖書である。[14]

プロテスタント、カトリックを問わず、科学にかかわった人々が、信仰上の動機から、すなわち神の示す第二の書物＝自然の解読に駆られて科学活動を進めていたことは、彼ら自身の言葉から直接読み取れる。

それまで広く受け入れられてきた天動説に抗して地動説を唱えたコペルニクスは、教会法の博士号をもつカトリックの聖職者であった。『天球の回転について』の中で彼は、「神が人間の理性に許し給うた限りにおいてあらゆる事物のうちに真理を探究することこそ哲学者の使命である」とし、自らの新体系を評して「最善にして最高の創造者〔神〕の崇高なこの作品〔宇宙〕はかくも完全なはずである」と述べる。[15]

プロテスタントの聖職者となるべく教育を受けたケプラーは、テュービンゲン大学在学中にコペルニクス説に興味をかきたてられ、その後の生涯を天文学の研究に捧げることになる。有名なエピソードであるが、彼は、神が宇宙創造に際して五種類の幾何図形〔正多面体）を用いて六つの惑星の軌道を配列し、それらの運動の法則を決定したのではないかと考えた。テュービンゲン大学の数学教授で彼の師メストリンに宛てた手紙（一五九五）の中で、「自然という書物の中において認められることを望みたもう神の栄光のために」この発見を発表したい、と喜々として綴っている。

私は神学者になるつもりでした。〔その道から外れてしまった〕私の心は長い間落ち着きませんでした。しかし今こそ天文学においても、神に栄光を帰することができたのです。[16]

この発見は、のちに彼が見出した「ケプラーの三法則」とは別のものであるが、彼のその後の天文学研究の原点となったものである。

ローマ・カトリック教会によるガリレオの異端審問裁判は、キリスト教が科学を弾圧した典型的なケースとして今日一般に喧伝されている。しかし最近の研究が明らかにしているように、むしろそれは個人的・政治的な要素が複雑に絡んだ事件であったのが真相であり、「宗教vs理性の闘争」という単純な対立図式でとらえてしまうと誤解を招きやすい。[17]実際、敬虔なカトリック信者であったガリレオは、天動説を批判しコペルニクス説を支持した著書『天文対話（プトレマイオスとコペルニクスの二大世界体系についての対話）』（一六三二）の冒頭で次のように述べている。

より高いものを見上げる人は、より優れた人です。そして、哲学の本来の対象である自然という壮大な書物を調べることは、まさに高いものを見上げる方法なのです。この書物で読むことはすべて、全能の創造主の御業であり、それだけでもこのうえなく素晴らしいことですが、なかでも創造主の見事な御業をもっとも明らかに示す者には、最大の価値があります。[18]

これは世俗権力であるトスカナ大公に宛てた献辞であり、ローマ教会に対する自己弁護のポーズとはとれない。ケプラーと同様、彼にとっても、自然は神によって書かれた壮大な書物、つまり第二の聖書であった。そして、人間はこの書物を読解することができるという確信のもとに科学研究を推進したのである。

アリストテレス以来の宇宙の二分法である天上界と月下界（両世界の原理は全く異なるという考えがあった）を共通の力学法則で統一したニュートンの場合はどうであろうか。彼は、司教たちが束になってもかなわないほど聖書に精通していたといわれる。アリウス主義者と見なされる彼にとって、神学研究、とくにキリストの本質と神性についての研究は生涯の主要関心事であり、「神の真の宮」としての宇宙に潜む原理を探究していた。運動の三法則や万有引力の法則を論じた、不朽の著『プリンキピア』第二版（一七一三）の末尾に、ニュートンはこう書いている。

われわれは彼〔神〕を、彼の賢く優れた事物〔自然〕の仕組みと究極因とによってのみ知る。……事物の現象に基づいて神を論ずることは、まさしく自然哲学に属する。(19)

絶対時間・絶対空間の概念や、重力の原因についてニュートンが巡らした思索の根底には、絶えず神の概念があったことは明らかである。自然の探究は、絶対神の創造物の探究であり、全能なる神の偉大さを知るための営みであったのだから。信仰と科学活動のハーモニー——これが当時の自然探究者の重要なモチーフであった。それは、われわれ現代人が常識的にもっている科学観とは異なる。なぜそうなのだろうか。ニュートンの時代から三〇〇年の間に科学に何が起こったのだろうか。その考察は後の章に譲ることにしよう。

機械製作者としての神

ケプラーやガリレオにとって、神は偉大なる数学者であった。その神が創造した自然は、数学（とくに幾何学と数論）の言葉で書かれた壮大な書物であった。だからこそ、その書物は数学を使って読み取ることができる。自然の背後には数学があり、自然現象は数学によって解明できるという、現代では疑念すらもたれなくなったこの視座は、もとはといえば既述のようにルネサンスで復活したプラトンの思想に一つの着想のルーツをもつが、近代ヨーロッパの文脈においてはこのように信仰と首尾よく調和して発展したのである。

　神を数学者としてばかりでなく、偉大なる機械製作者と見なして自然の探究を推進した者もいた。科学革命期に台頭した思潮「機械論哲学」（Mechanical Philosophy, この言葉の名づけ親はボイルとみられる）の支持者たちである。それは、神の世界創造、主体と客体の分離、人間の自然支配の思想と整合する世界観であった。機械論哲学の意味するところは広いが、この物理的な被造世界全体を巨大な機械、すなわち神の創造した精密な機械と見立て、機械と同様の原理から自然現象を解明しようとする自然観を含んでいた[20]。機械製作者としての神のつくった自然を司る法則は、機械の法則と基本的に同じである。したがって、この発想の特徴は、既存の機械やそのモデルと自然との類比にあった。当時、類比の対象とされた機械類は、時計のほか、風車・噴水・給水設備・織機・玩具・バネ・ゼンマイ・弁・歯車など、中世以来の職人技術の成果であった。ガッサンディ、メルセンヌ、ホッブズ、ボイル、フック、パスカル、デカルト、ホイヘンスといった、この時代の一群の自然探究者たちは、何らかの形でこの機械論的アナロジーに基づく世界観を共有していた。もちろん、ガリレオ、デカルト、ホイヘンス、ニュートンのように、数学的世界観と機械論的世界観の両者を併せもっていた者も多い。

　機械論哲学の代表者の一人で厳格なカルヴァン主義者のボイルは、この世界をストラスブールの大時計（一七世紀には最も複雑で精巧な機械として知られていた）にたとえて、次のように述べている。「そこではすべてが巧妙に工夫されており、装置がひとたび動かされたならば、すべてが製作者の当初の意図に従って運ばれる」[21]。神の英知は、まさに神＝製作者の計画に従って動く時計仕掛けの見事さから証明される。「ボイルの法則」の発見者として知られる彼は、密封容器中の空気の弾性現象もバネの伸縮に見立てて機械論的に説明した。ボイルの助手であったフックも顕微鏡による観察誌『ミクログラフィア』（一六六五）の中で、苔類の成長過程は柱・とめ金・ハンマー・滑車・ゼンマイの再配列のようなものだと明言している[22]。

近代合理主義の祖とされるフランスのデカルトは、機械論的アナロジーを、聖域とされていた人体にも適用した。彼によれば、人間は神が創造した最も精巧な機械にほかならない。心臓はポンプないしは噴水の水源になぞらえることができるし、「動物精気」（血液中の微粒子）を蓄える脳は貯水槽であり、脳の内室は水道の点検口、動物精気の通り道である神経は水道パイプ、そして筋肉はバネである。動物精気は、触覚、視覚などの感覚作用の媒体である。たとえば、足に火がふれた時、熱さで足をすぐに引っ込める現象は、次のように説明される（図2―3）。神経の管の中には、非常に長い糸が入っている。この糸は脳から感覚器官まで続いている。感覚器官が外部の刺激を感じると、この糸が強く動かされ、それが一方の端である脳の部分を引っ張り、脳の空室にある穴を開かせる。すると、その穴を通って動物精気が神経の管の中を流れ出し、筋肉に達して収縮を起こさせ、足を引っ込める。ここでは、綱を引っ張って鐘を鳴らす場面をアナロジーに用いている。[23] デカルトはまた視覚のメカニズムを、対象からくる光の粒子が網膜に当たり、この衝撃により視神経の糸が引っ張られ、脳内の細孔が開いて像を脳壁に結ぶことから説明している。

機械論には、生物体を、生命をもたない不活性な物体からなる機械の集合と見なして、その物体の機械的・力学的運動からのみ体内の諸作用を説明しようとする姿勢があった（図2―4）。こうした基本的視座が単なる既存機械の類推ばかりでなく、全現象を究極的粒子（ギリシア　アトモス atomos ないしアトモン atomon,「分割できないもの」の意）の運動や衝突からのみ説明する古代原子論の影響を受けていることは前章で触れた通りである。無神論的色彩の強いこのギリシア原子論も、この時代にはガッサンディらの手によりキリスト教化されていた。そこでは、神が最初に世界の構成単位である原子を創造し、それに運動を与えたと主張された。アトムという語の使用を避け、あえて「粒子哲学」（Corpuscular Philosophy）という異名でボイルが広めたこの西欧版原子論は、機械論哲学と一体化し

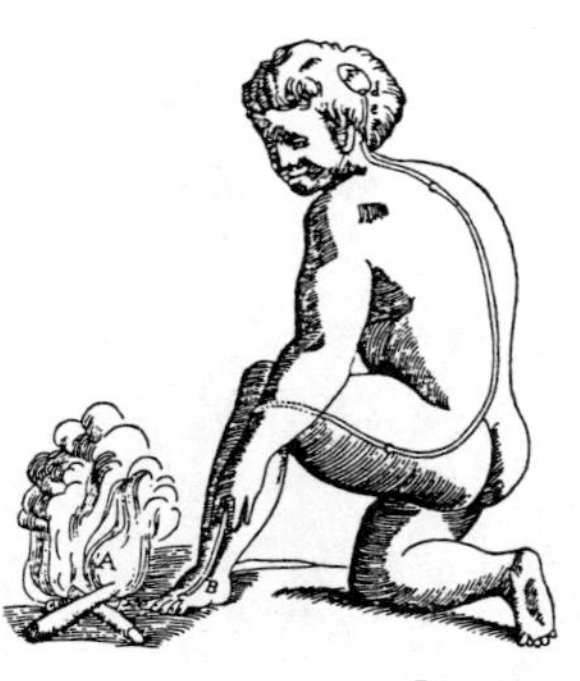

図2―3　デカルト『人間論』（1664）より。

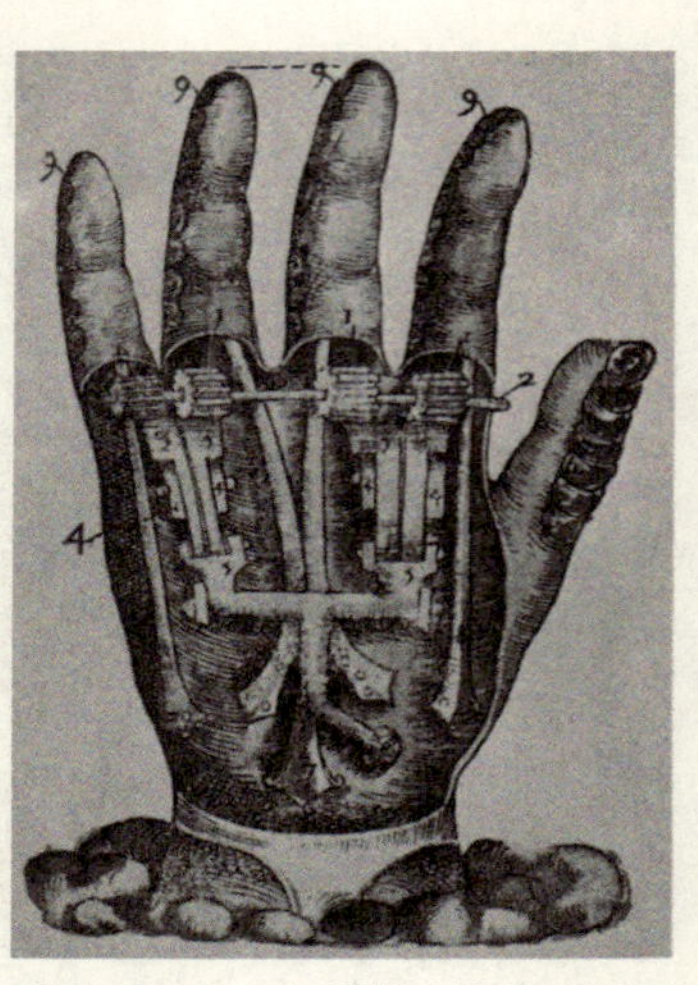

図2—4　パレの機械で働く人工の手（1569）。生体機械論といえる例。

ている。機械論哲学はまた、ルネサンス期に流行した有機論的・非機械論的な自然魔術に対する「対抗文化」として登場したと見ることもできよう。事実、医学や化学において、魔術的伝統に属するパラケルスス派と機械論者の論争と対立は一七世紀を通して続いた(24)。

当時の知識人にとって、機械論哲学の魅力はその論理明快性にもあったといわれる。生活の中に浸透していた機械装置や身の回りの物体の運動とのアナロジーは、誰でも頭の中ではっきりと思い描き視覚化することができた。その意味で、それまで中世の自然学を支配してきた、「形相」や「質」といったアリストテレス的な抽象概念の世界とは極めて対照的であった。そして何よりも、神をこの壮大にして明快な機械としての世界の製作者に据えることで、その栄光を讃えることができたのである。

デカルトの機械論的アナロジーは感覚止まりであり、決して精神作用にまで及ばなかった。これは彼がキリスト教の霊魂不滅の教義に従い、精神作用の源としての霊魂は、やがて滅びる身体に依存することなく独立して存在できる全く別の実体であるという立場を貫いたためである。この意味で彼の人間機械論は、正確には「身体機械論」であった。そこでは、主体（精神）と客体（機械的自然）の分離が厳然と維持されている。しかし、精神、すなわち人間の知的作用だけは、機械論の対象外とするデカルト的二元論が崩れるのは時間の問題であった。後に科学が宗教の問題から離れ、一九世紀以降には物理科学の進展を背景として、生命現象は物理学や化学の原理や手法を取り入れて研究されるのが常となった。生命現象は物質現象の延長であるという視座から、精神現象の探究もまたこの物質科学的アプローチに依存できるという信念が強まってくる。こうして、機械論は西欧近代科学の基本的認識論の一つとして強化されていったのである。そしてその流れは明らかに二〇世紀の人工知能（artificial intelligence）の研究へもつながっている。その基本的な発想が、人間の知性や精神の働きを機械の原理と同等視していること、および人間自らがその「知的機械」を製作できるという信念に基づいているからである。

主客の分離、人間の自然支配、実験、法則性の発見、数学的自然学、機械的世界像など、今日の科学がもつ諸要素は、その萌芽期においてはヨーロッパ固有のキリスト教的自然観と深いかかわりをもっていたことは、以上から明らかであろう。こうした自然観が、西欧特有のものであったことは、他の文明圏の自然観と比較するといっそう鮮明になる。錬金術の思想を一つの例にとろう。古代から中世にかけて流行した錬金術は、西方と東洋とではその目的に大きな相違があった。もともとアレクサンドリアに起源をもつ初期ヨーロッパ系錬金術の目的は、銅や硫黄や水銀などの卑金属を貴金属の金に変えて富財をなすことであった。これとは独立に、紀元前四世紀からの古い歴史をもち、神仙思想や道教の影響を受けつつ一三世紀まで発展し続けた中国の錬金術は、別名煉丹術とも呼ばれ、金は不老長寿のための丹、すなわち薬として用いたところに特色がある。金は永久に錆びない。ならばその錆びない金を飲めば、人間も永久に錆びずに長生きするという素朴なアナロジーがそこにあった。実際、中国の錬金術文献は普通、陰陽五行説の物質変成論に基づいた金の生成法、およびそれを服用して不死に至る方法の二つの部分に分かれている。荘子の「虚無自然」を旨とし、人為を排して自然の道に従うことを説く道教は、錬金術を修業活動の一部に組み入れた。魏伯陽、葛洪、孫思邈といった代表的な錬金書の著者たちも、例外なく道教の士であった。彼ら錬金術士＝道士たちの最終ゴールは、つくった金を飲み、不老長生を達成して山中に籠り、自然と一体化することである。山の人、すなわち「仙」になることが術士たちの最大の目標だったのである[25]。このケースに例示されるように、東洋においては、人間が自然と融合することに大きな価値が置かれ、人間と自然を故意に離反・対立させる西欧的スキームはむしろ希薄であった。

　自然の探究が信仰的動機に裏打ちされ、科学思想が宗教思想と強く結びついた状態は、やがて崩される時がくる。たしかに現代では、科学が世俗化し、文明の「シッポ」が切り落とされた「結果としてのヨーロッパ科学」が内容的にも制度的にも国際的に普及し、その中で育てられた二〇世紀人には科学とその思考様式は普遍的であり、これ一つしかないという通念が定着している。しかしその「科学」とは、もともとヨーロッパの文化的土壌で育まれた固有の科学であったことを念頭においておく必要がある。

第3章　大学と学会

科学革命と大学

大学は革新的な科学研究の舞台であるというイメージが今日では一般に強い。しかし一六―一七世紀の近代科学の誕生期に眼を向けると、大学という制度のもつ逆の体質が浮かび上がってくる。ヨーロッパの大学はこの時代、アリストテレス哲学を基盤としたスコラ学の拠点ではあったが、近代科学という新しい学問の誕生の主な舞台とはならなかった。科学革命は主として大学の外部で進展した。大学内部ではアリストテレス思想の修正や発展も見られ、それが近代科学の諸学説の誕生につながる部分があったことは無視できないが、組織としての大学は基本的に新しい科学の流れに対立する存在であった。学校という制度は一面で、教師が既存の確立されたパラダイム（paradigm, ある時代に支配的なものの見方、考え方の枠組み、規範・手本となる概念・世界観）を次世代（学生）に伝授し、そのパラダイムに則って活動する後継者を拡大再生産するという保守的な機能を担っている。それは教育という制度がいわば宿命的にもつ側面であり、良きにつけ悪しきにつけ、また程度の差こそあれ古今を通して当てはまることかもしれない。スコラ学は中世後期から近代初頭まで、十分に確立され、大学でも、またそれを支えるカトリック教会でも公認されていた学問のパラダイムであった。それゆえ、それを足元から崩そうとする未公認のパラダイムに攻撃的になったのも不思議な現象ではない。一三世紀にはアリストテレス思想の過度の流入にあれほど警戒を示した教会会議と大学の正統的学者たちが、それをいったん公に承認すると、今度はそれを頑なに守り通そうとした姿勢は、パラダイムというもののもつ特性をよく表している。

一四世紀にはオートルクールのニコラのように大学人でありながら、アリストテレス主義に正面から反旗を翻して攻撃された者もいた。原子論を拠り所としてアリストテレス哲学を根本から否定しようと試みた彼は、異端のかどで書物を焼かれパリ大学を放逐された。彼の原子論は、皮肉なことにアリストテレスの著作自体に述べられている原子論批判から学び取ったものである。キリスト教会から思想的理由で異端の烙印を押された学者は少なくない。後期ルネサンスには、ドミニコ会士でヘルメス主義者のブルーノが異端宣告を受けて八年間の投獄の末、一六〇〇年に火刑に処されたことはよく知られている。ガリレオの異端審問のいきさつが単に信仰と科学の対立といった図式ではとらえきれない問題をはらんでいることは前にも触れたが、それでも教会側が彼を裁いた公の理由はローマ教会公認の天動説に背いたという事実であった。一六一六年に検邪聖省が地動説禁止命令を出してガリレオに警告を与えた時、コペルニクスが前世紀に著した『天球の回転について』が

図3―1　1633年ローマで開かれたガリレオの宗教裁判。その結果、『天文対話』が禁書にされ、彼は軟禁生活の余世を送った。約350年後の1979年、ローマ教皇は公にガリレオ裁判を「誤り」と認めた。

初めて教会の禁書目録に入れられた。一六三三年の裁判では彼の『天文対話』が発禁になった（図3―1、2）。教皇庁のこうした処置は、反宗教改革の高まりの中でその政治的権威を堅持するための意志表示でもあった。ヨーロッパの大学はその起源からカトリック教会と不可分の関係にあった。初期の大学の教師はほとんどが聖職者であり、学生の大半は教会関係の仕事に就くためにそこで学んだ。ガリレオの時代までには、大学の世俗化が進み聖職のための機関という性格は弱まり始めてはいたが、学問的にも制度的にも教会の統制を受ける状況は消えていなかった。スコラ学に異議を唱えた自然探究者たちは、このような大学には安住

84 *Index Libror. Prohib.*

cuius Generalis permittuntur; Ea verò, quæ ſunt ex editione Pauli Manutij permittuntur.

F. Dethmanuus à Bolman, *uide, Symbolum Militare.*

Deuota admonitio. *uide, Amica.*

Deuotiſſimæ preces ad Beatiſſimam Virginem. *vide preces deuotiſsima,*

Deus, & Rex *ſic inſcribitur quidam liber.*

Diaboli Bulla.

De Diabolicis incantationibus. *vide, Magica. ſeu Mirabilium.*

Dialectica legalis. *etiam cum nomine Auctoris.*

Dialectica Reſolutio. *vide Analyſis reſolutio.*

Dialecticarum partitionum. *uide, Rodulphi Goclenij.*

Dialacticæ Exercitationes. *vide, Ioannis Scholij.*

Dialexeon Academiarum. *vide, Adami Theodori Siberi,*

Dialogi aduerſus Ioannem Eckium.

Dialogi Iſtorici ouero Compendio hiſtorico dell' Italia, e dello ſtato preſente de'Prencipi, e Republiche Italiane dell'Accademico Incognito, Parte prima, ſeconda, e terza.

Dialogi Luciani. *vide, Luciani Samoſatenſis.*

Dialogi di Mercurio, e Caronte.

Dialogi Olympiæ Fuluiæ Moratæ.

Dialogi Politici. ouero la Politica, che vſano in questi tempi i Prencipi, e le Republiche Italiane, per conſeruare i loro ſtati.

Dialogi Sacri *ſine nomine Auctoris, qui tamen ſunt Sebaſtiani Caſtalionis Hæretici.*

Dialogi, & ſcripta contra Ioannem XXII. *vide, Gulielmi Ochami.*

Dialogo di Chriſtofaro Bronzini della dignità, e nobiltà delle donne, donec corrigatur.

Dialogo di Giacopo Riccamati Oſſanenſe, Interlocutori il Riccamati, e'l Mutio.

Dialogo di Galileo Galilei, doue ne i congreſſi di quattro giornate ſi diſcorre ſopra i duoi Maſſimi Siſtemi del mõdo Tolemaico, e Copernicano.

Dialogo per inſtruire i fanciulli. *Vide, Catechiſmo ciòè Formulario.*

Dia-

Index Libror. Prohib. 275

dentinæ inter Pontificem, cæteroſq; Principes, & Status Pontificios contra veros, & liberos Orbis Chriſtiani Reges, Principes, & ordines ſunt inita.

In Reuelationem Ieſu Chriſti Apparatus. *Vide, Apparatus in Reuelationem.*

De Reuelationibus, ac varijs præſtigijs, &c. *Vide. Magica, ſeù Mirabilium.*

Reuell. *Vide, Triſtramus.*

Reuerentia Eccleſiæ Romanæ erga SS.PP. Veteres ſubdola, &c. cui accedit tractatus de vera, ac legitima, quæ Sacræ Scripturæ, & quæ SS. PP. atque illorum ſcriptis debetur auctoritate honore, reuerentia, opera & ſtudio Iacobi Laurentij.

Reuiſion dù Concile di Trente contenant les nullites, &c.

Reunion de l'Ordre de S.Iean de Ieruſalem. *Vide, Abregè des memoires.*

De Reuolutione rerum mundanarum. *vide, Ioannis Franciſci Spina.*

De Reuolutionibus Orbium. *Vide, Nicolaus Copernicus.*

Reuſnerus. *Vide, Nicolai Reuſneri, Helia Reuſneri.*

Regius Vrbanus.

Rheiter. *Vide, Chriſtophorus.*

Rhellicanus Tigurinus.

Rhenanus. *Vide, Beati Rhenani.*

Rhetica Pallas. *Vide, Pallas Rhetica.*

Rheticus. *Vide, Georgius Ioachimus.*

Rhetorica Guntheri *Vide, Petri Guntheri.*

Rhethoricæ tropologiæ præcepta. *Vide, Othonis Caſmannis.*

Rhò Mediolanenſis. *Vide, Ioannis Rhò.*

Rhodius. *Vide Ioannes.*

Rhodomannus. *Vide, Laurentius.*

Rhodophanta. *vide, Ioannes,*

Rhodus *Vide, Henricus Rhodus.*

Rhoſellus. *vide, Lucij Pauli. Antonij de Rhoſellis.*

Ribittus. *vide, Ioannes.*

S 2 Ricar-

図3—2　1670年のローマ教会の禁書目録。左頁下にガリレオの『天文対話』、右頁中央にコペルニクスの『天球の回転について』が記載されている。

の地を求めることはできなかったのである。

大学の起源と発展

大学の起源は、一二世紀ルネサンスの大翻訳運動の知的高揚期に遡る[1]。それ以前の教育の場として修道院や司教座聖堂付属学校があったが、大学は一二世紀という特異な時代背景から生まれた新しい教育機関であった。それは、アラビア世界から西欧に流入した膨大な量の新知識を研究し展開するために発生した制度であったともいえる。

英語のユニヴァーシティー（university）にあたる「大学」のラテン語源ウニヴェルシタス（universitas）

は、教師と学生が結成したギルド的組合を意味する。すなわち大翻訳運動を背景に、都市に自然発生した私塾などの教師と学生が、自己の生活を外部から自衛するために、一般の手工業者の同業組合にならって組織したギルドが発展した機関である。イタリアのボローニャ大学では学生組合が、またフランスのパリ大学では教師組合が大学機構の中核となり、両者はその後ヨーロッパにつくられた大学の二種のモデルとなった。イギリスのオックスフォード大学やケンブリッジ大学では、学生の寄宿寮（ラテン collegium、英 college）が大学の重要な構成単位となったが、これがカレッジの名の起こりである。入学資格には年齢や学歴による制限はなく、教授会の認定で入学や卒業が決められた。ローマ教皇庁のほか諸侯もその創立と保護に積極的に加わったが、大学の運営は基本的にはカトリック教会と深く結びついていた。教皇と諸侯と諸都市の間では大学をめぐる勢力闘争があったが、教皇庁は世俗権力や各地の教会に対する優越をめざし、かつ思想的統制をはかるべく、大学を支配下に置いた。教師は聖職者で占められ、また聖職者の養成は大学の重要な使命であった。宗教改革を経て、各大学はそれぞれの宗派的色彩を強めることになる。そして世俗権力の台頭と国権の強大化にともない、国家の官僚を養成することが大学のもう一つの大きな使命となった。こうしてヨーロッパの諸都市には大学が相次いで創設され、一五〇〇年までにその数は八〇校近くに及んだ（表3―1、図3―3）。今日に残るヨーロッパの大学の多くはこの時期に誕生している。中世後期において、科学を含むほとんどすべての知的

表 3—1　1500 年までに創立した主な大学

創立年	大学名	創立年	大学名
1088	ボローニャ	1365	ウィーン
1150	パリ	1385	ハイデルベルク
1167	オックスフォード	1388	ケルン
1173	サレルノ	1391	フェラーラ
1204	ヴィチェンツァ	1392	エアフルト
1208	バレンシア	1402	ヴュルツブルク
1209	ケンブリッジ	1405	トリノ
1215	アレッツォ	1409	ライプツィヒ
1222	パドヴァ	1409	エクス
1224	ナポリ	1411	セント・アンドリュース
1229	トゥールーズ	1419	ロストック
1245	サラマンカ	1441	ボルドー
1250	バリャドリード	1450	バルセロナ
1254	セビーリャ	1456	グライフスヴァルト
1289	モンペリエ	1456	フライブルク
1290	コインブラ	1458	グラスゴー
1300	レリダ	1460	バーゼル
1303	アヴィニョン	1460	ナント
1303	ローマ	1472	インゴルシュタット
1306	オルレアン	1476	ウプサラ
1308	ペルージア	1476	マインツ
1330	グルノーブル	1477	テュービンゲン
1343	ピサ	1485	ブザンソン
1348	プラハ	1494	アバディーン
1357	シエナ	1498	コペンハーゲン
1364	クラクフ		

注：創立年には異説があるものがある。

図3—3　14世紀のドイツの大学の講義風景。学生の中には私語をしている者や居眠りをしている者もいる。

活動はこれら大学の中で行われた。運動論の研究で名高いブラッドワーディン、ダンブルトンのジョン、ビュリダン、オレムらの中世科学を代表する学者は、みな象牙の塔の中のスコラ学者であった。

　中世の大学の上級学部には神学・法学・医学の三つの専門課程があり、聖職者・法曹家・医師の養成を行った。一九世紀前半までのヨーロッパの大学がもっていた専門学部は、基本的にこの三つであった。第6章以下に見るように、科学が大学で正規の専門教育として取り入れられるのは一九世紀以後のことである。中世の大学では、専門に入る前の一般教育の場として学芸学部（哲学部と呼ばれることもある）があった。そこでは、中世の修道院付属学校や司教座聖堂付属学校以来の伝統的カリキュラムであった七自由学芸（文法・修辞・弁証術の三科 trivium, および算術・幾何・天文学・音楽の四科 quadrivium）が踏襲された。ちなみにこの「自由学芸」（ラテン artes liberales）という名称は、古代ギリシアの自由人（liberi）にふさわしい知的学問というところから由来したものであり、それはいわば実用教育に対する人間形成教育・教養教育であった。今日、大学の一般教養科目を英語で liberal arts、一般教育を liberal education と呼ぶのはその名残りである。近代では原意を敷衍して、専門に入る前の学生の頭脳をいったん「自由」に解き放ち、既成のノルムにとらわれない柔軟な思考を養わせるための学科という意味にもとられるようになった。中世の大学では神学や法学などの専門課程の学科ばかりでなく、自由諸学芸にもアリストテレスの論理学や自然学が浸透していた。このように、大学の学問の柱はアリストテレス学であり、学者集団はそれを教授し維持することを使命とした。そして、この傾向は科学革命期の大学においても実質的に変わりなかったのである。

近代科学の担い手の中には、大学に籍をもっていた者もいたことは事実である。その代表的な人物はガリレオとニュートンであろう。ガリレオはピサ大学数学教授とパドヴァ大学数学教授を歴任している。とくに彼が一八年間教授として過ごしたパドヴァ大学は、アリストテレス論理学の牙城であった。しかし象徴的に、そこでガリレオが関心をもった学問は、論理学ではなく、力学と天文学であった。彼が望遠鏡を用いた天体観測により、アリストテレス的宇宙論を批判したのもこの時期であった。結局は一六一〇年に大学を辞し、フィレンツェでトスカナ大公付哲学者兼主席数学者となってから、二つの代表的書物『天文対話』と『新科学論議（二つの新しい科学についての論議）』（一六三八）をはじめ、いくつかの反アリストテレス的著作を世に出したのである。ニュートンの時代までには大学の情勢はかなり変わっていたが、一六六九年以来三二年の長きにわたってケンブリッジ大学の「ルーカス教授」(Lucasian Professor, 一六六三年創設)という数学担当の寄付講座のポストに就いていた彼にしても、自然哲学における生涯の主な活躍の拠点はむしろ大学の壁の外にあった。このほかヴェサリウス(七年間パドヴァ大学解剖学・外科学教授を務めた)ら若干の医学部教授などを例外として、近代科学の形成にかかわる主な人物はいずれも大学人ではなかった。[2]

学会の興隆

大学に代わって、新しい科学の担い手たちが安住な科学活動の場としたのは、大学の外に成立した新しい学者の共同体、すなわち学会(academy, society)であった。[3] 学会のルーツはイタリア・ルネサンスの人文主義運動とかかわっている。そのパトロンとなったのは、教会の対抗勢力として都市の政治や経済や文化を牛耳るようになった世俗の富豪たちであった。イタリアの学会は、プラトンの学園アカデメイア(その名称はアテナイ北西郊外の地名に由来する)にちなんでしばしば、アカデミア(Accademia)という名称がつけられた。既述のように、フィレンツェには一五世紀前半にメディチ家の保護を受けて設立されたアカデミア・プラトニカという人文主義者の組織があったが、以後のイタリアには富豪をパトロンとした多くのアカデミアが乱立した。その中で、自ら植物学者であったチェージ公が

ISTORIA
E DIMOSTRAZIONI
INTORNO ALLE MACCHIE SOLARI
E LORO ACCIDENTI
COMPRESE IN TRE LETTERE SCRITTE
ALL' ILLVSTRISSIMO SIGNOR
MARCO VELSERI LINCEO
DVVMVIRO D'AVGVSTA
CONSIGLIERO DI SVA MAESTA CESAREA
DAL SIGNOR
GALILEO GALILEI LINCEO
Nobil Fiorentino, Filosofo, e Matematico Primario del Sereniss.
D. COSIMO II. GRAN DVCA DI TOSCANA.
Si aggiungono nel fine le Lettere, e Disquisizioni del finto Apelle.

IN ROMA, Appresso Giacomo Mascardi. MDCXIII.
CON LICENZA DE' SVPERIORI.

IL SAGGIATORE
Nel quale
Con bilancia esquisita e giusta
si ponderano le cose contenute
nella
LIBRA ASTRONOMICA E FILOSOFICA
DI LOTARIO SARSI SIGENSANO
Scritto in forma di lettera
VIRGINIO CESARINI
Acc.° Linceo M.° di Camera di N.S.
GALILEO GALILEI
Acc.° Linceo Nobile Fiorentino
Filosofo e Matematico Primario
del
Ser.mo Gran Duca di Toscana.
IN ROMA M.D.C.XXIII.
Appresso Giacomo Mascardi

図3—4、5　左は『太陽黒点論』の扉。右は『イル・サジアトーレ』の扉。いずれにも、アカデミア・デイ・リンチェイのシンボルである、チェージ家の冠を戴いた山猫が描かれている。

一六〇三年にローマに創設したアカデミア・デイ・リンチェイ（Accademia dei Lincei, 山猫アカデミア）は、自然の探究を共通の目的とした最古の学会の一つである。発足時の会員は四人であったが、のちには三二人に増加した。一六一一年から、すでにパドヴァ大学を去っていたガリレオもその会員として活躍し、『太陽黒点論（太陽黒点とその諸属性に関する研究と証明）』（一六一三）と『イル・サジアトーレ（偽金鑑識官）』（一六二三）の二冊の書物をチェージの費用で同会から出版している（図3—4、5）。一六一六年にローマ教会がコペルニクス説の禁止命令を出し、ガリレオが警告を受けた時、教会側に同調する会員が現れたが、チェージはこれに対してアカデミア内の思想の自由を支持したといわれる。[4]

一六五七年には、フィレンツェにメディチ家をパトロンとしたアカデミア・デル・チメント（Accademia del Cimento, 実験アカデミア）が創設され、ヴィヴィアーニをはじめガリレオの弟子や孫弟子たちが中心となって活動した。その名の通り、ここではさまざまな共同実験が行われ、その結果は『サッジ（自然についての実験論文集）』（一六六七）という一冊の書物にまとめられた。[5]

しかし、イタリアに誕生した「ルネサンス型アカデミア」はいずれも短命であった。好事的なパトロンが私邸に学者を招いて主催する小規模な私的・社交的な集まりであり、パトロン個人の死とともに解散するケースが多かった。アカデミア・デイ・リンチェイは二七年、アカデミア・デル・チメントはわずか一〇年で消滅している。フランスには、デカルトやガリレオと親交のあったメルセンヌを中心としたサークルが生まれ、書簡のやりとりを駆使するなどしてヨーロッパ中の自然探究者の情報交換の場となったが、やはり彼の死（一六四八）により自然消滅している。[6] 規模の点でも、持続性においても、また後世に与えた影響力のうえでも、ロンドンに誕生した王立協会は、それらをはるかにしのぐ学会であった。

ロンドン王立協会

今日に続く最古の歴史をもつ科学の学会であるロンドン王立協会(Royal Society of London)の創立と活動は、ベイコンの学問革新論と深くかかわっていた[7]。既述のように、ベイコンにとって、知識は力であり、この力によって人間は神が人間のために与えてくれた自然を服従させ、意のままに役に立たせることができる。そのためにはまず観察や実験によりできる限り多くの自然現象についての知識を集めなければならない。それには自然探究者の共同作業が必要となる。科学のユートピア的小説『ニュー・アトランティス』(一六二七)の中で彼が描いた「ソロモンの家」は、この目的達成のためにつくられた学者の共同体であった。この発想に刺激を受けて生まれたのが王立協会であった。ボイルを中心とした「見えない大学」(Invisible College)と称する非公式なグループや、グレシャム・カレッジ(Gresham College, 財政官トーマス・グレシャムの遺志で一五九七年につくられ、彼のロンドンの邸宅を本拠とした学校)に出入りしていた有志が集まり、一六六二年には国王チャールズ二世の勅許を受けて「自然についての知識を改良するためのロンドン王立協会」(The Royal Society of London for Improving Natural Knowledge)という正式名称で発足した(図3—6)。ベイコン没後三六年を経て、ようやく彼のユートピアが実現したわけである。

王立とはいえ、会の財政はほとんど会員の会費だけでまかなわれた私立の学会であった(イギリスでは多くの場合「王立」royalとは王室から権威の象徴として名目的に認可された冠称である)。共同出資制ゆえに、従来の学会のようにパトロンの個人的な運命に左右されない安

図3―6　王立協会を象徴する人物。中央に国王チャールズ２世の胸像、右がベイコン、左が初代会長ブラウンカー。スプラット『王立協会史』（1667）より。

定性をもっていた。同時に、私設であるがために個人主義的・アマチュア主義的な体質をもった組織となった。王立協会では興味をもつ者に広く門戸を開いたため、学問的関心をもつものばかりか、貴族・政治家・ジェントリー（郷紳、貴族の次に位する階級でとくに大地主の家系）などの、実際には研究活動をしない名目的な会員も多数選出され、結局彼らが会員の大半を占めることになった（表3―2）。彼らの参入は、財政をうるおすとともに、協会の社会的威信を高めるという利点があったために歓迎された。

協会は、ベイコンの理念に従い、自然の観察や実験を通して得た新知識をもち寄って論じ合うことに重きを置いた。一六六五年には書記オルデンブルクの努力により、こうした

表3—2　ロンドン王立協会会員の身分・職業構成

	1665年	1672年	1680年	1685年
貴族	33 (5)	39 (4)	40 (1)	15 (1)
廷臣・政治家	37 (7)	40 (5)	31 (5)	16 (4)
ジェントリー	25 (5)	25 (3)	27 (4)	18 (6)
法曹家	4 (3)	5 (1)	4 (2)	4 (2)
聖職者	15 (4)	23 (2)	17 (1)	11 (1)
医師	26(11)	30 (9)	23 (6)	20 (7)
学者	13 (6)	17 (5)	24(10)	25(14)
文官	11 (3)	8 (3)	7 (3)	4 (3)
商人	4 (2)	6 (2)	11 (2)	8 (3)
外国人	8	18	21	19
不明	3	5	5	—
計	179(46)	216(34)	210(34)	140(41)

注：(　) 内は活動的な会員の数

資料：M. Hunter, "The Social Basis and Changing Fortunes of an Early Scientific Institution: An Analysis of the Membership of the Royal Society, 1660-1685," *Notes and Records of the Royal Society of London*, 31 (1976), p. 40.

成果を活字で発表する場として機関誌『フィロソフィカル・トランザクションズ（哲学紀要）』を創刊した。これが今日まで続いている最古の科学の雑誌である（図3—7）。それは迅速な研究成果の発表メディアという今日的な機能を備えた学術雑誌の先駆であった。現代のわれわれから見れば、当時の掲載論文の多くは、広範な自然誌的記述、やみくもで指針のない観察記録の寄せ集めという印象を強く受けるかもしれない。だがそのことも、この学会の創設理念がそもそも、自然について

PHILOSOPHICAL
TRANSACTIONS:
GIVING SOME
ACCOMPT
OF THE PRESENT
Undertakings, Studies, and Labours
OF THE
INGENIOUS
IN MANY
CONSIDERABLE PARTS
OF THE
WORLD.

Vol I.
For *Anno* 1665, and 1666.

In the *SAVOY*,
Printed by *T. N.* for *John Martyn* at the Bell, a little without *Temple-Bar*, and *James Allestry* in *Duck-Lane*, Printers to the *Royal Society*.
Presented by the Author May 30th 1667

図3—7 『フィロソフィカル・トランザクションズ』創刊号の扉頁。初代編集者は書記のオルデンブルク。掲載論文は母国語の英語で書かれ、論文審査の手続きも導入された。

の知識の集積を旨としたベイコン主義にあったということを想い起こせば合点のいくことであろう[8]。

良きベイコン主義者を自認していたボイルは創設時から王立協会にかかわっていた。ニュートンにとっての活動の場は大学よりもむしろ協会であり、ここで多くの学者と交わり、『プリンキピア』などの主要著作を出版し、晩年には長くその会長(一七〇三—二七)も務めた(図3—8)。フックは一六六三年より協会の実験責任者となり、会員の前で定例の公開実験を四〇年間も続けた。自然の働きを調べ、それを改善する力をもっていることは「他の被造物には見られない人類の一大特権である」(『ミクログラフィア』序文)——彼のこの有名な言葉は、王立協会の、そしてベイコンの信念の代弁であり、さらにはその時代の自然研究者の態度を端的に表現している[9]。

王立科学アカデミー

フランスでは一六六六年、パリに王立科学アカデミー（Académie Royale des Sciences）が誕生した[10]。この学会の創立理念もまたベイコンのプログラムと深くかかわっていた。フランスには母国語の純化と文学芸術の保護奨励のために、ルイ一三世の宰相リシュリューによりアカデミー・フランセーズ（Académie Française）が一六三五年に創設されていたが、科学においても同様な公的機関の創設を求める声が生まれた。それを政府に直接訴えたのはモンモール・アカデミー（Académie Montmor）の関係者であった。同アカデミーは、モンモールがパトロンとなり一六五〇年代頃自邸に開いた私的学会であり、ガッサンディやパリ滞在中のオランダ人科学者ホイヘンスらが活躍して脚光を浴びたが、六〇年代には財政危機に陥っていた。こうした状況下に同アカデミーの会員は、ルイ一四世に仕えていたコルベールに、科学研究はこれまでのように私的なパトロンに依存するのではなく、国家の援助が必要であることを訴えた。海の向うのロンドン王立協会の誕生に触発されたことも大きい。彼らは、王立協会の創

PHILOSOPHIÆ
NATURALIS
PRINCIPIA
MATHEMATICA.

Autore *J S. NEWTON*, *Trin. Coll. Cantab. Soc.*. Matheseos Professore *Lucasiano*, & Societatis Regalis Sodali.

IMPRIMATUR.
S. PEPYS, *Reg. Soc.* PRÆSES.
Julii 5. 1686.

LONDINI,
Jussu *Societatis Regiæ* ac Typis *Josephi Streater*. Prostant Venales apud *Sam. Smith* ad insignia Principis *Walliæ* in Cœmiterio D. *Pauli*, aliosq; nonnullos Bibliopolas. *Anno* MDCLXXXVII.

図3—8　ニュートン『プリンキピア』初版の扉。1686年7月5日に王立協会から出版許可が出され、翌年の同じ日に出版された。

立精神と同じベイコン主義に従い、科学研究の社会的有用性を主張した。これは、貿易と技術的生産性を優先させる重商主義政策を押し進めようとした財務総監コルベールの政策とも合致するところがあった。かくしてコルベールの力を得て、王立科学アカデミーは、科学と技術の公的諮問機関として、さらにはルイ太陽王の威光を全ヨーロッパに誇示するための学術組織として、王立協会創立から四年後に正式に発足した。

アカデミーの機構は、イギリスの王立協会とは極めて対照的である。後者が比較的多様な社会的階層に門戸を開いた私立団体であったのに対し、前者は選ばれた少数の科学者(創立時は二〇名、一六六九―一七八五年には定員約五〇名、一八世紀末のロンドン王立協会の会員数はこの一〇倍ほどであった)から構成された文字通りの王立組織であり、国家直営の研究所であった。政府の財政援助のもとに研究が進められ、しかも多くの会員には政府から俸給も与えられた。常勤会員は正研究員(pensionnaire)・準研究員(associé)・助手(adjoint)の三ランクに分けられ、助手は無給であったが、正・準研究員にはそれぞれの額の俸給が与えられた。ただし俸給とはいっても、それで生計を立てられるほどの額ではなく、他に仕事や本職をもっていた会員が多い。このほか特別会員として名誉会員(honoraire, 貴族、軍・政府・聖職者の要人など)や、非在住の会員(correspondant, ニュートンらの外国人を含む)をもっていた。欠員ができた場合、正研究員と名誉会員のみに後任選出の投票権があった。幾何学・天文学・力学・解剖学・化学・植物学の六部門からなり、各部門は正研究員三名、準研究員二名、助手二名から構成された。方法論的にはとくにベイコン的な実験科学が重視され、そのための高価な器材や設備も導入された(図3—9、10)。研究員は、ここで各自が選択するテーマを研究することが許されたが、同時に政府から依頼されたプロジェクト(たとえば、地球の大きさを決定するための測量、地図の作成、軍事用機械の開発など)に参画させられた。さらにコルベールの工場制手工業の育成策と相まって、織物・染色・陶器・鉱山・冶金などの技術の監督や改善にも携わった。そして国内の技術の特許はすべてアカデミーで審査された。会員専用の雑誌『ジュルナル・デ・サヴァン(学者の雑誌)』(一六六五年創刊、一七九二年廃刊)などのほか、のちに一般の非会員も投稿できる雑誌も刊行され

図3—9　1671年に王立科学アカデミーを視察するルイ14世(中央左の帽子の人物)とコルベール(その右)。窓の外に建設中の王立天文台が見える。1676年の銅版画。

図3—10　王立図書館における科学アカデミーの会合。中央後方の壇上に国王の座が見える。1686年の銅版画。

たが、論文が掲載されるためにはアカデミー科学者による検閲が当然必要であった。このように、王立科学アカデミーは国家機関として、実質的に旧体制下のフランスの科学界・技術界を支配する立場にあった。第5章で見るように、この独占的・閉鎖的なエリート主義が革命前夜から批判の矢面に立たされるようになるのである。しかし、中央政府に直接コントロールされたその科学体制は革命後の一九世紀まで尾を引き、フランス科学に良きにつけ悪しきにつけ独特の学風を植えつけることになる。

ロンドンの王立協会とパリの科学アカデミーは、その後各国に創設される学会の二つの異なるモデルとなった。個人主義的・アマチュア的性格をもった王立協会は一八世紀にイギリスやアメリカに誕生した私設の学会などの原型となり、国王ないし国家主導型の科学アカデミーはヨーロッパ諸国に一八世紀に相次いで設立された王立アカデミーのモデルとなった（表3―3）。

このように、一七世紀以後の近代科学の活動の拠点となった学会を背後で支えたのは、世俗の新興富豪や君主や貴族であり、カトリック教会ではなかった。学会の成立の背後には、それまでヨーロッパの政治や経済や文化を支配下に置いていた教会に対抗して、都市や国家における新しいヘゲモニーの担い手が台頭していたという事実があることは無視できない。

名称	所在地	創立年
ドイツ		
王立科学協会	ベルリン	1700
王立科学協会	ゲッティンゲン	1752
バイエルン科学アカデミー	ミュンヘン	1759
ベルギー（オーストリア領ネーデルランド）		
王立帝国科学・文芸アカデミー	ブリュッセル	1772
オランダ		
オランダ科学協会	ハールレム	1752
スペイン		
王立自然科学・芸術アカデミア	バルセロナ	1770
ポルトガル		
リスボン王立科学アカデミア	リスボン	1783
ロシア		
ペテルブルク帝国科学アカデミー	ペテルブルク	1724
スウェーデン		
王立科学協会	ウプサラ	1728
王立科学アカデミー	ストックホルム	1739
デンマーク		
デンマーク王立科学協会	コペンハーゲン	1742
アメリカ		
アメリカ哲学協会	フィラデルフィア	1768
アメリカ技芸・科学アカデミー	ボストン	1780

表 3—3　18 世紀までに創設された主な科学関係の学会

名称	所在地	創立年
イタリア		
アカデミア・デイ・リンチェイ	ローマ	1603
アカデミア・デル・チメント	フィレンツェ	1657
科学アカデミア	ボローニャ	1714
王立科学文芸アカデミア	ナポリ	1778
科学文芸アカデミア	パドヴァ	1779
王立科学アカデミア	トリノ	1783
イギリス		
ロンドン王立協会	ロンドン	1662
月光協会	バーミンガム	1766
文学・哲学協会	マンチェスター	1781
(以後同様の文学・哲学協会が各地に多数創立)		
エディンバラ王立協会	エディンバラ	1783
王立アイルランド・アカデミー	ダブリン	1785
フランス		
モンモール・アカデミー	パリ	1650 年代
王立科学アカデミー	パリ	1666
王立科学協会	モンペリエ	1706
王立科学・文芸アカデミー	ボルドー	1712
(以後同様の科学・文芸アカデミーが各地に多数創立)		

注：学会名称は設立時のもの。

資料：J. E. McClellan Ⅲ, *Science Reorganized: Scientific Societies in the Eighteenth Century*, 1985, pp. 261–291.

第4章　自然探究と技術

科学と技術の伝統

これまで見てきたように、ベイコンの科学理念は一七世紀後半に学会という一つの制度の成立にも大きな影響を与えた。彼のイデーであった「技術のための科学」は、そこでの共通の指導精神であった。科学と技術の接近は、ベイコンの生きた一六世紀後半から一七世紀初頭には、すでに萌芽していた現象であった。その意味で彼のイデーは時代の産物であったといえるかもしれない。

技術（art,「技術」という漢字は漢代の『史記』にも見られるように中国に古くからあった）を広義に、あるがままの自然現象を利用・操作して人間の諸目的に変換する営為であるとすれば、その起源はおよそ四〇〇万年前、すなわち人類の誕生にまで遡るといえよう。なぜなら、ヒトがヒトであるための文化的必要条件は、言語をもち、火を使うことのほかに、道具を作製・使用するという技術的営みが含まれているからである。技術はそもそも人類の定義とは切り離すことができないのである。先史時代の石斧も、固さや強さといった石のもつ独特の自然の性質（自然現象）を利用して、人間生活に役立つように変換したもの、すなわち技術である。古代から中世にかけて登場した水車や風車などの動力機械も、風や水流などの自然現象をコントロールし生活目的のために利用した技術である。それらは人間が生きるための手段であり、人々の多年の経験や勘や工夫に基づく産物であった。

古代ギリシア世界においては、概して科学と技術は二つの異なる営みであった。両者の疎遠な状態は、その担い手の違いからも知ることができる。奴隷制を基礎とした古代ギリシア社会では、一般にテクネー（ギリシア techne = 技術）は奴隷の手仕事や肉体労働と関連づけられ、自由人からは汚れたもの、卑(いや)しいものとして蔑視されていた。ギリシアの知者は自然に関する知識の体系、すなわち科学を生み出したが、彼らの行う自然探究と奴隷の技術的営為とに一線を画し、その境界を崩すことを嫌悪する風潮があった。

この傾向はローマ時代にやや薄れはしたものの、中世末期までヨーロッパで根強く続いた。中世後期の西欧世界において、学問の担い手が大学のスコラ学者で占められていたのに対して、技術の担い手は主として比較的下層の職人たちであった。中世ヨーロッパで起こった技術の革新（水車・風車・農具・馬具・帆船・紡車・製鉄高炉・機械時計など）は、幾世紀にもわたる職人たちの経験的技術の賜物であった。[1] 一二世紀前半頃から諸都市には業種別の手工業職人の組合である同職ギルド（英 guild, 独 Zunft）がつくられた。そして一三世紀までには手工業者のすべてに当該組合への加入が強制された。「親方」（英 master, 独 Meister）は、傘下の有給の「職人」（英 journeyman, 独 Geselle）や無給見習いの「徒弟」（英

apprentice, 独 Lehrling）たちに対し絶対的権限をもち、徒弟・遍歴の制度（一二、三歳から親方のもとで二─八年間の徒弟生活をした後、職人として数年間諸国を遍歴して各地の親方のもとで技術を高め、最後に親方に昇格することが認められる制度）による厳格な規律のもとにギルドを運営した。技術にかかわる経験的知識はこうした制度のもとに職人たちの間に代々伝承され、一つの伝統が形成されていた(2)。

近代初期には、ギリシア以来根強かった学者の職人技能に対する差別意識は次第に崩されつつあった。中世後期に行われた死体解剖は、内科医学の知識を十分にもたない職人である理髪外科師の仕事であり、医学者は直接手を下さないのが常であった（図4─1）。一二世紀以来、理髪外科師はヨーロッパ社会で、死刑執行人・墓掘り人・皮はぎ・家畜去勢人・遍歴芸人・娼婦・ジプシーなどとともに被差別民であった（この点はわが国の江戸時代の腑分け職人の身分と似ている）。しかしルネサンスあたりから、大学の医学者自らが実際に解剖を行うようになった（図4─2）。さらに、ヴェサリウスの『人体の構造について』（一五四三）にも見られるように、職人画家が学者に協力して精密な解剖図を描いたり、また博物誌の書物に植物や動物の図版を描くようになった（図4─3、4）。職人的伝統の中にあったイタリアの芸術家レオナルド・ダ・ヴィンチは、自ら三〇体ほどの人体解剖を手掛け多くのスケッチを残したり（図4─5）、機械的技術の探究を行ったほか、スコラ学者の領域であった運動論などの研究へ手を伸ばしている。レオナルドの場合にも見られるよ

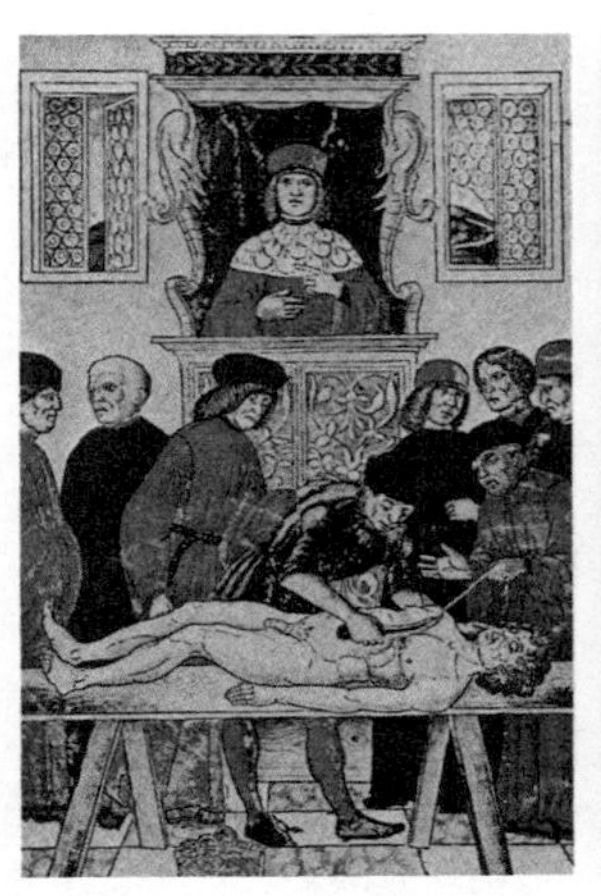

図4—1、2　左は中世の解剖風景。理髪外科師が解剖し、壇上の教授は古代医学の権威ガレノスのテキストを読むだけで手を下さない。学生はどことなく解剖に注視していない様子である。右は近代の解剖風景。学者（ヴェサリウス）自らが解剖し、熱心に見入る多数の学生の前で講義しているのは対照的である。

うに、ルネサンスの絵画は幾何学的な透視画法（遠近画法）や比例を採り入れるようになっていた。また建築にも数学的技法が採用された。イタリアの芸術家たちは、人文主義者と同様に宮廷の庇護を受け、ギルド的徒弟制度の世界から抜け出るようになっていた。この意味で、彼らを従来の中世的職人と区別して「高級職人」（superior artisan）と呼ぶことがある[3]。

一六世紀の医師アグリコラが著した『デ・レ・メタリカ（金属について）』（一五五六）は、探鉱・採鉱・試金・精錬・器

図4―4　フックス『植物誌』(1542) の図版作成に協力した3人の画工。右上の人物が植物を写生し、左上が版木に写し変え、下がその版木を彫刻した。

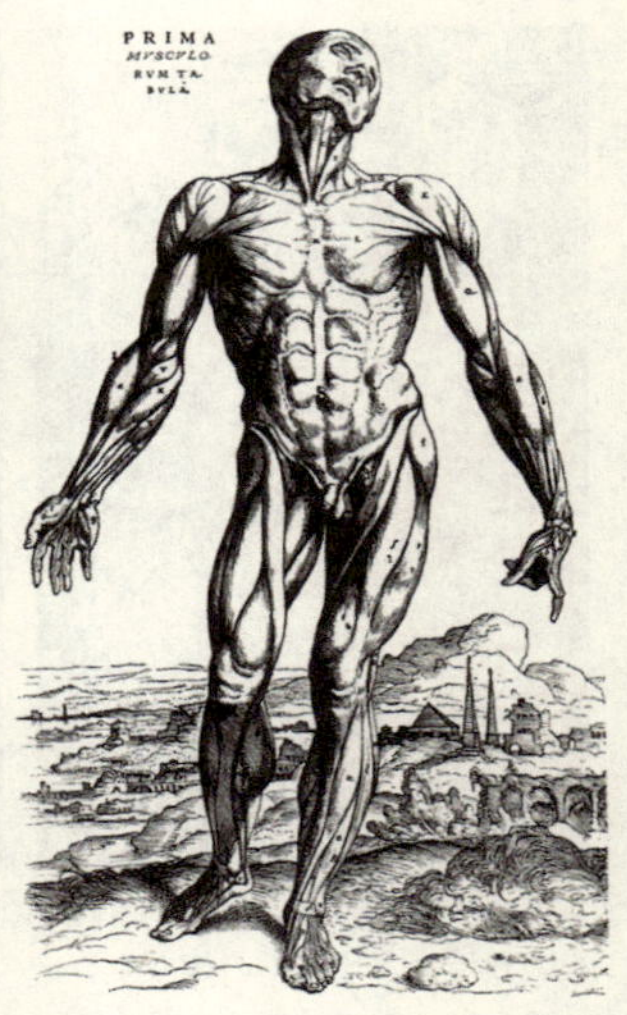

図4―3　『人体の構造について』の画家カルカルによる図版。写実的ではあるが、パドヴァの郊外を遠景に解剖体を生きているかのように立たせ、また肉体の美しさを過度に強調するなど、ルネサンス的な理念と画法を反映している。

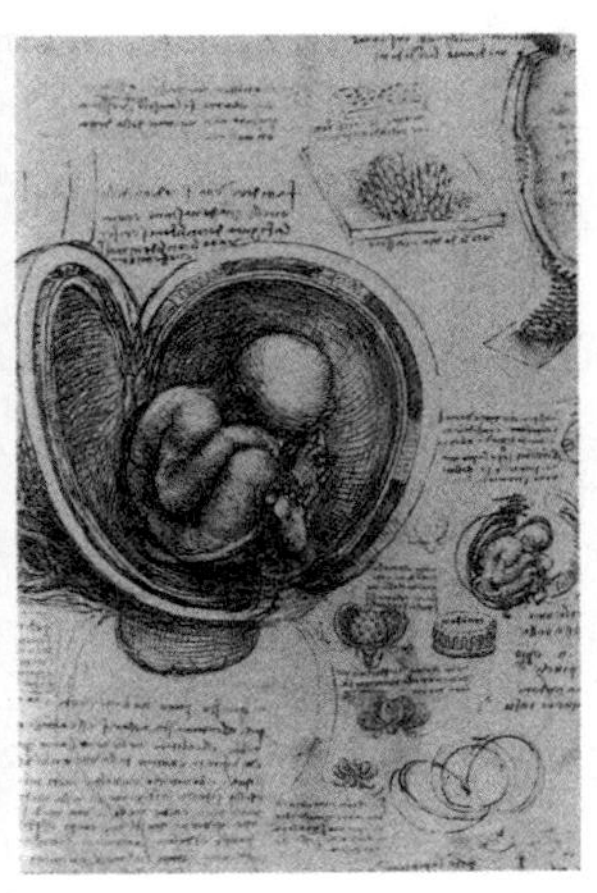

図4—5　レオナルド・ダ・ヴィンチの描いた胎児のスケッチ。王立ウィンザー図書館所蔵の手稿より。

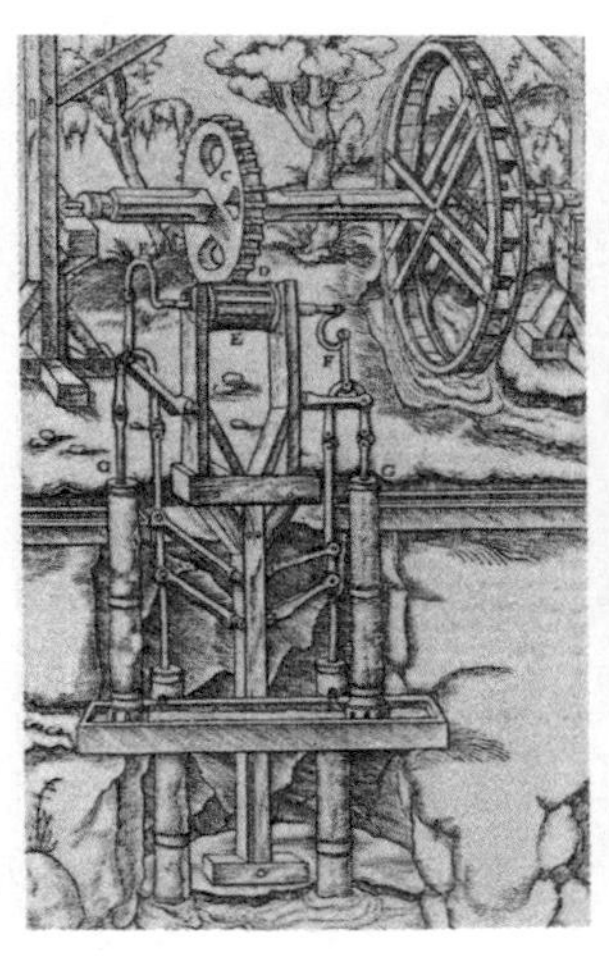

図4—6　『デ・レ・メタリカ』の水力揚水ポンプの挿図。画工ウェフリングらによる約300点の版画が挿入されている。

材・鉱山経営などの知識を学者の眼から体系的に記述したものであり、学者の職人的技術への接近を物語る一例としてしばしば言及されている（図4—6）。ベイコンもこの書を読んでいたとみられる。[4]パラケルススが錬金術を学問的に体系化することによって医化学（独 iatro Chemie）を興したのもこの傾向の一端を表している。中世のスコラ学者には錬金術を論じた者もいたが、その実践者はほとんど職人階層で占められており、彼らの物質変成の考え（もともとはアリストテレス思想に負っているのだが）と正統的な当時のスコラ学的アリストテレス物質理論との間にはギャップがあったことが知られている。[5] 学者たちが錬金術の担い手となるのはルネサンス以降の傾向であり、それはまず錬金術を医療に応用する医化学派によって始まったのである。[6]

科学のための技術

医学者パラケルススは、学者が大衆の知恵や生活からもっと学ぶべきであると主張している。

医者が知らなければならないすべての事柄がアカデミー〔大学〕で教えられているわけではない。老婦、ジプシーと呼ばれるタタール人、遍歴の魔術師、田舎の老人たち、またしばしば軽蔑されているその他の多くの人々に医者はたびたび頼らなければならない。このような人々はどんな大学人よりもそのような事柄をもっとよく理解しているので、医者は彼らから知識を得るであろう。[7]

彼自身、ティロルの鉱山地区で鉱夫の病気について研究した。一時バーゼル大学で教鞭をとったが、ラテン語に代わって母国語のドイツ語で講義をしたり、大学医学の権威ガレノスの書を焼くなどして伝統に背いたため、大学を追放され遍歴の生涯を送った。

イタリアでは一六世紀に弾道術・築城術・治水術などの技術的問題を数学的に解明しようとした人々が現れたが（図4―7）、ガリレオもこの系譜に属していた[8]。彼は、職人たちの経験に基づく実践活動から率直に学び取らなければならないことを忠告している。以下は彼の『新科学論議』の中の有名な一節である。

あなた方ヴェネツィア人があの有名な造船所でいつも行っている活動は、思索する頭脳に哲学探求のための広々とした場を提供しているように思われるのです。機械学と呼ばれる分野ではとくにそうです。というのは、そこではあらゆる種類の道具や機械が多くの職人たちによって絶えず動かされていますが、その連中のうちには、代々受け継いだ経験や、また自分自身でも注意を払って行った観察によって、大いに熟練し、賢明

図4―7　16世紀前半イタリアの数学者タルターリャが考案した砲術用四分儀。彼は弾道学の先駆者と見なされている。1547年の版画。

な説明をしてみせる人々が必ずいるのですから。(9)

こうした言明は自然探究者たちの新しい意識を表している。同時に、それは書物の中からのみ真理をつかみ取ろうとした大学のスコラ学者たちの態度に対する批判の声とも見てとれる。

機械論哲学者は、自然を壮大な機械と見る際に当時の職人たちのつくった機械や道具からヒントを得たし、自然を創造した神を機械工・機械技術者の理想化された存在と見た。その機械としての自然を研究するためには、まず職人たちのつくった既存の機械の仕組みを学者たちが理解すること、いいかえれば「技術知」の必要性が認識されたのである。

この時代にはまた、空気ポンプ・圧力計・温度計・望遠鏡・顕微鏡・プリズムなどの実験や観察のための新しい器具が次々に登場し、ベイコン的実験科学を推進する重要な道具として使われた。自然探究のための技術としてのこれらの器具製作は、職人たちばかりでなく、しばしば自然探究者自身の手によっても行われ、またその器具の理論が追究された(図4―8、9、10)。

なかでも、空気の研究に使われたポンプ(真空ポンプ)は一七世紀の先端的な技術であった。最も古い空気ポンプは、マグデブルクの半球実験で知られるドイツのゲーリケが一六五〇年代に製作したものとみられる(図4―11)。ボイルは、このゲーリケのポンプにつ

図4—9　ニュートンによる反射望遠鏡のデザイン。1671年頃の手稿より。彼は、ガリレオの屈折望遠鏡とは異なり鏡を用いたこの望遠鏡を1668年に製作している。

図4—10　フックの顕微鏡。上は断面図。左下は標本への採光装置。『ミクログラフィア』（1665）の挿図。

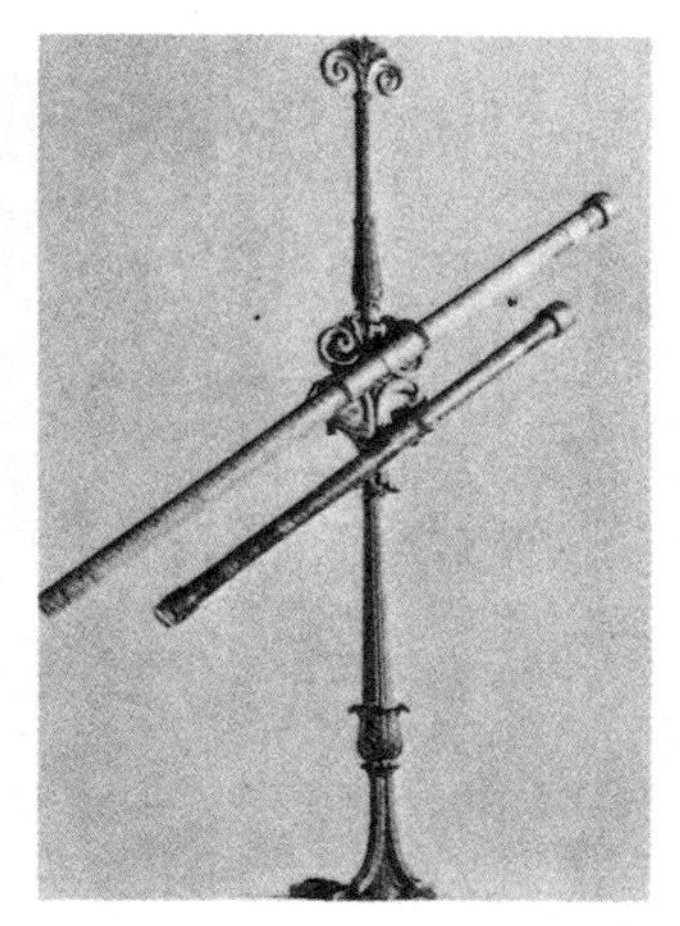

図4—8　ガリレオ自作の望遠鏡のうちの2つ。フィレンツェのガリレオ博物館所蔵。対物用凸レンズと接眼用凹レンズ（片面は平）からなり14-20倍。1609年、月面、木星の衛星、土星の輪、太陽の黒点、恒星などを望遠鏡で観察し、地動説支持の根拠とした。彼はオランダの眼鏡師が望遠鏡をつくったうわさを聞いて、自らその製作を試みた。彼の場合、眼鏡師のように偶然にではなく「屈折理論に基づいて」それを完成させたことを誇りにした。

図4―11　ゲーリケの最初のポンプ。右下は証人となる実演の立会人。この図を載せたショット著『水力・空気機械学』（1657）はボイルに大きな影響を与えた。

いての情報をもとに、助手のフックと器具職人グレートレックスを指揮して一六五九年に、より効率のよい空気ポンプをつくることに成功した（図4―12）。実験装置の製作と操作においても優れた能力をもっていたオランダのホイヘンスは、ボイルのポンプ実験を追試するため、苦心の末に一六六一年、空気ポンプの製作に成功している。当時、空気ポンプの製作には、今日でいえば原子物理学で使う巨大加速器に匹敵するほどの巨費を要したという指摘もある。一六六〇年代の末までに、全ヨーロッパにあったと思われる空気ポンプの数は一〇に満たなかったほどである。[10]

ホイヘンスが空気ポンプを試作する際に手掛りとしたのは、ボイルの著した『空気の弾性とその効果に関する自然学的・力学的新実験』（一六六〇）の中の記述であった。その中でボイルは、彼の空気ポンプの材質・構造・操作法を極めて詳細に記述している。これは読者が同じ装置を製作し、再現実験ができるよう配慮したためであった。とはいえ、ホイヘンスはその記述だけからはポンプをつくることができず、ロンドンを訪れ現物をその目で確かめ、ボイル自身の意見を聞くことによって初めてそれを完成させることができた。これは技術というものを文章を通して再現させることの難しさを示しているが、装置の再製と実験の再現をすべての読者に可能にさせるため、それに関するあらゆる事柄を細部にわたって記述し尽くすことがボイルの戦略であった。実験を目撃しなかった第三者に、その場面を詳細に報告することによって、あたかも目撃したようなイメージを与えることが、

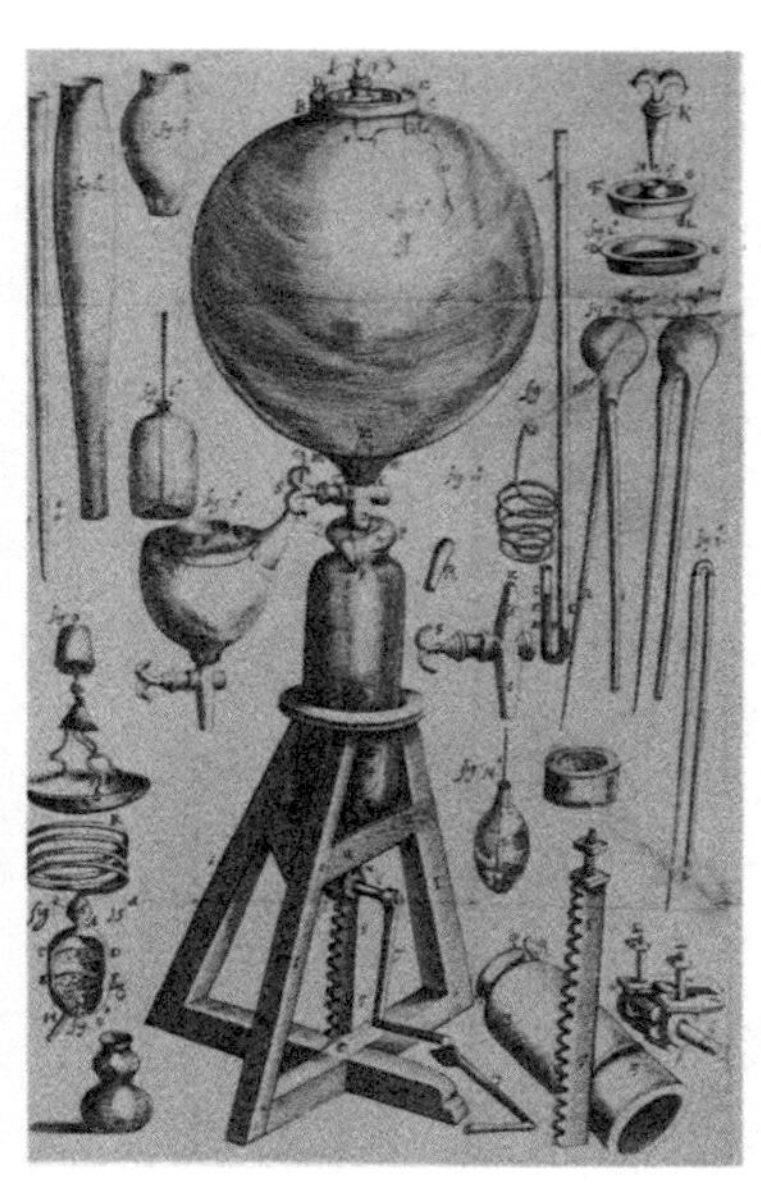

図 4—12　ボイルの空気ポンプの第1号機。『空気の弾性とその効果に関する自然学的・力学的新実験』の挿図。このポンプは同書所収の43種の実験に使われた。

実験哲学者ボイルの狙いだったのである。[11]

技術のための科学

上述のように、技術は新しい科学の実践者たちの思想や方法に影響を与えたことはたしかであろう。近代科学が一義的に職人技術から生まれたものとはいえないが、技術は自然探究者たちの研究の一つの知的源泉にはなった。技芸にも幾何学や算術の手法が採り入れられるケースが見られるようになった。そして、学問と技術の間にあったギリシア的・スコラ的な垣根や差別も次第に消えつつあった。とはいえ、こうした事例をもって科学と技術の系統的な結合が一七世紀に実際に達成されたとするのは早計である。この類の学者と職人の伝統の接近が見られても、それが当時の工人たちの伝統的な方法や営みを大きく変革することはなかったし、ましてやここにおいて職人技術がオートノミー（自律性）をもった「科学的技術」となって独り歩きを始めたわけではない。[12]

王立科学アカデミーのプロジェクトに見られるように、そこの自然探究者は一部の分野で何らかの形で公的に技術とかかわるようにはなった。アカデミー会員たちは既存の産業技術に助言を与え、フランスの特許権の審査員も引き受けた。彼らは、職人の技術的発明に適切な科学的な基礎や裏づけが必要であることすら主張した。技術特許の審査においてもそれを要求したが、学理よりも勘や経験や常識に基づいた「目の子算」に慣れていた職

表4—1　ロンドン王立協会の会合で会員がとりあげた研究の内訳

分類	1661年	1686年
純粋科学	39.8%	42.7%
海運	8.9%	16.2%
鉱山	33.0%	15.8%
軍事技術	9.4%	13.3%
繊維産業	4.2%	3.7%
一般的技術・農業	4.7%	8.3%
計	100%	100%

資料：R. K. Merton, *Science, Technology and Society in Seventeenth-Century England*, repr. 1970, p. 204.

人たちには無理な注文であった。一七世紀末にフランスの技術界を上からコントロールしたアカデミーが科学的・合理的方法により職人技術の手法を改変させようとした傾向は、同国における伝統的技芸や産業の発展にかえって深刻な阻害要因になったという見方すらある[13]。

マートンが、一七世紀のロンドン王立協会の会合で議論された研究を、会合議事録をもとにジャンル別に分類したところによれば、鉱山・産業・軍事・農業などの実用的な技術にかかわるものがかなりある[14]（表4―1）。ベイコン的精神に感化されていた王立協会の会員たちは、彼らの新しい考えを実際的な技術の改良に応用したいと考えていたことは事実である。「発明は英雄的なことであり、地位の低い野卑な工人の理解しえぬことである」というスプラットの言（『王立協会史』一六六七）には、学者サイドの強い自負心すらうかがえる[15]。しかし、実情は彼らが想像していたよりもはるかに難しかった。工人たちの技術を科学で改良できるという信念に基づいた彼らの努力が、当時はっきりした形で実を結んだ実例をわれわれはほとんど知らない。

結局、一七世紀にはベイコンの「技術のための科学」はまだまだスローガンの域を出なかった。技術にとって、スキエンティアはまだ十分な「力」にはなっていなかったのである。しかしそのスローガンは、次代に受け継がれ、やがては科学そのものの目的と性格を変化させる「力」になる時がくる。一八世紀にフランスの啓蒙思想家たちが科学から宗教色を一掃させようと企てた時、かつての神の計画を理解するための科学に代わって彼らが前面に押し出したのは、この技術に奉仕するための科学であった。一八世紀以降のイギリスでも、ベイコン主義を前面にすえて、科学がいかに実用技術に役立つか、いかに社会的に有用であるかを主張する運動が起こった。それは科学する者の存在意義を社会にアピールし、科学活動の市民権を獲得する運動ともつながっていた。またイギリス産業革命期に起きた新興の産業資本家層による「役にたつ科学的知識」の普及運動においては、彼らの中産階級としての地位を確立するためのイデオロギーとも結びついていた。

とはいえ、科学の技術への応用は人々が口で言うよりも難しく、決して予定調和的には進まなかったのが現実である。そもそも科学と実用技術、理論と実践が実りある結びつきを示した歴史的事例を個々に追跡してみると、その結びつきのプロセスは極めて複雑であることが分かる。たとえば、ザイマンがいくつかの事例（反射望遠鏡、蒸気、電磁気学など）をあげて指摘するように、ある時には実践が理論に先駆け、またある時には新しい技術が全く別系統の科学的発見から偶然生まれることがある。あるいはニワトリと卵のようにどちらが先かを明確に判定できないケースもある。実践と理論が長い間離れていて、独立した道を歩み、最後に何かの契機から結びついて実りをもたらした例もある。個々の事例から見る限り、理論と実践の関係は、単純な一般論が適用できるほどワンパターンではない。[16]

いずれにせよ、次章以下に見るように、ヨーロッパでは、後に少なくとも制度のうえから計画的・系統的に科学を実用技術と一体化させる動きが生じる。こうした過程のそれぞれの場面で、科学は技術と「便宜上の結婚」（marriage of convenience, 双方の自発的な愛による結婚 marriage of love に対する言葉）をさせられる。そのように管理された制度の中では、理論と実践のそれぞれで起こる偶発性も常に意図的に両者が結びつく方向に振り向けられる。そうした制度は、一八世紀末から二〇世紀前半にかけて、文化や産業や経済や戦争などのさまざまな外的条件を受けながら、それぞれの様式で形づくられていった。ヨーロッパにおいて科学と技術が一体化していく過程は、単に科学自体の内的発展の自然な帰結ということではなく、多分に社会的・制度的要因が絡み合っているのである。

第5章　啓蒙主義と科学

「光の世紀」と神なき科学

西欧科学が神離れをして、今日のような唯物論的な色彩を強めるようになったのは、とりわけ一八世紀の啓蒙主義の興隆以来の傾向とみられる。[1] 啓蒙主義は一七世紀後半の名誉革命期のイギリスに始まるが、とくに一八世紀のフランスで一つの精神運動として大きな高まりを見せた。そして、その運動はドイツやアメリカにも飛び火した。時のフランス人は一八世紀を「光の世紀」（siècle des lumières）と呼んだ。それは理性という光を照らされ、明るくなる時代を象徴する言葉であった。「啓蒙主義」にあたる英語の Enlightenment やドイツ語の Aufklärung（これは同時代の哲学者カントがこの時代を評して最初に使った術語といわれる）の原意も「光で明るくすること」であり、それは人々の無知蒙昧という闇に理性という光を照射するという意味が込められている。光に象徴される「理性」（英 reason, 仏 raison）はこの時代のキーワードであった。それは人々の意識の中で、前世紀から華々しく発展を続ける「科学」のイメージと重なっていた。

ベイコンやデカルトやニュートンが築いた近代科学の精神に触発された一八世紀フラン

スのフィロゾーフ（philosophe＝哲学者、この言葉はこの時期の啓蒙主義者の代名詞になっている）たちは、科学革命が単に自然研究ばかりでなく人間の全活動を変えつつあると信じた。そして、科学は理性の産物であり、人間はこの理性を使うことによって過去の過ちを正すことができると考えた。啓蒙主義者たちは、理性に根ざした新しい知識や考え方を無学な一般民衆に「啓蒙」して、旧時代の不平等で不自由な政治形態、社会制度、宗教思想、慣習を打破し変革しようとした。従来人々が心の糧としていた宗教に代えて、近代科学——とりわけニュートンの科学体系——がそのための格好の武器として使われ、科学的・反宗教的な態度を、自然認識のみならず、法や人間社会の起源といった社会認識にも適用し、旧体制を鋭く批判したのである。したがってフィロゾーフたちの啓蒙主義は、近代科学誕生のインパクトを受けて起こった一種の反体制運動であった。イギリスでは一七世紀末までに市民革命が成し遂げられたが、フランスでは一八世紀に入っても絶対主義が存続していた。一八世紀に、イギリスよりもフランスでとくに現実批判としての啓蒙思想が大きな高まりを見せたのはそのためである(2)。

それまでの絶対王政を基礎づけたイデオロギーは、国王の支配権は王の先祖が神から直接に賦与されたものであるから絶対的なものと説く「王権神授説」であった。これを拒否した啓蒙主義者は、すべての人間の本性にかなった普遍的な法が存在することを主張し、その法により人間社会の根本的な秩序が保たれることを説いた。法は一部の権威者の利益のために一方的に、勝手気ままにつくられて行使されるものでなく、ニュートンが自然の中に見出した法、すなわち万有引力の法則のように、理性に基づいて万人が納得できる形で導かれた永久不変の「自然法」であるべきだ、というのである。現に存在するような社会が本当の社会であると解してはならない。あるべき本来の社会、つまり自然な社会を語るには、野性状態にあった自然の時代にまで遡って考えなければならない。そこでは人々を支配する権威をもった特定の優越者はなく、合理的動物としての人間は理性によって互いの生活を行う自由で平等な状態がある。この自然状態の秩序を司る唯一のものが、理性の法としての自然法なのである。ロックの政治論も、モンテスキューの法の精神も、「自然に帰れ」のスローガンで知られるルソーの社会契約説も、議論の違いこそあれその原点にはこうした考えがあった。自然の中から理性的に法を見出す点において、彼らの立場は科学者の営為と共通する。それは自然科学の方法からの類推であった。

啓蒙主義者の理性至上主義はキリスト教解釈にも及んだ。啓蒙思潮における神の位置づけには、一七世紀後半から興隆していた、宗教を理性の光の下でとらえようとする理神論(ディズム deism)とも軌を一にする部分があった。理神論は、とくにイギリスで、世界を研究することにより神の存在と機能を論証しようとする自然神学(natural theology)の伝統の中から発展した。ニュートンの思想はこうした流れに大きな影響を与えていた。ニュートンによれば、神は世界を創造し自然法則を与えた後も、常に世界に存在し続け、支配と監督を続ける。科学史家ジェイコブによれば、ニュートン主義の世界観はイギリスにおいて名誉革命（一六八八－八九）の後、国教会の広教会派（Latitudinarian, 教会政治・礼拝形式・信条などに対して自由な立場をとる派）の政治的議論に頻繁に使われたという。すなわち、名誉革命でのジェイムズ二世の追放に反対する英国国教会の主流派に対抗した少数派の広教会派は、ニュートンの神の常時介入説を使うことにより、神が初めに王権を授けたことを絶対視する王権神授説を否定し、革命後の社会秩序を守ろうとした。ニュートン科学そのものが広教会派によって称揚されたのも、こうした政治的動機によるためであった[3]。

神がいかなる時も自然に働きかけるというニュートンの世界観は、ライプニッツから、神の計画の不完全さを意味するものとして批判された。彼は、むしろ神を天地創造の一点に閉じ込め、創造後の世界はもはや神の干渉を離れて自然法則のみに従うものと考えた。啓示宗教から離れて、キリスト教を理性に照らして解釈する動きは一八世紀にさまざまな形で発展した。

イギリス理神論やニュートン主義の影響を受けたフランスのフィロゾーフたちは、奇跡や啓示を排し、自然哲学からいっそう神を排除する方向に進んだ。理神論から唯物論に転じたディドロやパリで生涯の大半を過ごしたドイツ生まれのドルバックは、聖書や神学や教会の権威を攻撃し、精神救済としての宗教の役割を否定もしくは限定し、理性と自然があるだけで十分だと主張した。理神論者であり熱烈なニュートン主義者であったヴォルテールは、世界秩序の知的創造者としての神の存在は認めたが、人格神を認めず聖書の矛盾を暴いた。若き日にパリを追放され、亡命先のイギリスでの体験をもとに母国フランスの「後進性」を批判して書いた『哲学書簡（イギリス便り）』（英語初版一七三三、仏語初版一七三四）の中で、彼はこう述べている。

私は哲学の光に基づいて述べているのであり、信仰の啓示に基づくものではない。人間的見地から考えることだけが、私の義務である。……理性と信仰とは相反するものである。[4]

理性・科学と信仰・宗教とはこのように切り離され、前者が優先されたのである。

科学の宗教離れ現象は、科学そのものの目的と性格を大きく変えた。科学はもはや神の計画の理解のための営為ではない。それは、ほかならぬわれわれ人間の幸福、社会の進歩のために営まれるべきものであることが強調された。すなわち技術を媒介として人間に奉仕する科学、「技術のための科学」である。それは、形を変えたベイコン主義の再来であった。政府や教会の妨害を受けながらも、ディドロやダランベールらが、一五〇人もの執筆者の協力を得て編纂刊行した『百科全書——学問・芸術・工芸の理性的に考究された事典——』全二八巻（本文一七巻、図版一一巻。一七五一―七二）は、当時の科学と技芸の知識

図5—1 『百科全書』第1巻の口絵。ヴェールに包まれた真理の女神（中央上）は暗黒を払う光を放ち、冠を戴く理性の女神（その左）がそのヴェールを剝がす。足元で諸学の女神が、下端では職人たちが進歩の源泉である科学的真理を見上げている。理性の時代を象徴する寓意画。

を総合的にまとめあげた野心作であった（図5―1）。「地上に散在している知識を集成し、現在および未来の人類に伝え、それによって彼らがより有徳で幸福になる願いを込めて[5]」（第五巻、ディドロの言）書かれたこの労作は、いわば啓蒙主義思潮のマニフェストであった。百科全書派のディドロやダランベールが、ベイコンを彼らのプログラムの偉大な先人として称揚したことはいうまでもない。しかし、彼らのベイコン主義は、もはや宗教を無価値なものとみなすもう一つのベイコン主義であった。それはまた、唯物論的で技術的な、現代人のもつ科学観に近い。

進歩主義の興隆

人間社会は時代とともに「進歩」（仏 progrès, 英 progress）する、という歴史意識も啓蒙思想の中で発展した。この種の進歩史観は、古代・中世・ルネサンスの人々の歴史観には一般には見られなかったことである。ルネサンス期には、古代の黄金時代から暗黒の中世を経て、再び黄金のルネサンス時代を迎える、というサイクル的史観があった。これによれば、歴史は車輪のように巡り、ルネサンスのあとはやがて再び暗黒時代に入る。司馬遷に代表される中国史家の歴史観にも、皇帝の悪政による天下の荒廃と戦乱、新しい天子の出現と治世、という繰り返しから王朝の交代を説明する循環論があった。しかしいずれの場合も、歴史は絶えずよりよい方向に向かって進むという観念はない。

人類や社会の進歩の信念は理性の時代の産物であった。それは、知識に限界はなく、それが時間とともに増大して人間に幸福をもたらす、というベイコン思想の含みを、歴史像に敷衍したものであった。啓蒙主義者たちは人類の過去を、野蛮な時代から輝かしい近代への発展の歴史から描いた。近代は理性の開化の起点である。ベイコンは神学の支配する闇の時代に「光明を準備した人々」の「筆頭」であり（『百科全書』第一巻、序論、ダランベールの言）、この系譜から近代科学が生まれ、科学知識の拡大と理性の解放とを通して人類と社会は輝ける未来へと絶え間ない進歩を続ける。(6) コンドルセが革命直後に著した『人間精神の進歩の史的展望素描』（一七九四）は、こうした人類の無限進歩を謳歌した歴史叙述の一典型である。進歩の度合いを吟味する試みは科学や技術の領域ばかりでなく文学にも広がり、アカデミー・フランセーズでは一八世紀に、ギリシア・ローマの古典文学と近代文学のどちらが優れているかという論争すら起こった。この論争は近代文学の優位性を支持する進歩主義派の勝利に終わっている。

一九世紀に入ると、フランス革命や産業革命による社会変化、科学や技術の驚異的な発展は、前世紀のフィロゾーフたちの楽天的進歩思想をますます裏づけるように見えた。そして、サン＝シモン、ヘーゲル、コント、マルクス、スペンサーといった一連の思想家による、精緻化されたさまざまな形の進歩史観に基づいた文明論・社会論・歴史哲学・経済論が繚乱するようになるのである。進歩概念の適用は科学・技術・社会・文学・経済のみならず、自然や生物体にも及んでいる。従来の種の不変説に対して、種が時間とともに緩やかに変化し高等生物の出現に至ると見る進化（evolution）の諸概念も、一つには進歩主義の時代の反映と見てとれる。

科学の大衆化

もちろん、一八世紀を境として科学から宗教色がすべて消失したわけではない。たとえばイギリスでは、自然研究から神の存在と属性を研究する自然神学の伝統は、生物の自然に対する適応を神の存在証明に用いたペイリーや、同様の立場からダーウィンの進化論を批判したケンブリッジのセジウィックに代表されるように、一九世紀中葉まで依然として勢いをもっていた。(7) しかし、大局的には科学活動における宗教的動機は一八世紀になると揺らぎ始めていたことは疑いの余地がない。啓蒙主義はその一つの表現であり、かつその状況を強める誘因となった。

科学の宗教離れは、とりあえずは科学を実践する者たちに直接かかわる問題であり、科学に携わらない一般の人々の問題ではないかもしれない。それでは、啓蒙思想家が科学知識の普及の対象とした一般の人々のレベルで、科学はどう受け取られたのであろうか。啓蒙主義の文化史的意味を考えるうえで、これは興味をそそる問題である。

フィロゾーフたちの流布した啓蒙主義は「科学教」ともいえる一種の科学主義（scientism）の様相を帯びていた。フランス啓蒙主義者の一部には徹底した無神論者もいたし、後にはサン＝シモンやコントのように、キリスト教を捨て、科学を「神」と仰ぎ、「科学教団」を組織して教会を設立した科学教の聖者さえ現れた。こうした流れと呼応するかのように、大衆のレベルでも一八世紀を画して、科学はいわば彼らの新しい「宗教」になり始めていた。この時代、科学は一般大衆の眼前に以前とは比較にならぬほどくっきりとその姿を現し、彼らに憧景と驚異の念を抱かせ、熱狂をもたらした。それは、いわば科学への民間信仰の訪れを象徴していた。

科学の大衆化（popularization）は啓蒙主義の時代の一つの特徴的な現象である。それはイングランドや、啓蒙主義が際立って花開いたスコットランドでも進行していた。科学の愛好家たちが公開講座の場で、あるいは家庭で実験に打ち興じ、自然の神秘を好奇の眼で観察したり、啓蒙講演を通じて大衆が科学を学ぶ光景がしばしば見られるようになった（図5―2）。ショウのように、簡便な化学実験装置のセットを「ポータブル・ラボラトリー」（Portable Laboratory）という商品として人々に販売する者も現れた[8]。フランスの『百科全書』刊行の母体となった英国人チェンバーズの『百科事典――技術と科学の普遍的事典――』全二巻（一七二八）などの一般向け事典が出ていたし、今日に続く世界的に有名な百科事典『エンサイクロピーディア・ブリタニカ』（一七七一初版）も科学記事を掲載して登場した。

図5—2　ライト画「空気ポンプによる実験」(1768)。ロンドンのナショナル・ギャラリー所蔵。動物が生きるには空気が必要なことを示す実験。ポンプを使って空気を抜くと容器の中の鳩が苦しむ有様を見て少女が悲しんでいる。18世紀のイギリスでは科学が大衆化し、多くの科学愛好家たちが家庭でこのような実験に興じた。

イギリスにおける科学の啓蒙運動は、同世紀後半から起こった産業革命の文脈とも切り離せない。産業都市には科学にかかわる地方学会が生まれたが、そのバックには新興の産業資本家層がいた。一七六〇年代頃にバーミンガムに創立された月光協会（Lunar Society,夜道でも安全に帰途に就けるように満月に近い月曜の夕を選んで定期会合を開いたことからその名がついたといわれる）は、工場経営者ボールトンらが財政的スポンサーとなり、企業家や科学愛好家や職人を集めて実験や交流を行った。(9) 一七八〇年代から一九世紀前半にかけて、マンチェスターをはじめとする諸都市に乱立した文学・哲学協会（Literary and Philosophical Society, 通称 Lit. and Phil.）は広い層に科学を浸透させる役割を演じた（表5―1）。これらの地方学会も多くの場合、経済力をつけた地元の企業家や製造業者たちにより支えられていたとみられる。中産階層として彼らは、自らの存在意義を社会に示し、新興産業都市の秩序

表5―1　イギリスの地方都市に誕生した文学・哲学協会（1780年代―1840年代）

所在地	設立年
マンチェスター	1781
ダービー	1783
ニューカッスル・アポン・タイン	1793
バーミンガム	1800
グラスゴー	1802
ウォーリントン	1811
リヴァプール	1812
プリマス	1812
リーズ	1818
コーク	1819
ヨーク	1822
シェフィールド	1822
ウィットビー	1822
ハル	1822
ブリストル	1823
ノッティンガム	1824
バース	1825
ハリファックス	1830
バーンリー	1833
ロッチデイル	1833
レスター	1835
エルギン	1836
グロスター	1838
イプスウィッチ	1842

図5―3　王立研究所の啓蒙講演。笑気ガスの実験をするガーネット。右隣がデイヴィ。ドアの傍に立つのが研究所の創設者ラムフォード卿。熱心にノートをとる紳士淑女の姿が見える。ギルレーの漫画。

を生みだすべく、協会での活動を通して地方文化の充実をはかった。科学はその文化運動のための重要な手段であった[10]。

一七九九年にロンドンにオープンした大英王立研究所（Royal Institution of Great Britain）では、科学の通俗的な公開講演を開始した。この研究所はもともと地主層の援助のもとに、農業技術の改良を通じて社会を改良することを意図した研究施設として発足し、その定期講演は下層の職人向けに行われたものである。ただし後にこの講演会は上流階級の一種の社交場と化した[11]（図5―3）。

フランスでは一八世紀前半から

地方都市に王立科学・文芸アカデミー（Académie Royale des Sciences et Belles-Lettres）が誕生した。ボルドー（一七一二）、リヨン（一七二四）、ディジョン（一七四〇）、ルーアン（一七四四）、トゥールーズ（一七四六）をはじめ、一八〇八年までにその数は約四〇にも達している。イギリスの文学・哲学協会とはその成立事情は異なるが、これらの地方学会も明らかに啓蒙の時代の産物であった。同国では、とりわけ大革命前夜の一〇年間に大衆の間に熱狂的な科学ブームが生まれた。その背景には科学および技術自体が顕著な成長を遂げつつあったこともあるだろう。さらに、フィロゾーフ（彼らの多くは科学の実践者ではなく、いわば科学のスポークスマンであった）自身による啓蒙活動と相まって、科学者自らがさまざまな形で人々に科学を普及し、「科学の驚異」に眼を見晴らせる役割を演じた。また、それを支援する文人や名士や慈善団体があり、それを報じる新聞というメディアがあった。そしてフィロゾーフと同様、民衆には技術を科学と同一視する傾向があった。

パリではピラートル・ド・ロジエ、コンドルセ、クール・ド・ジェブランらが組織したいくつかの科学の啓蒙団体が、市民に科学の公開講座を開いた。それらの会員権は奪い合いになったほどだという。もっとも、こうした講座の恩恵に浴することのできた人々のほとんどは裕福な上流階層であった。その講演では正装した紳士淑女の前で、科学者が電気や気体（これらはともに一八世紀になって盛んになった科学研究のテーマである）の実験を面白おかしくデモンストレーションして、観衆をわかせた。ある風俗批評家は、科学に対する当時のパリ市民の熱狂ぶりを目撃してこう報告している。どの集会でもどの夕食会でも、また御婦人方の化粧室においてすら、実験とか、大気、引火性ガスとかいった話題がもちきりになっている、と。[12]次のような記録もある。

大衆は群をなして講座に行って教えを受ける。大衆は科学に関する本を読むことに熱中している。大衆は科学を想起させるすべての事柄を貪欲にかき集めている。[13]

一七八三年にモンゴルフィエ兄弟やピラートル・ド・ロジエが空中に浮上させた気球のニュースは、こうした熱狂をさらに煽り、フランス中をわきかえらせた（図5―4）。気球を目撃した人々は涙を流し、婦人の多くは失心し、みな名状しがたい興奮状態に陥ったといわれる。婦人たちは気球帽をかぶり、子供たちは気球キャンディーをなめ、文人たちは人類初の空中飛行をさまざまな詩にして讃えた。また、王立科学アカデミーで主催していた懸賞論文には、これを機に何十という気球に関する技術的論文が現れる。[14]

この時代の大衆の眼に映った科学とは、驚異の力であり、未来を約束する抜きん出た技術であり、理解はできなくとも信頼すべき魔術であり、素晴らしき娯楽であり、カフェやサロンでの尽きない話題の種であり、時代の最先端を行くファッションであったといえるかもしれない。こうした科学のパブリック・イメージ――そこには幻想も混じっている

図5―4　1784年1月に人々の見守るなかリヨンで行われた、モンゴルフィエ兄弟による気球の飛行実験。人間が科学を通して神に近づいたことを、この図に付された詩が高らかにうたっている。

——は、一八世紀における科学の民間普及の重要な要素であった。公開講演があったほか、一般読者のために数々の科学啓蒙書が書かれた。電気の研究で知られるノレによる豊富な図版入りの物理学実験書『実験物理学のレッスン』全六巻（一七四三—四八）は、明らかに大衆読者向けに書かれた入門書である。裕福な者は自宅に実験装置を買い入れ、にわか仕立てのアマチュア科学者に変身した。そして、人々の娯楽として科学実験を実演して街々を巡り歩く、辻芸人ならぬ「辻実験家」も巷に出没した。永久運動機関、万能止血水、水上歩行靴などの「発明」を報じる記事が新聞や雑誌に氾濫したのもこの頃であった。「科学」を名乗れば何でも注目され信用されるほどの「科学狂」の時代であった。

メスメリズム運動

パリでメスメリズムが登場し、一世を風靡したのはまさにこの文脈においてであった。メスメリズム（仏 mesmérisme, 英 Mesmerism）とは、ドイツ出身の医師メスメルが一七七〇年代からヨーロッパに広めた、「動物磁気」による独特な治療法とその思想である。[15] とくにフランスでは、彼がパリに移った一七七八年から革命までの一〇年間にメスメリズムが大流行した。

メスメルによれば、全宇宙には不可視流体である「磁気」があまねく漂っており、それは人々の身体を貫通している。病気は、身体中のこの流体（動物磁気）の流れが阻害されることに起因する。したがって、外部からこの流体を患者の身体に与えてやることにより、病気を治し身体の調和を取り戻すことができる。磁気を蓄えた桶につながれた鉄の棒が患者の患部にあてられた。あるいは、桶のまわりに人々が車座になり、ロープや手を介して動物磁気が相互に伝達された。これにより、患者は痙攣を起こしたり催眠状態に陥った(図5—5)。メスメルとその弟子たちによる素早い治療効果は、たちまちのうちに注目を集め、一七八〇年代には彼らを支援する「普遍的調和協会」(Société de l'Harmonie Universelle)という組織も結成された。

図5—5　メスメリズムの治療風景。中央下が動物磁気の桶。右の女性は発作で失神し、後方の女性は痙攣のため奥の別室に運ばれている。

メスメルの動物磁気の考えは、重力・磁気・電気・光・熱などの正体がいずれも「エーテル」(aether, ether)という、通常物質とは異なり不可視で秤量できない流体からなるという、当時の科学者たちの諸説と呼応していた。[16] 今日の科学者なら、磁気や光は波動であり、電気とは電子の流れであり、熱は分子運動というであろう。しかし、磁力や光の現象(それらは真空中でも伝わることはよく知られていた）を説明するには、それらを伝える媒体＝エーテルが存在することを仮定しなければならないことは、遠隔作用の考えを否定する一七世紀の機械論哲学者にとっても、また当時の自然探究者にとってもほとんど自明なことですらあった。摩擦によって発生する静電気の実験的研究はライデン瓶の発明により、一八世紀中葉からとくに盛んになり、その原因も不可秤量流体であるエーテルの流れと考えられていた。若き日のメスメルが思想的影響を受けたとみられるニュートンの著作にもエーテルの議論が随所に展開されているし、アメリカ人で一八世紀の代表的な電気研究者のフランクリンの電気理論にも不可秤量流体の概念が使われている。エーテルは一九世紀末まで科学者たちに広く受け入れられた概念であった。メスメルが考案した治療装置も、当時の電気実験に使われていたライデン瓶や、ノレの実験書に描かれた機械とよく似ている。ノレ自身も、一般の人々を実験台にしてこうした装置で静電気感電の公開実験をしている（図5―6）。メスメリズムは「自然医学」とも称され、啓蒙主義時代の科学熱のブームに乗って大衆の注目と支持を集めた。したがって、当時の文脈に照らして見ると、それは取り立てて異常な学説とも映らない。現代の尺度からメスメルを貧者から金を巻きあげる「いかさま医師」とか「詐欺師」（それはまた当時の反メスメル派の宣伝文句でもあったのだが）と決めつけてしまうことには問題がある。

不可思議な学説ではないにせよ、瀉血（しゃけつ）（患者の身体にメス・針・ヒルなどで傷つけ、血液を放出させることによって病気が治せると信じられていた方法で、一九世紀まで広く行われた）や投薬による伝統的な療法とは全く異なるメスメリズムが巷に流行していることは、明らかに既成医学の権威を脅かしていた。実際、メスメリズムに対する攻撃の口火を切ったのは医学界の長老たちであった。メスメルは自説がウィーン大学医学部で反感をかったため、そこを去り、フランスの学界で承認を得たいという野心を抱いてパリに移っていたのであった。しかし、新天地での状況はさらに悪化する。パリ到着直後、王立科学アカデミーで自説を

図5—6　ノレの実験。絹ロープに吊るされた若者の頭に実験者が静電気を帯びた棒を触れ、横の女性が指を彼の鼻に近づけると火花が出る。下の紙も若者に引き寄せられる。『人体感電試論』（1746）の挿図。

発表する機会を得たものの、アカデミー会員たちは彼を無視した。一七七九年以降、パリの専門医学者たちは雑誌やパンフレットでメスメル一派をいっせいに非難した。メスメルとその弟子たちはこれに反論したが、その論調はやがて既成のアカデミズム体制批判の色彩を帯びるようになる。パリ大学医学部には若手医師からなる約三〇人のメスメリズム支持者が現れたが、同学部の保守的な多数派はこれらの造反者たちに正統的医学に忠誠を誓うか追放されるか、そのいずれかを選ぶよう命令した。結局この措置により、医学部の保守的体制に最後まで抵抗して民間医療機関に下ったのはわずか二名であった。

理論や療法の相違といった次元を超えて、既成アカデミズムと民間医療の対立にまで発展したメスメリズム論争は、やがて王立政府に危惧の念を抱かせるようになる。パリ警察はメスメル派の行った講演の中に急進的な政治思想が紛れていると秘密裡に報告し、その結果政府は一七八四年、メスメリズムを調査するための正式の委員会を設けた。この委員会は、パリ大学医学部の著名な医師四名、化学者ラヴォワジエを含む王立科学アカデミーの会員五名、それにアメリカのフランクリンといった錚々(そうそう)たるメンバーから構成されていた。それはたしかに社会的威信をもった委員会ではあったが、メスメル派側から見れば、この委員会が偏見に満ちた科学者たちの寄せ集めであり、そもそもメスメリズムを粉砕する目的で組織されたものであることを感じていた。同委員会は、メスメルらの理論を調査し、またメスメル派の医師に治療を実演させてそれを合理的に分析した。その結果、メスメルのいう流体は実在しないこと、患者の痙攣などの「動物磁気化」現象は過度の興奮状態に陥った際の想像力のせいであると考えられる、という結論の報告書を提出した。メスメル派の人々は多くの論文や著書でこの報告を批判し、多くの成功した治療例に裏づけられた自分たちの主張の正当性を擁護した。大衆の科学愛好者たちは以後、メスメル派が既成アカデミズム学者の陰謀に人道的見地から果敢に立ち向かっている民衆側の科学者集団であるという印象を強くする。

その後のフランスのメスメリズムは急進政治思想や心霊術とも結びついて発展するようになり、ますますメスメル個人のコントロールの及ばないものとなっていった。やがて彼はフランスを去り、イギリス、オーストリア、イタリア、スイス、ドイツと遍歴の旅を重ね、一八一五年にドイツの生まれ故郷の近くで没した。メスメル不在のフランスで急進思想と結びついて発展したメスメリズムは、一七八九年のフランス革命にもつながる流れとなる。フィロゾーフの中にはメスメリズムを批判した者もいたが、それでも一部の啓蒙思想家は、メスメリズムを啓蒙主義精神と合致するものと見て、大衆の熱狂的支持をテコとして、それを政府を含む既成権力批判の道具とした。その中には、ルソーの思想に共鳴したブリソー、未来のジロンド派の指導者カラ、自然法の支持者ベルガス、原始的科学への回帰を訴えた作家クール・ド・ジェブランらがいる。後のジャコバン派の革命政治家マラーのように、若き日に長年にわたり科学アカデミーに席を獲得する努力をしながらその望みがかなえられずに挫折し、アカデミーに対する復讐の念にかられて急進的メスメリズムに同調した者もいる。ブリソーは自分たちに門戸を閉ざしている科学アカデミーの会員を、「金持ちの王族」「低劣な寄生虫」「祖国に圧制を加える者」「卑劣な追随者」といった辛辣な言葉で呼び、その閉鎖性・エリート主義・保守性を激しく告発した。彼らは、メスメリズムがさまざまの社会階層を接近させる歴史的役割を果たしていることを訴えた。このように、メスメリズムは一八世紀後半の大衆科学（popular science）となり、既成のアカデミズム科学に対抗する存在になっていた。さらにそれは、革命思想と結びついた政治運動の流れと歩みをともにしていたのである。医学においては、メスメリズムの療法効果は一九世紀以降、別の活路を見出した。フランスのメスメル派の末裔は磁気流体の仮説を捨て、催眠術のみの科学的研究を興し、のちに「無意識」の世界を探究した心理学者フロイトの精神分析の発展に影響を与えた。今日、mesmerismという言葉は「催眠術」と同義語になっている。

第6章　フランス革命と科学の制度化

フランス革命と科学

　現代は「科学の時代」ともいわれるように科学が文明の中枢に位置しているが、こうした時代の幕が開いたのは一九世紀である。[1]科学は純粋な知的活動であるばかりでなく、社会的に重要な意味をもった営みとなり、その後のヨーロッパ文明の進路に甚大な影響を与えるようになる。科学は内的成長をとげる一方、科学教育・研究組織の専門化や職業化など、その制度的な基盤が確立されていく。主として科学理論の変革に特徴をもつ一六―一七世紀の科学革命に対して、一九世紀の急激な制度的革新を「第二の科学革命」と呼ぶ論者もいる。[2]こうした科学の制度化に先鞭をつけたのが革命後のフランスである。

　一八世紀の啓蒙主義は精神運動の域にとどまらず、一七七六年のアメリカの独立宣言や一七八九年のフランス革命という政治的事件の引き金となったことはよく知られている。啓蒙主義台頭の背後に一七世紀の近代科学の成立があったことを想い起こせば、それらの事件は科学革命を間接的要因として起きたともいえる。フランス革命が西欧近代の社会や文化に与えた衝撃は極めて大きいが、それは科学史のうえでも時代を画した一つの出来事と見なされる。革命後のフランスを手始めに、その影響を受けたヨーロッパ諸国が科学の教育・研究を組織的に社会制度として確立する時代が到来したからである。啓蒙主義が一種の科学主義運動であったように、フランス革命後の共和国政府も国家の建設と発展のために科学・技術を重視し、それを現実の行政に組み入れてその制度化に着手した。

とはいえ革命直後に政権を執ったジャコバン派が科学に対して行ったことは、結果的にはアンシャン・レジーム(ancien régime=旧体制)の科学組織を破壊することだけに終わった。ジャコバン派の科学理念はルソーの反エリート的な平等主義やディドロの職人的伝統の影響を受けていたといわれる。[3] それは、革命前夜に高まった大衆の科学観に近い。新政府が一七九三年に、大衆科学の支持者や急進思想家の間であれほど批判と憎悪が高まっていた旧体制の科学の殿堂、王立科学アカデミーの閉鎖に踏み切ったのもこうした文脈から理解できる。科学アカデミー会員であり、「近代化学の父」といわれるラヴォワジエがアカデミーの閉鎖を免れるよう運動したのも功を奏さなかった。一七九三年に彼はこう書いている。

事態は緊急である。多くのアカデミー会員は〔財政的に〕苦しみ、何人かはもはやパリで生活できる金銭的ゆとりがなくなったため、すでにそこを離れた。援助の手が差しのべられなければ、科学はやがて崩壊状態に陥り、その回復は困難なものになるだろう。[4]

しかしその彼も、徴税請負人としてアンシャン・レジームにつかえたかどで逮捕され、同僚学者たちの助命嘆願にもかかわらず一七九四年、断頭台に消えた(図6―1)。ジロンド派に属していた科学アカデミー会員のコンドルセもジャコバン派に捕らえられ、同年獄中で自ら命を絶った。文芸団体のアカデミー・フランセーズも、アンシャン・レジームと結びついたエリート集団の拠点というかどで廃止された。革命前には二二校あった大学や、地方都市に四〇近くあった王立科学・文芸アカデミーも、一七九三年に解体された。わずかに王立植物園(Jardin Royal des Plantes, 一六三五年創設)が閉鎖を逃れ、同年に自然史博物館(Muséum d'Histoire Naturelle)に改組されて博物学の研究教育機関として残った。

図6―1 ラヴォワジエの逮捕。裁判官が「共和国は学者(savant)を必要としない」と言い放って彼をギロチン台に送ったという伝説があるが、これは恐怖政治後のジャコバン派批判勢力のつくり話らしい。

一七九四年七月のテルミドールのクーデターによりジャコバン派の指導者ロベスピエールが処刑され、一一月に同派は解散する。恐怖政治が終焉すると、破壊の時代は去り、新たな科学体制の建設が始まる。一七九五年には国立学士院（Institut National des Sciences et Arts）が創設され、その三部門のうちの第一部門に旧アカデミー会員が復帰した（後に同部門は「科学アカデミー」Académie des Sciences という名で呼ばれる）。アカデミー・フランセーズも学士院の第三部門として再建された。こうして革命後のフランスには、旧体制時代と同様のエリート主義が復活することになる。復帰したアンシャン・レジームの科学者たちは今や、クーデター後の反ジャコバン的な風潮の中で、ジャコバン派が科学に対して行ったことを「犯罪的行為」として公然と非難すらできる立場になった[5]。

エコール・ポリテクニクの出現

パリに公共事業中央学校（École Centrale des Travaux Publics）が発足したのは、一七九四年一二月のことであった。これが一般に世界最初の本格的な高等科学技術者の養成機関といわれるエコール・ポリテクニク（École Polytechnique＝総合技術学校）の前身である[6]。一七九三年、革命の波及を恐れたヨーロッパ諸国はイギリスを中心に反仏同盟を結び、共和国に対する干渉戦争を起こした。この危機下に革命政府は、科学者や技術者を結集し、輸入不能となった火薬、ソーダ、鋼などの軍事物資の自給体制を確立すべく、その製法改良に当たらせた。しかし、即戦力となる技術者の不足は深刻な問題であった。革命を契機に旧体制の技術者たちの多くが国外に亡命していたからである。フランスでは絶対主義時代の国家建設に、道路・港湾・運河・水道などの公共事業のために工兵隊（corps）が組織され、この中から中世以来の徒弟制度の職人とは異なる、「工学者」（ingénieur）と呼ばれた新しいタイプの技術者が現れていた（第8章参照）。ここでいう旧体制の技術者とは彼らのことである。公共事業中央学校はこうした状況下に共和国のための公共事業の工学者をとり急いで養成する目的で開設されたものであるが、創立の翌年にエコール・ポリテクニクと改称され、先駆的な科学・技術の高等教育機関へと成長して行く（図6—2）。

図6—2　エコール・ポリテクニクの建物。

教授陣は、初代学長のラグランジュ（数学者）をはじめ、モンジュ（数学者・技術者）、ベルトレ（化学者）、ラプラス（数学者・物理学者）、ルジャンドル（数学者）、フルクロア（化学者・医学者）、シャプタル（化学者）、フーリエ（数学者）といったフランスの第一級の科学者から構成された。初期の教授メンバーには旧王立アカデミーの出身者も少なくなかったが、彼らはポスト・ジャコバン政権下で有効利用されたわけである。建前として学生は平等主義の立場から身分や家柄によらず、数学を中心とした厳しい競争試験のみで選抜された。しかし周到な準備を要するこの入学試験のために実際に入学した学生の大多数は土地所有者・高級官僚・事業家などの富裕な中流階層出身の子弟（彼らは入学前から個人教育を受けていた）で占められており、職人や農民などの下層階級の子弟は少数であったことが分かっている。一七九七年から一八七〇年の全学生八、五二〇名のうち下層階級の子弟はわずかに約六％であったという調査がある。[7] 修業年限は三年で、授業料は無料であり、当初は全学生に奨学金が支給された。

教育内容においては、数学者モンジュが中心となって、科学（数学・化学・物理など）と技術（土木・建築・築城・軍事技術など）を一貫して結びつける画期的なカリキュラムを確立した。それは啓蒙主義的科学観に裏打ちされたプログラムにほかならない。ここにおける科学とは、技術に益するための科学なのである。フランスにはアンシャン・レジーム時代から土木学校（École des Ponts et Chaussées, 直訳すれば橋梁堤防学校、一七四七年創立）や鉱山学校（École des Mines, 一七七五年創立）などの技術学校がすでにあり、そこである程度の数学や実験もその方面の技術教育に取り入れられていたが、エコール・ポリテクニクの場合、技術教育の前段階として傑出した科学者のグループによる基礎科学教育を徹底したところに特色がある。基礎科学を技術のベースにすえるこのカリキュラムは、基本的に今日の大学の工学部の教育スタイルに近い。もちろん、ここで教えられた基礎科学とは、同校の目的とする限られた種類の技術に役立つと考えられた学科だけである。すなわち軍事（砲術・築城術）と公共事業（土木・建築）に関するもののみであり、一般の産業技術とは直接的には関係なかった。最も功を奏したのは数学、とくに解析学と画法幾何学（図学）の教育であった。基礎学科から応用学科へは、たとえば解析学→力学→機械、また画法幾何学→地図作成・測量・機械製図→土木・建築というように段階的に結びつけられている。解析幾何学なる数学の一専門分野も、実はこの教育を通じて生まれたとみられる。化学の学生実験も行われたが、同校の化学教育は、躍進する数学教育とは対照的に、一八〇〇年代初めまでに衰退した。(8)

しかし、同校でのこうした科学と技術の一貫教育もやがて改変を迫られる。一七九九年の学制改革では、修業年限が三年から二年に短縮され、エコール・ポリテクニクは基礎学科中心の教育の場となり、応用技術教育は旧体制から継承されたパリの土木学校や鉱山学校、メジエールの工兵学校（École du Génie Militaire, 一七四八年創立）、メスの砲術工兵学校（École de l'Artillerie et du Génie, 一八〇二年再編）などで集中的に実施されるようになった。これらの技術専門学校は一括して「応用学校」（エコール・ダプリカシヨン、école d'application）と呼ばれ、そこに進学するためには、エコール・ポリテクニクに代表されるいわゆる「大学校」（グランド・ゼコール、grandes école）や、それに準ずる教育機関を卒業しておくことが義務づけられた。この新しい分業体制により、当初の基礎から応用へと一貫するエコール・ポリテクニクの学内カリキュラムは崩れたが、形のうえでは独立した科学の専門学校になったわけである。

その後のナポレオンの改革によりさらに軍事教育の予備教育的な色彩を強めることになるが、エコール・ポリテクニクは一九世紀前半のフランスにおける科学技術教育のメッカとして機能し、優れた人材を世に送った。それは高級技術者になるための登龍門であり、厳しい入学試験を突破した少数の者(当初一学年定員四〇〇名、後に二〇〇名)のみが学べるエリート校であった。卒業生の多くは技術将校や国家の土木技術者やテクノクラート(技術官僚)となったが、科学研究者として大成した者も相当数いたことから、そこで行われた基礎科学教育がいかに功を奏したかが分かる。数学およびその物理学への応用(数理物理学)で高い業績をあげた人物が多いのも、またそのうちの多くが技術的問題にも関心を示していたのも、そのカリキュラムの性格をはっきり反映している。生物学者は皆無といってよい。ビオ(光学・電気学)、マリュス(光学)、ゲー=リュサック(化学)、ポアソン(数学・力学)、デュロン(熱力学・化学)、アラゴー(光学・電磁気学・天文学)、フレネル(光学)、ポンスレ(数学・機械工学)、コーシー(数学)、プティ(熱力学)、コリオリ(数学・力学)、サディ・カルノー(熱力学)、コント(数学・哲学・社会学)、エルミート(数学)、ポワンカレ(数学)など、一九世紀のフランス科学界を代表する絢爛たる顔ぶれがここから輩出している。同校は外国からも注目され、ドイツ、スイス、アメリカを含め、後の各国の技術学校・高等工業学校・工科大学のモデルにもなった。このように、科学の本格的な専門教育は既存の大学ではなく、新設の技術学校に最初に誕生したこと、その教育の舞台で限られた範囲ではあるが科学と技術の一体化がもくろまれたこと、そしてその一体化教育を受けた人々が一九世紀の前半に社会に輩出し始めたことは注目すべきである。

ナポレオンの改革

一七九九年にナポレオン・ボナパルトが統領政府を樹立し事実上の政権を握ってから、一八一五年にワーテルローの戦いで敗れた後に失脚するまでの時期は、後世しばしばフランス科学の歴史の中でも最も輝かしい時期だったといわれる。それはフランス科学が研究の質・量において他のヨーロッパ諸国を凌駕したと見られた時期であり、歴史に残る大科学者が活躍した時期でもあった。フランス科学がナポレオンの統治下にひときわ精彩を放ったということは、ナポレオンの政策と何らかの関係があったことを裏書きしている。天才的軍人であり、啓蒙主義の落とし子でもあった君主ナポレオンは、科学や技術に関心を寄せ、その制度化を進め、また科学者を顧問や官僚として登用するなど、彼らの社会的地位を向上させた（図6—3）。ナポレオンの行った学制改革は今のフランスの教育制度にも影を残している。一八〇二年、彼は科学者フルクロアの助言を得て中等教育法を発令し、全国に中等学校リセ（lycée）を設け、またその後バカロレア（baccalauréat, リセの修了を証し高等教育機関に入学するために必要とされる資格で今日に引き継がれている）の試験制度を設けた。

国民投票での圧倒的支持を受けて皇帝に即位してから四年後の一八〇八年の学制改革で彼は、フランスをアカデミー（académie, 地方の旧科学・文芸アカデミーに由来）と呼ばれる四〇ほどの教育区に区分し、各地区には少なくとも一つのリセと、一つないしそれ以上のファキュルテ（faculté, 大学の学部に相当するが、ここでは従来の大学組織から独立した機関である）を配備し、中等教育と高等教育をつなぐ組織づくりに着手した。それは統一的な教育体制をつくり上げ、帝国の秩序と統制を強化し、国力を増大させようとするナポレオンのもくろみに基づいて生まれたものであった。パリ集約型の教育体制を地方分散型に移行させるための措置ではなく、中央政府が全国の教育をコントロールする手立てであった。

図6—3　1814年、エコール・ポリテクニクの中庭で学生を観閲するナポレオン。校旗には国家・科学・技芸に対する忠誠が印されている。

新時代の大学レベルの教育組織となったファキュルテには、科学・文学・医学・法学・神学の五種があった（後に一部の教育区では薬学が加わる）。科学と文学の導入は新しい企てである。ナポレオンは神学を残したが、中世から大学を支えてきたカトリック聖職者の手から教育運営の主導権を奪い国家の支配下においた。それはカトリック教会の強い抵抗を招き、教育の国家支配から宗門の教育を守ることこそ「教育の自由」であるという意識が広がる。一八七〇年代になって教会側は私立のカトリック大学を相次いで設立し対抗することになるのである。

科学ファキュルテ（理学部）は一八五〇年代までに、全国に一六ほど創設される（表6−1参照）。それぞれの科学ファキュルテは四名の教授から構成され、解析学、力学および天文学、物理科学、自然史と分野が決められていた。教授資格は三〇歳以上のフランス国民に限られ、最終的にはパリ中央政府の教育行政機関がその任命権を握っていた。教授はファキュルテ学生のための講義のほか、リセでの授業、バカロレア試験の監督、その地区での社会人教育など、多くの業務を担当しなければならなかった。こうしてフランスではナポレオン時代に独特の形で大学レベルの科学教育が始まったが、教育環境においても名声においても、それはまだパリのエコール・ポリテクニクの陰に隠れていた。また、財政的にも設備的にもパリのファキュルテが、地方のファキュルテよりずっと恵まれていたことは教育の重心が依然としてパリにあったことを物語っている。地方のファキュルテがフランス科学に大きな影響力を与えるようになるのは、ナポレオンが失脚し、一九世紀中葉以降の幾度かの改革を経た後のことである。とりわけ一九世紀末から二〇世紀初頭には、ナンシー、グルノーブル、リヨン、トゥールーズ、ボルドーなど地方の科学ファキュルテ

表6―1　19世紀のフランスの主な科学ファキュルテ

所在地	創立年	備考
パリ	1808	
ブザンソン	1808	1815閉鎖、1845再開
カーン	1808	
ディジョン	1808	
リヨン	1808	1815閉鎖、1833再開
モンペリエ	1808	
トゥールーズ	1808	
ストラスブール	1809	
グルノーブル	1811	
ボルドー	1838	
レンヌ	1840	
マルセーユ	1854	
クレルモン	1854	
リール	1854	
ナンシー	1854	
ポワティエ	1854	

資料：R. Fox and G. Weisz, "Introduction: The Institutional Basis of French Science in the Nineteenth Century," in Fox and Weisz, eds., *The Organization of Science and Technology in France, 1808–1914*, 1980, pp. 4–6.

が「パリ科学」への対抗勢力となって、中央集約的なフランス科学の性格を揺るがすことになる（第11章参照）[9]。

一九世紀にエコール・ポリテクニクと並んで、パリの「大学校」の双璧と数えられたのは、高等師範学校（École Normale Supérieure）であった。同校は、革命直後に創設されながら運営に失敗し三カ月で閉鎖されていたが、ナポレオンの一八〇八年の改革で再開された。それはリセの教員を養成するための学校ではあったが、やがて科学教育も充実し、一九世紀後半にはエコール・ポリテクニクの科学教育に優るとも劣らない評価を受けるようになる。一九世紀のフランス科学者についてのあるサンプリング調査によれば、一八〇〇―四〇年に高等教育を受けた者のうち、エコール・ポリテクニク出身が四〇％、高等師範学校出身が五％以下であったのに対して、一八四〇―一九〇〇年にはそれぞれ一五％、三〇％と逆転している[10]。エコール・ポリテクニクの学生に比較的富裕な上流階層の出身者が多かったのに比べて、高等師範学校の学生には中産・下層階級の子弟が相対的に多かったのも特徴的である。一九世紀後半のフランス科学を代表するパストゥールのような逸材もここから出ている。このほかナポレオンは工芸学校を設けたが、一九世紀後半に向けて、リセを卒業してから進学ができる同様ないくつかの技術専門学校が生まれる。ただしこれらは、「大学校」の卒業後に進学できる土木学校・鉱山学校・工兵学校のような「応用学校」ではなく、主として手工業者階層を育成するための各種学校であった（表6―2参照）[11]。

表6—2　19世紀のフランスの主な専門学校

名称	創立年	所在地	種別	設立時の主な目的
土木学校	1747	パリ	a	土木技術者養成
工兵学校	1748	メジエール	a	軍事技術者養成
鉱山学校	1783	パリ	a	軍事・鉱山技術者養成
エコール・ポリテクニク	1794	パリ	g	軍事・土木技術者養成
砲術工兵学校	1802	メス	a	軍事技術者養成
工芸学校	1806	シャロン・シュル・マルヌ		
	1811	アンジェー		
	1843	エクス		職人養成
高等師範学校	1808	パリ	g	リセ教員養成
中央技芸工業学校	1829	パリ		職人養成
専門教育師範学校	1866	クリュニー		教員養成
市立物理・化学工業学校	1883	パリ		産業技術者養成
高等電気学校	1893	パリ		産業技術者養成

種別（19世紀当時）

g：大学校（grandes école）

a：応用学校（école d'application）

無記入：その他の各種学校

資料：P. Lundgreen, "The Organization of Science and Technology in France: A German Perspective," in R. Fox and G. Weisz, eds., *Organization of Science and Technology in France, 1808–1914*, 1980, pp. 325, 328–329ほか.

図6―4　ナポレオンのエジプト遠征（1798）に随行するベルトレ（オリエント号船上で）。ナポレオン（右）に向いて左に立つのがベルトレ。中央に座るのがモンジュ。ナポレオンはカイロに学術研究所をつくるため彼らを引き連れた。

ナポレオン帝政下のフランス科学の興亡

帝政期にナポレオンの庇護下に、フランス科学の発展と組織化に決定的な役割を果たした科学者は、何といっても物理学者のラプラスと化学者のベルトレの二人である。エコール・ポリテクニクの教授であった彼らは、ナポレオンにより政府の要職を与えられ、財政的にも支えられていた（図6―4）。彼らはともにパリ近郊のアルクイユの村に家をもっていたが、ベルトレはそこの邸内の実験室や図書室を若手研究者たちに開放し、また定期的にそこで研究会を催した（図6―5）。これは、のちにアルクイユ協会（Société d'Arcueil）と呼ばれる学会に発展し、一九世紀前半のフランス科学者集団のもう一つの拠点となった[12]。若い学徒たちにとって、同協会で大物学者た

図6―5　アルクイユ協会発祥の拠点となったベルトレ邸。19世紀中葉の図。

ちから直接の指導を受け、その恩恵に浴することは科学者として成功するための最も確実な道ですらあった。

科学史家フォックスの興味深い長編論文「ラプラス物理学の興隆と没落」（一九七四）が示すように、ナポレオン政権に支えられた、ラプラスとベルトレを中心とするアルクイユ学派は、科学行政における政治力をもっていたばかりでなく、科学研究の内容においてもフランス科学者たちをコントロールしていた[13]。フォックスの研究に従って、以下にナポレオン時代の科学と政体の関係を追跡してみよう。ラプラスは「フランスのニュートン」という異名をもつように、典型的なニュートン主義物理学者であり、ニュートン思想の一側面を極度に拡大発展させた自然像をもっていた（図6―6）。アルクイユ学派の研究プログラムには、天体レベルのマクロ世界から分子レベルのミクロ世界に至るまでの現象をすべて、物体（粒子）間に働くニュートン的な共通の力（引力・斥力）――それは逆二乗の法則が成り立つ――から説明できるという彼の信念が貫かれていた。ラプラスは、この普遍的な力を数学的・実験的に厳密に定量化し、光・熱・電磁気・化学などの諸現象を統一的に理解できることを確信していた。ラプラス思想に共鳴したベルトレは化学者の立場から、物質粒子間に働く力学的な引力が化学反応の原因であると考えて、化学親和力の測定実験を推進させた。ラプラスはその権威を利用して、こうしたプログラムに沿ったもろもろの研究テーマを、ビオ、アラゴー、ゲー＝リュサック、ポアソンといったエコール・ポリテクニクの優秀な卒業生たちに押しつけた。またフランス学士院主催の懸賞論文の主要な選考委員として、自らのプログラムに貢献するような研究課題のみを設定するように努めた。一八〇一年にその賞金を射止めたマリュスがアルクイユ協会でのラプラスの忠実な弟子であったことは不思議でない。マリュスの論文は、光の正体は粒子であるというラプラス説に基づいて複屈折の現象を数学的に説明したものであった。逆にいえば、ラプラスのプログラムに矛盾する応募論文は排除されていたのである。エコール・ポリテクニクの教科書

図6—6　元老院書記長の職服をまとったラプラス。ナポレオンの信頼と寵愛を受けた彼は1803年から12年間、2期にわたりこの要職を務めた。

や講義ノートなどからも、同校ではラプラス物理学が基本原理として教えられていたことが知られている。このように、この時期のフランスの科学（とくに物理科学）はラプラス・パラダイムを基盤として成り立ち、それに基づいた科学教育が行われ、そのパラダイムに沿った多数の研究が発表され、当初は極めて大きな成功を収めた。

しかし、アルクイユ協会およびラプラス・プログラムの支配は、ナポレオンの第一帝政の崩壊（一八一五）以降、次第に崩れていく。一八一五年から一八二五年までの間、フーリエ、デュロン、アラゴー、フレネル、プティら一連の研究者は次々にラプラス体制に反旗を翻していった。このうち、年長のフーリエを除く他の四人は、ラプラス物理学で教育を受けた若手研究者であった。パリから離れた田舎で暮らし、ラプラス体制の支配から離れていたフーリエとフレネルがこの反逆に先鞭をつけた。フーリエは熱拡散の論文、フレネルは光の波動説の論文でラプラス理論を批判し、またデュロンとプティは原子熱の研究を通してラプラスの熱素説（熱は熱素という粒子の存在に起因するという説）を徹底的に批判した。こうしたラプラス・プログラム批判は、たまたまこの時期にそれに矛盾する新しい実験的事実が発見されたことによるというよりは（たしかにそれもあるにはあったが）、ナポレオン失脚後の開放的なラプラス批判の風潮に根ざすところが大きい。ブルボン王政期（一八一四―三〇）には、こうして反ラプラス陣営の科学者は増加し、ラプラスが一八二七年に他界するまでには彼の名声と権威は完全に地に落ちていた。デュロンやプティらの反ラプラス主義者はエコール・ポリテクニクの教授ポストに就き、一八二〇年代までには講義やカリキュラムからラプラス色を一掃していた。

ラプラス物理学の興隆と没落は、フランス科学と政体とのかかわりを雄弁に物語る一例であった。ラプラス学派とプログラムが効率的に発展したのも、彼がナポレオン政権の支えた科学の中央集権的組織の頂点にあったことによるところが大きい。あらゆる種類の自然研究に統一と方向を与えたそのプログラムは、制度と一体化した「全体主義的」性格ゆえに、当初は他のヨーロッパ諸国の追従を許さないほど大きな科学的生産性を発揮した。しかしまた、その性格ゆえに、その学派とパラダイムは柔軟性を欠いた。そしてそれは、制度的な支えが崩れるのとほぼ同じ速さで衰退したのである。ラプラス・プログラム敗北後のフランスでは、多様で小粒なアプローチが入り乱れ、もはやそれに代わりうるような、力のある統一的な科学研究プログラムは登場しなかった。フランスでは一九世紀中葉までに、人間の感覚経験で確かめられないものは真ではないとする、実証主義（positivisme，これはベイコン的経験論の一延長である）の科学方法論が主流を占め、形而上学的で実証性が欠落したと見られた、粒子（それは原子と同様、眼で見て確かめることができない）の思弁に基づくラプラス体系は方法論的に誤っていると批判された。実証主義哲学の生みの親であるコントは、ラプラスのアプローチを「哲学的遊技」にすぎないと酷評している[14]。物理学は一九世紀に入り、従来の定性的方法から急速に定量化・数学化の方向に向かったといわれる。

精密な実験と高度な数学理論を駆使するこの物理学の研究スタイルを推進する役割を果たしたのが、ラプラスのプログラムであった。ラプラス体系のもつ基本的な自然像は否定されたが、この極めて数学的・実験的な理論物理学の方法論は、その後イギリスやドイツの物理学者たちに積極的に踏襲されたのである。

第7章　ドイツ科学の勃興とその制度的基盤

フランス科学の「衰退」とドイツ科学の「興隆」

一八七一年、パストゥールは『フランス科学についての省察』の中で六〇年代の自国の科学の衰退を嘆き、かつてのナポレオン統治下のフランス科学を真の黄金時代として回顧した。同じ頃、生理学者のベルナールや化学者のヴュルツも当代のフランス科学が衰亡の危機に瀕していることを世に警告した。自国の科学の「衰退」を世に訴える運動（Declinist Movement）は、歴史にしばしば登場する現象である。[1] 英国では一八三〇年に数学者のバベッジが『イギリスにおける科学の衰退の省察』で自国の科学の立ち遅れを切々と訴えて以来、同国では二〇世紀初頭に至るまでさまざまなイギリス科学没落論が現れている。[2]

しかしたとえば当時の学問に大きな影響を与えた人材という点においては、一九世紀中葉までのイギリスにおいても、また一九世紀半ばから末にかけてのフランスにおいても、こと欠かなかった。イギリスではこの時期、ドールトン、デイヴィ、ヤング、ファラデイ、ライエル、ダーウィン、ジュール、W・トムソンらが活躍していたし、フランスではパストゥール、ベルナール、ヴュルツのほか、ポワンカレ、ラウール、ベクレル、サバティィエ、キュリー夫妻、デュエムといった具合に枚挙にいとまがない。

衰退論にはさまざまな思惑や価値観に根ざした主観的議論や感情論が入り込むのが常であり、それを鵜呑みにすることには問題がある。衰退論が生まれる背後には、必ずといっていいほど躍進する他国の存在がある。そして、その論調にはそのライバル国との誇張した比較（数量的な比較が多い）があり、また畏怖と羨望、自国の輝かしい過去の栄光へのノスタルジアなどが重なる場合がしばしば見られる。科学史家ナイが指摘するように、仮に定量的なデータ（衰退論者ばかりでなく今日の社会学者が指標としてしばしば使う論文数・著書数・科学者数・発見数・受賞者数など）による一国の時代的推移や、同時代の国々の比較をもってしても、ある国の科学が「衰退」しているか否かを必ずしも客観的には断定することはできない(3)。論文数や科学者数や発見数といった量は、質を表さない。また、国々の科学の目的や科学研究のスタイルの大きな違い、さらに同一国でも時代によるそれらなどを考慮すると、単に数のうえで優劣を決められる問題ではないからである。どのような定量的データも、十分な質的考察の裏づけがなければ意味をもたないであろう。

もちろん、パストゥールの現状批判も彼個人の原体験と主観に満ちたものであるが、それは昔日のナポレオン時代のラプラス体制と比較して制度的に明らかに弱体化したと思われる現状を政府に訴え、研究教育体制の改善を狙ったものであった（そしてその狙いはそれなりに功を奏した）。バベッジの批判の矛先も第一に、かつてイギリス科学の拠点として栄華を誇った王立協会の一九世紀における「退廃ぶり」に向けられた。さらに、イギリスの衰退論者はもとより、パストゥールをはじめとする一八六〇年代のフランスの衰退論者たちが比較の対象としたのは自国の輝かしい過去ばかりでなく、何よりも彼らに驚異を与えた新興国ドイツの科学であった。パストゥールが衰退論を訴えた一八七一年は、フランスが普仏戦争（一八七〇―七一）でプロイセンに大敗北した年であり、宰相ビスマルクの力を得てプロイセン王のヴィルヘルム一世がヴェルサイユでドイツ皇帝に即位し（位一八七一―一八八）、初めて統一されたドイツ帝国が成立した年であったことを想い起こす必要がある。敗戦のショックを受けた愛国者パストゥールには、それがドイツと自国の科学力の差による敗北とも映ったのである（第11章参照）。フランス科学者を動揺させた一九世紀後半のドイツ科学の躍進の背後には、科学研究・教育の制度化の成功があった。フランス科学が衰亡したというより、むしろそれ以上にこの時期にドイツ科学が制度的にドラマティックな転換をとげていたというべきであろう。

社会学者ベン＝デイヴィッドが指摘するように、一九世紀中葉からヨーロッパ科学界に頭角を現したドイツの研究教育体制は、それまでの中央集権的・エリート主義的な体質のフランス科学とは対照的に、地方分権的（decentralized）な性格をもっていた。彼は、その地方分散型の制度構造がもたらした学問の自由競争状態にドイツ科学の活性化の因を求めている。この説には限界もあるが、一九世紀後半のドイツ科学の制度化の過程を展望する制度の性格と内容は、どのような文脈から形づくられたのであろうか。

と、たしかに彼のテーゼが示唆するところが少なくないことに気づくであろう。[4] こうした

改革への道

一九世紀前半のドイツは、王国・侯国・公国・伯国・自由都市など、大小多数の領邦国家に分かれていた。一八一五年にはナポレオン戦争終結後のウィーン会議に基づいて三五の領邦国家と四つの自由都市からなるドイツ連邦（Deutscher Bund）が結成されるが、実質的に一つの国家として統一されるのは先に述べた一八七一年のドイツ帝国の誕生においてである。しかし国家分立時代のドイツにおいても、ドイツ語を媒体とした文化的一体性は存在しており、統一化の素地はもっていた。とりわけ、領邦国家の最強国の一つ、プロイセン王国が一八〇六年にイエナの戦いでナポレオン軍に大敗した事件は、ドイツにおけるナショナリズムを覚醒させる契機となった。フランス軍の侵攻とその後のナポレオンによる全ドイツ支配は、ドイツ人の憎悪をつのらせたが、同時にそれは彼らにヨーロッパ文化の頂点に君臨していたフランスの国力をまざまざと見せつけ、自らの文化的後進性の自覚を促すことにもなった。ナポレオン軍が一八一二年のロシア遠征で大きな兵力を失い退却した翌年、プロイセン軍はロシア・オーストリア軍と連合してライプツィヒの戦い（諸国民戦争）でフランス軍を破り、ナポレオンのドイツ支配は終わった。しかし、この外的

衝撃を通してドイツでは以後種々の制度的改革が断行される。科学の振興学会の創立や、大学の独特な制度改革もこうした文脈と無縁ではなかった。

ドイツ自然科学者・医学者協会（Gesellschaft Deutscher Naturforscher und Ärzte, 略称GDNÄ）の誕生は、一九世紀前半の科学の専門職業化の高揚の反映ともいえるが、同時にそれは科学をテコにして全ドイツ語圏の「統一と自由」を求める運動の所産でもあった。ドイツには一八世紀からベルリン（一七〇〇）、ゲッティンゲン（一七五二）、ミュンヘン（一七五九）などに王立のアカデミーがあった。GDNÄは閉鎖的なこうした既成のアカデミー、あるいは領邦国家間に分断された大学に対抗して生まれた汎ドイツ主義的な自由参加型の科学者共同体であった。当初は反体制的ということで各領邦政府から政治的嫌疑がかけられ、一八二二年のライプツィヒにおける第一回大会開催にこぎつけるまでには妨害も加えられた。以後ハレ、ヴュルツブルク、フランクフルト、ドレスデン、ミュンヘン、ベルリンというように毎年開催地を移していく中で参加者は増加し、多くのドイツ科学者を巻き込み、やがてその活動実績により領邦政府の積極的な支援すら勝ちえるようになる。それは科学の啓蒙をうたった振興学会であるとともに、ドイツ科学者間の相互交流と結束を図り、科学の社会的認知を政府に要求する圧力団体でもあった。協会の推進を指導した科学者たちは、ドイツが英仏と比べていかに立ち遅れているかを力説したが、フランス啓蒙主義者のように科学の実用性・技術的有用性を強調することによって科学の社会的認知を求めたのではなく、むしろ「学問としての科学」の意義を強調したところに特徴があった。[5] これは以下に見るドイツの大学改革における科学の理念と符合している。

一八世紀のドイツには各領邦国家に組み込まれ宗派に色分けされた三〇ほどの大学があり、それらは中世以来の神学・法学・医学の三つの上級学部からなっていた。しかし一八世紀の間、ドイツの大学は全般的に衰退の一途をたどっていた。一七一六―二〇年に約八、九〇〇人いた全ドイツの大学生は、一八世紀半ばから序々に減少し、一八〇一―〇五年には約五、八〇〇人に落ち込んでいた。[6] この間、ドイツの人口ははっきりと増加していたのであるから、全人口に対する大学生の比率は大きく減少していたことになる。学生数減少の原因には徴兵制の施行などの影響も考えられるが、大学の経済的基盤の弱さや教育制度の旧弊化による名声の低下も明らかに関係していた。小さな領邦国家に支えられていたドイツの諸大学はその財政基盤が不安定で弱く、教授の俸給も設備も極めて不十分であった。教授は副業に精を出して本業をおろそかにしたり、賄賂で食いつなぐこともあり、外部から不満の声が上がっていた。当時の大学は学問研究の場ではなく、聖職者・官僚・医師を養成するための職業学校であることに徹し、雇われた教師たちの研究能力の有無はほとんど問われなかった。職業教育の支配により下級学部の哲学部は一般に衰退していた。他のヨーロッパ諸国にも共通したことであったが、一八世紀においても科学研究の中心は、大学ではなく学会・アカデミーだったのである。

一八世紀を通して、ドイツの大学の学生は貴族の子弟の占める割合が増加していた。学生数においても他学部をしのぐようになった法学部は貴族の牙城となり、上流階級の子弟たちが国家の官職に就くためのコースとして機能するようになった。大学の衰退に対して改革の機運も生まれたが、一七三七年に設立されたゲッティンゲン大学（ハノーファー選帝侯でもあったイギリスのジョージ二世により創設）が、新しい視座に立ったカリキュラム編成を行った際に、官房学を目玉としたのも、こうした大学の貴族化・官僚志向化と歩調をともにしていた。国家に役立つ実務的学問としての官房学の台頭はまた、当時の絶対主義国家における重商主義、すなわち一国の経済力は君主の富の蓄積によって高められるという考えの反映でもあり、時宜にかなった実用主義教育の現れでもあった。

一部のこうした改革された大学とは対照的に、多くの大学では中世的な組織と教授法が維持されていたが、それらは激しい批判の対象となり、廃校を求める声が高まっていた。事実、一八世紀末から一九世紀初めにかけて、ドイツでは二〇もの大学が閉校（一部は他の大学に吸収）の憂き目にあっている（表7―1参照）。生きのびた大学の方が少なかったのである。経済的基盤の脆弱さとともに、中世的システムの教育が時代の流れに十分機能しなくなったことを物語っていた。

表7—1　18世紀末—19世紀初頭に閉鎖されたドイツの大学

大学名	創立年	閉鎖年	備考
ケルン	1388	1798	1919再建
エアフルト	1392	1816	
トゥリーア	1454	1798	1970再建
インゴルシュタット	1472	1800 *	
マインツ	1476	1798	1946再建
ヴィッテンベルク	1502	1817 *	
フランクフルト／オーデル	1506	1810 *	
ディリンゲン	1549	1804 *	
ヘルムシュテット	1574	1809	
アルトドルフ	1578	1809	
パーダーボルン	1615	1809	
シュトラスブルク	1621	1792	1872再建（仏領）
リンテルン	1621	1809	
ザルツブルク	1623	1810	
バンベルク	1648	1803	
ヘルボルン	1650	1817	
デュースブルク	1655	1818	
フルダ	1734	1804	
ミュンスター	1773	1818	1902再建
ボン	1786	1796	1818再建

注：大学創立年には異説があるものもある。* は他大学に合併されたもの。

資料：H. W. プラール（山本尤訳）『大学制度の社会史』（1988、原著1978）、188-189頁、および巻末資料（2）-（3）頁。

研究型大学の登場

こうした危機的状態に重大な転機をもたらしたのが、プロイセンの教育改革の一環として一八一〇年に創設されたベルリン大学が示した新しい方向であった。それはブレスラウ（一八一一年創立）やボン（一八一八年再建）の新設大学の下敷となったばかりでなく、他の既存の諸大学にも進むべき範を示し、決定的な改革を促した。フランス革命とナポレオン軍による敗北の強烈な印象を受けていたプロイセンでは、リベラルな改革派官僚による国制改革と文化国家創設の機運が高まっていた。ヴィルヘルム・フンボルトは、プロイセン政府の要職に招かれた言語学者であり、ベルリン大学創設の中心的人物となった。フンボルトらは、大学とそこで行う学問に新しい意味を与えた。すなわち、いわゆる「教える自由」(Lehrfreiheit) と「学ぶ自由」(Lernfreiheit) の二大原則を保障し、大学は国家や社会から独立してひたすらヴィッセンシャフト (Wissenschaft＝学問) の探究に邁進することを強調した。換言すれば、大学の「孤独と自由」(Einsamkeit und Freiheit) である。それによって、人間形成としての純粋学問の探究が可能となる。フンボルトは言う。

人間のみが、自己の手で、自己の中に見出すことができるもの、すなわち純粋な学問への洞察は、大学において初めて行われる。本当の悟性の中でのこうした自己の行為のためには、自由がどうしても必要であり、孤独がこれを助けてくれる。この二点から、大学の外的な組織のすべてが流れ出てくる。[7]

そして、大学は教育ばかりでなく学問研究の舞台でもあり、両者が統一されて、また教師と若い学生がともに手を携えて、不断にヴィッセンシャフトを追究する機関であるべきである。

大学の教師はもはや普通の意味での教師ではなく、学生もはや受動的に教えを請うのではなく、自ら研究に取り組むものであり、この研究を教授が手を差しのべて指導する。というのも、大学の授業は、いまや学問が統一できるものと理解し、そうした統一を生みだす道を歩んでいるのであり、創造する力を要求しているのだからである。[7]

人格形成としての純粋学問の探究や自由独立の理念は、一八世紀以来台頭してきた実利主義的な教育観に対する反発、またフランスにおけるナポレオンの国家主義的な科学体制に対する反動とも見なすことができよう。[8]その大学の理念は思想的に、新人文主義、ドイツ観念論、ドイツ・ロマン主義などの学問観を反映している。実際、その理念の確立は、フンボルトをはじめ、ベルリン大学初代総長フィヒテ、哲学者シェリングら、これらの思想的系譜にある学者に負うところが大きかった。一八世紀末から一九世紀前半にかけて興隆したドイツ・ロマン主義が啓蒙主義の育てた合理偏重主義や、フランス革命への幻滅に対する反動から生まれた思潮であったことは注目に値する。それは、普遍的な理性の規範を信頼するよりも、民族性や伝統、人間の感情や自由な精神に価値観を置く思想であり、当時の芸術や歴史学にも大きな影響を与えていた。カントに始まり、フィヒテやシェリングに受け継がれたドイツ観念論にも、人格の価値と事物の生成発展を重視するロマン主義の影響が見られる。古典的教養を重視し、人間性と個性の尊重に特徴をもつ新人文主義も啓蒙思想に抗した動きといえる。こうした思想を受けて提起された大学の理念はあまりにも抜本的な変化をめざすものであり、実際の大学運営に当たっては、妥協も強いられ本来の意図からそれた部分もあるが、その研究志向の姿勢は以後のドイツの大学の諸制度に反映されることになる。

自然科学の諸学問を含む哲学部の台頭は、新しい大学観の産物であった。哲学部（philosophische Fakultät）とは、中世大学以来の文芸学部のドイツにおける呼称であり、伝統的な三専門学部の下に位置していた。すでに一八世紀末にカントは哲学部の独立と地位向上を訴えていたが、フィヒテも、学んだ知識をそのままで終わらせずに、そこから新たなものを創造する方法は、何よりも哲学の学習を通して得られることを力説していた。哲学部は、これまでの神学部に代わって大学のすべての学問の頂点に立ち、学問本来の使命であるべき人間形成に仕えるものとされた。こうして大学改革とともに、一九世紀前半のドイツの大学には哲学部が従来の三上級学部と同等あるいはそれ以上の地位に昇格する。一八八五年のある調査によれば、ドイツの全大学生に対する哲学部学生の占める割合は、一八三〇—三一年に一七・七%であったのに対して、一八八一—八二年には四〇・三%と上昇している。哲学部には自然科学のほか人文系・社会系の学問も含まれていたが、哲学部学生のうち自然科学専攻者の割合は、一八四一年の一三・六%から一八八一年には三七・一%にあがっている[9]。哲学部はギムナジウム（Gymnasium）など中等学校の教員養成という社会的役割も担っていたが、一九世紀後半には専門職業としての科学研究者養成の役割を果たすようになった。このようにして科学の専門教育がドイツの大学制度の中に根を下ろしたのである。さらにいえばその科学とは、少なくともその理念においては、単なる技術の予備教育のための科学ではなく、また一昔前のように信仰活動としての科学でもなく、「真理探究」のための深遠なヴィッセンシャフトであった。とはいえ、一九世紀後半になって産業技術と科学の結びつきが明確になるにつれ、ドイツの大学における研究も「科学のための科学」だけには拘泥できない状況になることをつけ加えておこう。

研究重視の流れと相まって、ドイツの大学には教育機構上のいくつかの新しい制度が確立する。その一つであるゼミナール（Seminar）は、選ばれた一〇人前後の学生が専用の部屋で教授を囲んで演習と報告と討論をするという、少数精鋭の密度の高い専門トレーニングであった。二—三年のプログラムで、指導教授と参加学生には国家から報酬と奨学金が支給され、後には図書費や専用のゼミ室も与えられた。これは哲学部の古典文献学で最初に始まったが、やがて数学や物理学の教育においても導入された。それは、今日の大学のゼミの祖型である。

大学教員には、正教授（Ordinarius あるいは ordentlicher Professor）・員外教授（Extraordinarius あるいは außerordentlicher Professor）・私講師（Privatdozent）という独特の階層構造があった。これは一八世紀までにすでに存在していたものであるが、一九世紀の研究型大学には極めて有効な組織となった。それは、親方・職人・徒弟からなる中世的職人ギルドの構造を想起させる。ギルドも大学も中世の都市に起源をもつ。universitas（独 Universität）の語源が示すように、大学自体のルーツも教師と学生のギルド的組合であった。さらに、ドイツでは一八世紀まで、職人ギルドも大学も他のどの国よりも制度的変革を受けずに中世的なままで存続してきたものである。学生は徒弟、私講師は職人、親方は教授に相当するであろう。ドイツの学生が研鑽を積むためにしばしばいくつかの領邦大学を移動したのも、徒弟が修業のために各都市のギルドを遍歴したのとよく似ている。[10] 一九世紀のドイツの大学では科学の拡大に伴って、研究領域ごとに正教授を核としたこうしたピラミッド型組織がつくられ、研究学派を形成するようになる。私講師は正規の教授ポストをもたない若い研究者で、たいていの場合無給であったが、大学教授資格（Habilitation, 一九世紀前半にすべてのドイツの大学に導入された試験による資格制度）を取得後、大学で講義をして学生から直接聴講料を集める特権が与えられた。それは将来の教授職への昇進をめざすための一つのデモンストレーションの場でもあった。

一九世紀には教授職の任命権は正式には各領邦国家の文部省がもつようになり、原則として学問研究能力の評価に基づいて採否が決められた。そのため、有能な研究者が若くしてその職を射止めるケースもしばしば見られた。それゆえ大学教官の雇用や昇進の評価基準は、従来のように学校内部での教え方や人間関係などではなく、国内外の学界＝科学者共同体において研究者としていかに高く評価されるかに変わった。(11) こうした学問至上主義への移行は、研究や論文の量産化を促し、業績競争を生み出す引き金になったのである。

ギーセン教育制度

学生実験を主体とした新しい教育制度の確立は、無名に近いギーセン大学の若き化学者リービッヒに負うところが大きい。ここにはフランス実証主義科学の影響が見られる。青年時代のリービッヒは、ドイツの大学での化学教育が講壇的であることに不満を抱き、ボン大学・エルランゲン大学就学後の一八二二年に、フランスに台頭したラヴォワジエ化学——それはフランスにおいて物理学のラプラス・パラダイムに優るとも劣らない地位を勝ち得ていた——を学ぶべくパリに留学した。そこで講義を聴講しフランス流の経験的・定量的な化学を学ぶかたわら、エコール・ポリテクニク教授のゲー＝リュサックがもつ造兵厰内の実験室に入ることを許され、化学実験の手ほどきを受けた。リービッヒが自国の若い化学者たちのために大学に化学の共同実験室をつくり実験教育を植えつけようと考え始めたのはこの留学時代であったといわれる。パリで知遇を得た博物学者アレクサンダー・フンボルト（ベルリン大学創設者のヴィルヘルムの弟）のはからいで、一八二四年に二一歳の若さでヘッセン＝ダルムシュタット大公国のギーセン大学（一六〇七年創設）の員外教授として招かれると、彼はその構想の実現に着手した。着任の翌年に前任者の不慮の死により正教授に昇進したことも、立場上彼の新カリキュラムの導入をより容易なものとした。まず兵舎を改造し、私財を投じて装置や薬品を購入し学生用実験室をつくった。実験教育の導入そのものはギーセンが初めてではない。既述のようにそれは、一八世紀後半のフランスの技術学校や革命後のエコール・ポリテクニクでも実施されていた。またドイツの大学でもリービッヒ以前に若干の化学者が実験指導をした例もある。しかし、リービッヒの実験教育の最も重要な点の第一はその中身にあった。彼は、当時の化学界でまだ不統一であり十分に確立されていなかった化学分析（定性分析・定量分析）のノウハウを学生教育用につくりあげた。講義は最小限に押さえられた。学生はこの分析主体の、注意深くデザインされた実験教育を一定期間受けたあと、そのテクニックを使って教授の指導下でオリジナルな研究を行い、その成果が認められた段階で哲学部の学位として哲学博士号（ラテン語Philosophiae Doctor, 略 Ph. D.）の学位が授与された（図7―1、2）。それは教育と研究の統合

図7―1　ギーセン大学の学生実験室。画家トラウトショルトが1842年に描いたスケッチ。

をもたらす巧みな制度であった。課程修了に要する期間は理論的には最短九カ月であったが、実際には学生のそれまでの化学の経験と習得進度とに応じて一年から三年ほどかかるのが普通であった。ギーセン大学では一八三〇年代までにこの教育法が定着した。一九世紀中葉までには同大学は一躍化学教育のメッカとして国外にも知れ渡るようになり、イギリス、スイス、フランス、アメリカ、ロシアなどから多くの留学生がリービッヒの化学教育を受けるために田舎町ギーセンに集まった。一八五〇年までに約一七〇名の留学生がここで学んだといわれる。[12] 実験主体の科学教育・卒業研究・学位取得という、今日の理工系学部で広く定着しているこの教育システムは、ここから初めて生まれ普及していったのである。

ギーセン教育制度の成功の因はいろいろ考えられる。[13] リービッヒ個人の非凡な才能や努力、教育者としての資質（彼の政治的手腕やカリスマ的指導力は高く評価されている）はたしかに大きな要素である。が、同時にこの制度の定着と普及を可能にした文脈にも眼を向ける必要がある。歴史はあるが比較的小さな大学ゆえにその新カリキュラムの導入が容易であった面もあったかもしれない。またその制度が、教育と研究の統合という、当時高揚していたドイツの大学の新理念にかなったものであったことも大きなファクターであろう。さらに、化学分析を武器としたそこでの実験教育は当時の化学そのものの進展に沿ったものであった。化学の世界では、ラヴォワジエによる近代的な元素観やドールトンの原子量概念をもとにした化学的原子論が登場し、幾多の論争を経ながらも学問としての体系化が進んでいた時代——いわゆる「化学革命」(Chemical Revolution) 直後の時代——であった。とりわけその結果、最も躍進した化学の分野は有機化学であった。リービッヒが教育を通して確立した化学分析とは、伝統的な無機化学ではなく、

図7—2　実験中のリービッヒ（1866年当時）。学生実験室の片隅で自分の研究を行っていた。

この興隆期にあった有機化学の分析だったのである。化学者にとって、新しく合成された未知の有機物質がどのような種類の元素から成り、それがどれだけの割合でその化合物を組成しているかを調べることは重要な問題であった。この有機化合物の同定のためには、まず第一に信頼のおける定性的・定量的な化学分析の技術が必要だったのである。その分析法はまだ十分に確立されていない時期にあった。実際、彼がルーティン化させた有機分析技術は、やがてヨーロッパの第一線の化学者たちの実験にも広く使われるようになる。教育という制度を通して新しい系統的な化学分析法を編み出したわけである。一九世紀中葉に国内はもとより外国からもあれほど多くの若い化学の学徒を集め、あれほど急速に化学教育のメッカとして浮上したのも、一つにはワンセットの有機化学分析を教育の場で提供したギーセン・プログラムが、こうした化学そのものの展開と呼応していたためであることは疑いない。ここには制度の誕生と科学の内的状態との相関が認められる。

実際、リービッヒのギーセン・スクールは単に教育機関として機能したばかりでなく、そこに集まった多くの学生たちを、彼が選んだ有機化学におけるテーマの実践的研究に振り向けることにより、一つの研究学派としても機能して成長した。彼の実験室で学んだ学生には初めは薬学を志す者が多かったが、やがて化学の専門研究に進む者が主になった。リービッヒは一八三二年に『薬学雑誌』の編集者になると、その立場を利用して同誌を掌握し、それを『薬学年報』(一八三二―三九)、さらには『化学薬学年報』(一八四〇―七三)

と改称して、リービッヒばかりでなく彼の学生たちや門下生たちにも化学の研究論文をそこで発表する機会を与えた。こうして『年報』は、いわばギーセン学派専用の化学雑誌になったのである。学生たちは論文出版の際、リービッヒが指導した研究でも彼ら自身の名前で発表するよう薦められた。このように彼は、研究を志す若い学生たちを惹きつけ学派をまとめるすべを心得ていた。

学生にとって、ギーセン教育制度により、基礎的な実験テクニックを身につけて独立研究の体験トレーニングを受け、さらにその修了の証となるドクターの学位を手に入れることは、スペシャリストとして世に出るための保証されたルートであった。授業料も破格の安さであったし、このコースを通過すれば、時流に乗った研究学派の仲間入りができた。同等の科学者となる学生はもはや第一級の頭脳の持ち主とか天才である必要はなかった。同等のトレーニングを受け、与えられたメニューの教程を勤勉にこなせば、誰もが少なくとも二流の科学者になることができた。この意味でギーセン制度の成功は、科学教育の方法論上のパラダイムの確立にあったと見ることができる。それは画一的な研究者の量産を促したが、新時代の科学教育の大衆化・職業化には大きな功を奏した。ギーセン式教育が化学に限らず他の分野にも広がったのも、そのためであろう。科学史家ファーラーが、それを「科学の組織化における偉大な発明の一つ」であったと評するゆえんである。[14]

ギーセン式教育システムは、一八三〇年代から七〇年代にかけてゲッティンゲン(一八三七)、マールブルク(一八三八)、ハイデルベルク(一八五二)、ベルリン(一八七一)などドイツ内の他大学に、また二〇世紀初頭まではイギリスやアメリカに飛び火した。最初は化学の領域で波及したが、やがて生理学・物理学・植物学・動物学・微生物学などさまざまな分野のカリキュラムに広く採用されるようになる。

テーハーの台頭

一九世紀のドイツの領邦国家には総合大学のほか、技術者の養成校として高等技術学校(Technische Hochschule, 略称TH、テーハー)が設立された。形の上では、学問としての科学=ヴィッセンシャフトは大学で、学問としての技術=工学はこのテーハーで行うという一種の分業体制が確立されたのである。テーハーは一八世紀後半に設立された鉱山学校などの専門学校にも歴史的連関を見出すことができるが、高等教育機関としての制度をもったそのモデルは何といってもパリのエコール・ポリテクニクにあった。一八二〇年代から四〇年代にかけてベルリン(一八二一)、カールスルーエ(一八二五)、ダルムシュタット(一八二六)、ミュンヘン(一八二七)、ドレスデン(一八二八)、ニュルンベルク(一八二九)、カッセル(一八三〇)、アウグスブルク(一八三三)、シュトゥットガルト(一八四〇)、ハノーファー(一八四七)、などに創設されたさまざまの名称をもつ、こうしたエコール・ポリテクニク型の専門学校は、一八七〇年代に高等技術学校という統一名称を与えられた。一箇所だけでなく諸領邦の都市に設けられたことはフランスの場合と異なる。そこでは応用技術だけでなく関連する基礎科学教育も導入され、また大学と同様の研究理念やギーセン式教育制度も導入された。遅れて始まったドイツでの産業革命期における産業の黎明と同じ頃に普及したテーハーでの工学教育は、世紀転換期のドイツ工業の発展に大きな役割を演ずることになる。(15)

テーハーの台頭により一九世紀ドイツの大学では工学を寄せつけないまま学問としての科学に専心できる立場にあった。しかし実際には、テーハーは基礎科学の教育を強化する一方、世紀末に向かって産業化社会が進展するにつれて、総合大学でも応用的色彩の強い科学も扱うようになり、大学哲学部とテーハー間での教官の相互移動もしばしば行われた。こうして、大学とテーハーの研究・教育における機能上の区別や序列づけは以前より難しくなる。もともとテーハーの卒業生が博士号（Ph. D.）を取得するためには大学に進まなければならなかったが、大学からの抵抗を受けながらもテーハー側の運動により一八九九年からは工学博士号（Dr.-Ing.）の授与権をはじめ、大学に与えられている各種の特権が付与され、やがて工科大学（Technische Universität, 略称TU、テーウー）としての地位を確立していく。しかし、ドイツではこうした歴史的経緯から今でも普通の総合大学には原則として工学部はなく、テーウーやテーハーが大学工学部としての役目を担っている。

一八九九年にはドイツ大学の在学生は三万三千人、テーハーの学生は一万一千人に及んだといわれる。[16] プロイセンだけをとっても、一九〇〇年の時点で大学生総数は約一万七千人、そのうち哲学部学生は六、五〇〇人で科学専攻者は二、三〇〇人、テーハーの在学生は五、二〇〇人であった。[17] 国家分立の独自な歴史から形成されたドイツの地方分権的な教育制度は、集中排除による良い意味の競争状態を生みだしたことはたしかであろう。各地の大学間、テーハー間、そして大学・テーハー間の、新しい学問の導入と学者引き抜き競争はアカデミズムに生気を与え、学内に確立された新制度と相まって、研究の活性化につながった。たとえば、世紀転換期における世界の「オリジナルな」化学研究のうち三分の二はドイツから生まれているというイギリス人の報告もある。[18] この数値の信憑性には問題が残るとしても、高等教育機関におけるその独自な教育・研究の制度化の結果、実地の研究に耐えうる科学者・工学者が大規模に拡大再生産され、さまざまの分野で研究学派が繚乱し、おびただしい量の研究論文が出現するドイツは、当時の誰の眼にも世界の科学界のリーダー的存在として映ったことであろう。大学レベルの科学教育の制度化が確立していなかったイギリスやアメリカの若き学徒にとっても、ドイツ留学で最前線の科学を修めるのが必要な習わしとさえなった。ちなみに、一九〇〇年までにイギリスの著名化学者でドイツの博士号をもたない者はほとんどいないほどであったといわれる。[19] こうした世界各地からの「ドイツ詣で」は、化学に限らず、医学・生理学・生物学・数学・物理学などほぼ科学の全領域に共通した現象であり、第一次大戦後に世界の科学のヘゲモニーが次第にドイツからアメリカに移行すると目されるようになるまで盛んに行われたのである。

第8章　科学の専門分化と職業化

科学の専門分化

一九世紀に自然科学は目覚ましい勢いで内的成長をとげた。物理学・化学・生物学・地質学などは自律性をもった学問分野として形を整えた。それらの研究は相互に影響し合いながら、概して定量化・実験化の方向に体系化が進んでいった。物理学においては、従来の天文学や力学ばかりでなく、熱学・光学・電磁気学などの諸領域が実験と高度な数学を駆使した数理科学としての体裁を整えた。同世紀末から二〇世紀への転換期にかけては、原子の内部構造、X線、放射線といった精密な実験に基づく新しい研究領域が次々に生まれる。化学は、ボイルやニュートンの粒子論的伝統からというよりは、ラヴォワジエがその影響を受けた医化学派に起源をもつ化学的伝統や、気体研究の流れの中から新たな体系化に向かった。もともと実験的色彩の強い学問であったが、一八世紀以降、化学天秤による精密な秤量などの定量的手法が重視され、世紀転換期のいわゆる「化学革命」を経た後、物質の構成要素（元素・原子・分子）や化学反応にかかわるいくつかの指導原理をもった学問として確立されていく。一九世紀後半までには、有機物は無機物とは異なる原理からなるという生気論は化学者の間で次第に支持を失っていった。有機化学は、生命体物質の化学という従来の定義に代わって、単に炭素元素を主体に構成された化合物の化学の総称となった。世紀末には熱やエネルギーなどの物理学の概念や方法を使って化学現象を探究する物理化学という新分野も登場する。生物科学も、博物誌的な記述主体の伝統的研究スタイルのうえに、実験的手法が加わった。一方では地質学の興隆や、分類学・比較解剖学・古生物学の進展と相まって、生命の歴史的起源の系統的研究が行われ、ダーウィンらの進化論が登場する。他方において、生命現象を物理学的・化学的方法によって解明する動きが起こる。一八世紀末のラヴォワジエによる呼吸の研究はその最初の一例であった。一九世紀はベルナールに代表される生理学、そして後には生化学が、こうした視点から化学や物理学と同様の実験的方法で探究された。細胞学、微生物学、遺伝学を含め、一九世紀末までには生物学全般が実験的研究スタイルをとるようになる。実験的方法、自然現象の量的・数学的記述などはいずれも、一六、一七世紀の科学革命期にキリスト教的文化の枠組みの中で発展したものであるが、それらが今、一九世紀の文脈の中で科学の諸領域の研究に精緻な形で適用され専門分野を拓く主導的アプローチになったのである。

近代科学の成長過程は巨大化と微小化という一見、相矛盾した特徴を合わせもつ。それは、科学者の増加と研究の肥大に伴い、科学がさまざまな専門分野に枝分かれしていく傾向である。科学者はそれぞれの領域での研究をさらに深化させていく中で、研究の分業体制を増幅させていく。こうした科学の専門分化（specialization）の傾向は、一九世紀から顕著に表れてきた。この時代の専門学会の相次ぐ誕生は、専門分化の進展を反映している。フランスを例にとれば、一九世紀を通して二〇以上の全国規模の専門学会が誕生し、世紀末になるに従ってその増加のピッチが早まっていることが分かる（表8—1）。もはや一人の研究者が森羅万象のことごとくを論じるといった時代は去り、彼らはそれぞれの、より狭い分野にのみ通じるスペシャリストになっていくのである。細分化されて自律的に発展した一九世紀の科学は、もはや古き良きスキエンティアであることをやめ、宗教や哲学や文芸といった領域からますます隔離された知的活動になっていった。二〇世紀になってイギリスのスノーは、人文的文化と科学的文化の隔絶と対立が二〇世紀文明の健全な発展を阻害していることを嘆いたが[1]、この「二つの文化」の離反現象もすでにこの時代から芽生えていたのである。

ケンブリッジの数学者・哲学者ヒューエルが一八三四年頃に、急増する科学の担い手たちに「サイエンティスト」（scientist = 科学者）という造語でアイデンティティーを与えたのも、こうした新しい時代状況を反映していた[2]。それまで自然探究者は、フランス語圏では広く「哲学者」（philosophe）とか「学者」（savant）、ドイツ語圏では「自然研究者」（Naturforscher）などと呼ばれ、英語圏では「哲学者」（philosopher）、「自然哲学者」（natural philosopher）、「実験哲学者」（experimental philosopher）、「科学する人」（man of science）など

表8—1　フランスに創立された科学の専門学会

学会名	設立年	備考
王立農業学会	1761	1804年にフランス農業アカデミーと改称
パリ薬学アカデミー	1803	
地理学会	1821	
パリ自然史学会	1821	
フランス園芸学会	1827	
フランス地質学会	1830	
フランス昆虫学会	1832	
外科医学会	1843	
生物学会	1848	
フランス気象学会	1852	
順応動物学会	1854	
フランス植物学会	1854	
パリ化学会	1857	1906年にフランス化学会と改称
パリ人類学会	1859	
パリ統計学会	1860	
フランス物理学会	1873	
フランス数学会	1873	
フランス動物学会	1876	
フランス鉱物学・結晶学会	1878	
フランス菌類学会	1884	
フランス天文学会	1887	
フランス海洋学会	1897	
フランス心理学会	1901	
物理化学会	1908	
フランス鳥類学会	1909	
生化学会	1914	

注：ここに掲げたのは全国的規模の学会であり、地方学会は含まない。
資料：R. Fox, "The *Savant* Confirms His Peers: Scientific Societies in France, 1815-1914," in R. Fox and G. Weisz, eds., *The Organization of Science and Technology in France, 1808-1914*, 1980, p. 281.

の呼称があった。ヒューエルの時代に新しい名称をつくる機運が高まったのは、科学の専門分化により研究者自身の専門分化が高じてきたためである。専門家＝スペシャリストは、数学者（mathematician）、化学者（chemist）、博物学者（naturalist）、物理学者（physicist, この言葉もヒューエルの造語である）などそれぞれの領域での名称で呼ばれるようになった。こうしたスペシャリストの名称分化により、それらを総括した名前が必要になる。従来の呼称では意味するところがあまりにも幅広く、実情にそぐわない。そこでヒューエルは提起する。

われわれは科学の研究者を一般的に表す名称を非常に必要としている。私は彼をサイエンティスト（Scientist）と呼びたい。(3)

science からの造語であるのなら、なぜ sciencist としなかったかという疑問もわこうが、彼によればその語尾のスペルは artist（芸術家）からの類推であった。当時他の名称を提案した者もいたし、また新語そのものに拒否反応を示す学者もいた。しかしヒューエルの造語は、やがて広く定着し今日に至っている。このように、今日の日本語の「科学者」にあたるサイエンティストという言葉は、一九世紀に出現したスペシャリストたちの総称なのであり、それまでの「哲学者」や「自然哲学者」といった人々の単なる別名ではなかった。そのことはまた、科学という営みが従来の広い「哲学」と区別され、より限定された範囲を扱う活動になってきていたことを示唆している。その意味では、哲学も領域を狭めたのである。

科学研究の膨張と専門分化の現象は、単に科学そのものの内的発展による自動的な帰結と決めつけてはならないであろう。それを可能にした一九世紀の外的条件があったことを忘れてはならない。前章までに見た科学教育の出現による専門的科学者の量産体制の確立や、次節に見る科学の職業化、科学者が自らの存在意義を社会に自己主張した運動、彼らによる人為的な専門学会の組織化、そして科学研究に市民権を与えた一九世紀のヨーロッパ社会があった。

科学の細分化は科学者のスペシャリスト化現象と切り離すことができないが、そのスペシャリスト化は専門家養成のための訓練とかかわっている。科学研究は専門的な訓練を受けた人々の手によって精巧で洗練されたものになったが、逆にそうなった科学を理解し、またそれに新しい何かをつけ加えるためには、同等の専門的な訓練が必要となった。それにより、科学は徐々に素人の手の届かないものになっていった。専門化の影響は論文の書き方にも表れてきた。科学史家の廣重徹は、ヤングとフレネルの光の波動説に関する論文におけるスタイルの違いを次のように書いている。ともに一九世紀の最初の四半世紀まで活躍した同時代人であるが、ヤングはイギリスの伝統的なアマチュア的学者であり、フレネルは専門的訓練を受けたフランスの物理学者であった。

ヤングは医学出身の何でも屋であった。エジプト象形文字を部分的ながら初めて解読したのは彼である。しかし彼の波動論の論文〔一八〇〇―〇四〕は、冗長で不明確なしろうとっぽい言葉で書かれており、一七世紀に書かれたとしても不自然でないスタイルである。ところが一五年後に、エコール・ポリテクニク出身のフレネルの書いた論文〔一八一五、一八一八〕では、すべてが明確に定義され、秩序づけられ、数学的解析によって整然と議論が展開される。フレネルのがいかにも物理学の論文だという感じを与えるのに対し、ヤングのはお話し風である。専門家としろうとの違いを如実に教えられる思いがする。(4)

ここでいう「いかにも物理学の論文だという感じ」とは、それが現代の物理学の論文スタイルに近いという意味であろうが、フレネル論文のスタイルは当時のフランスにおける専門的科学者集団の表現スタイルの反映であり、イギリスにはそうしたスタイルが定着していなかったということもできる。論文の語り口や構成が洗練されていないからといって科学研究のレベルが低いということには決してならないが、この対照はいずれにせよ、その背後にある確立された専門的訓練のもたらす作用の一端をよく表している。

フランスの哲学者コントの唱えた実証主義哲学では、一九世紀前半から起こっていたこうした科学の専門分化、科学者の専門化の流れを肯定的に汲み入れている。彼は主著『実証主義哲学講義』（一八三〇—四二）の中で、科学の進歩の歴史的過程を「神学的状態」「形而上学的状態」「実証的状態」という三つの段階に分けて論じた。科学は神学的段階から形而上学的段階を経た後、空想や思弁を脱して経験的な最後の実証的段階、最高度に完成された状態に入る。科学は神学や形而上学といったネガティヴな領域から離反することにより、初めて真の科学（彼のいうポジティヴな科学＝実証的科学）になる。彼によれば、科学は古代から一九世紀前半の彼の時代までの間に、数学・天文学・物理学・化学の順に実証的段階に到達したが、まだ神学的状態や形而上学的状態の痕跡がないとはいえない。「有機物理学」としての生物学はようやく実証的研究を開始したばかりである。しかし、社会現象を考究する学問はまだ神学的・形而上学的な段階から抜け出せない。したがってこの領域を実証的段階に進ませ、「社会物理学」としての社会学（sociologie，コントが初めて使った言葉）を完成しなければならない。科学の進歩を文明の進歩と同一視した彼は、理想的な文明を建設するうえで、専門科学者がそれぞれの領域の学問を完全に実証化させることが急務と考えた。予定調和的な段階的進歩説に基づくコントのヴィジョンは、専門分化を科学進歩の必然的な成り行きとして受け入れている。専門化を肯定した彼も、一方においてそれに伴う弊害（たとえば、各人の専門領域の仕事と実証的知識の一般体系との関係に考慮が払

表8—2　19世紀に誕生した各国の化学会

国名	名称	創立年（学会誌創刊年）
イギリス	ロンドン化学会	1841（1847）
フランス	パリ化学会	1857（1858）
ドイツ	ドイツ化学会	1867（1868）
ロシア	ロシア化学会	1868（1869）
イタリア	イタリア化学会	1871（1871）
アメリカ	アメリカ化学会	1876（1879）
日本	化学会	1878（1880）

注：学会名称は創立時のもの

われなくなること）も認め、分断する科学を何らかの形で統一する必要があることを説いた。彼の提案した解決策は、専門分化の流れに便乗して、分化した諸科学の総合化・統合化のみを目的とする、もう一つの新しい専門分野をつくるというものであった（彼は今日の「科学史学」や「科学哲学」のような学問がこれにふさわしいと考えていた）[5]。

しかし、科学の専門分化の進展とそれに伴う歪みは、コントの楽観的な構想をもってしても、今日まで食い止めることはできないでいる。学問の細分化現象は二〇世紀になってさらに加速される。化学を例にとろう。一九世紀に各国で化学会が創設されたが、アメリカ化学会（American Chemical Society）一つを見ても、二〇世紀には化学会内部でもろもろの専門分科会が誕生し、また同じ化学の中でも多種多様な専門雑誌が登場している（表8—2、3、4）。化学に限らず、物理学や生物学といった学問の内部でもさらに分化が進んでいる。またたとえば、生化学、物理化学、生物物理学、分子生物学などの

表 8—3　アメリカ化学会の分科会

部会名	設立年	備考
産業・技術化学	1908	
農芸・食品化学	1908	
肥料・土壌化学	1908	
有機化学	1908	
物理・無機化学	1908	1958 年に物理化学と名称変更
医化学	1909	
ゴム	1909	
生化学	1913	
環境化学	1913	
炭水化物化学	1919	
セルロース・紙・繊維	1919	
染料化学	1919	1935 年に有機化学と合併
皮革・ゼラチン化学	1919	1938 年に解散
化学教育	1921	
化学史	1921	
燃料化学	1922	
石油化学	1922	
有機コーティング・プラスチック化学	1923	
コロイド・表面化学	1926	
分析化学	1936	
化学情報	1948	
高分子化学	1950	
化学マーケティング・経済学	1952	
無機化学	1956	
微生物・生化学技術	1961	
フッ素化学	1963	
核化学・技術	1963	
殺虫剤化学	1969	
職業関係	1978	
化学におけるコンピュータ	1978	
化学に関する健康と安全	1978	
地球化学	1978	
化学の小ビジネス	1978	
化学と法律	1982	

資料：A. Thackray, et al., *Chemistry in America, 1876-1976*, 1985, p. 184.

表8—4　アメリカ化学会発行の専門雑誌

雑誌名	創刊年
Journal of the American Chemical Society	1879
Journal of Physical Chemistry	1896
Chemical Abstracts	1907
Journal of Industrial and Engineering Chemistry	1909
Chemical and Engineering News	1923
Chemical Reviews	1924
Journal of Chemical Education	1924
SciQuest（旧 *Chemistry*）	1927
Rubber Chemistry and Technology	1928
Analytical Chemistry	1929
Journal of Organic Chemistry	1936
Journal of Agricultural and Food Chemistry	1953
Journal of Chemical and Engineering Data	1959
Journal of Chemical Information and Computer Sciences	1961
Biochemistry	1962
Industrial and Engineering Chemistry—	
Process Design and Development	1962
Fundamentals	1962
Product Research and Development	1962
Inorganic Chemistry	1962
Accounts of Chemical Research	1967
Environmental Science and Technology	1967
Macromolecules	1968
Chemical Technology（*CHEMTECH*）	1971
Journal of Physical and Chemical Reference Data	1972

資料：A. Thackray, et al., *Chemistry in America, 1876-1976*, 1985, p. 179.

ように、学問間の境界領域が一つの独立した専門分野をつくることもある。それぞれの専門では独特の概念や仲間内言語（jargon term）が形成され、もはや同学問の研究者間ですらコミュニケーションが十分に成り立たなくなる時代に突入する。「二つの文化」ばかりか、科学の内部ですら対話のない「無数の文化」が生まれているのである。

科学の職業化とは何か

一九世紀の科学はもはや単なる知的営為にとどまらず、その活動が制度的な基盤を与えられ、重要な社会的営為として根を下ろし始めていた。コントの思想に代表される、一九世紀における科学至上主義の蔓延は、科学そのものの内的発展の反映であるだけでなく、科学が社会的威信を勝ちえたことの投影でもあった。この時代に見られる科学の職業化（professionalization）は、科学が社会の中で市民権を獲得したことを象徴する一つの現象であった。

「プロフェッション」（profession）[6]という言葉の意味をめぐって海外の社会学者や歴史家の間でさまざまな解釈と論争がある。日本ではそれを単なる仕事や商売としての職業（この場合 occupation や vocation という語に近い）と解しがちであるが、原語の意味するところはもっと広い。今日、プロフェッショナルといえばアマチュアに対する言葉として広く了解されている。しかし、プロとアマチュアをどう区別するかという問題はそれらをどう定義するかによって異なってくる。たとえば前節のフレネルとヤングの場合のように、専門的訓練を受けた者とそうでない者を、プロとアマチュアの違いの基準とするケースもあろう。あるいは訓練の有無を問わず、一つの分野に日常専心している者をプロということもあろう。この場合、プロ＝スペシャリストということになる。また、専門領域の仕事で収入を得ている者をプロということもあろう。この場合は、プロ＝報酬受給者ということになる。その言葉の意味も時代により変わってきている。少なくとも一八世紀までは、それは聖職者・法曹家・医師・教授・軍人士官などに限って使われたステータス・シンボルとなる言葉であった。ところが、デイヴィが一七九九年に「哲学と化学と医学が私のプロフェッションだ」といった時、それは特定の分野の知的な仕事をして生計を立てる雇人を意味していた。当時彼は、気体吸入による病気治療の研究のためにベドーズが主宰した気体研究所(Pneumatic Institution, 一七九八年開設)に雇用されていたのである。また一八三〇年に衰退論者バベッジが「イギリスにおける科学研究ははっきりとしたプロフェッションを形成していない」と慨嘆した時、彼にとってのプロフェッションは社会的制度としての職業構造を意味していた。[7] このようにプロフェッションの意味するところは歴史的にも多様であるが、以下でいう科学の「職業化」＝プロフェッション化とは、基本的に、何らかの専門的な科学教育を受けた人々が、フルタイムでその専門領域の仕事に従事することによって生計を立てること、およびその仕事が社会的に確立された職業となっていること——こうした状態へ至る総体的な過程を指す。したがって、それには科学の専門化、教育・研究の制度化、科学の社会的承認と要請などの要素が絡み合っている。このような意味での科学の職業化が成立したのは一九世紀のことである。

一八世紀までの科学の担い手には、聖職者・医師・貴族といった他の本職や地位をもつディレッタントたちが大半を占めていた。財政的にも時間的にも比較的恵まれたこうしたエリートたちの余技としての自然の探究が、それまでの実り多い科学を支えてきたのである。その中にはボイルやキャヴェンディッシュのように名門貴族の出身で生涯、特定の職業に就かずに研究に没頭できた者もいたし、またガリレオのようにメディチ家という富豪のパトロンを見つけてそこから財政援助を受けた幸運な自然探究者もあった。ガリレオに限らず金銭的ゆとりのない者は積極的に自らを売り込んでパトロン探しをしなければならなかったが、そのパトロン自体の社会的階層も時代によって変化する。一七世紀までは君主や貴族が大半であったが、一八世紀後半の産業革命期のイギリスでは産業資本家がパトロン役を引き受けるようになる。バーミンガムの月光協会でプリーストリーらの科学研究を財政的に援助した鉄工場経営者ボールトンもその一例である。

大学教授はどうであったろうか。たしかに古くから学芸学部の中には数学教授のポストが確立されていたし、一八世紀には医学部の中に化学教授のポストもできていた。しかし一九世紀以後の場合とかなり事情は違う。ニュートンはケンブリッジ大学の数学教授であったが、それは彼の本領とする自然哲学(力学・光学)の研究や教育に対して与えられた地位ではなかった。また、一八世紀後半にエディンバラ大学教授として医学部の学生に化学を教えていたカレンは、他の医学部教官と同様に無給であり、収入の多くを自分の学生から集める聴講料に頼ったほか、エディンバラの有力貴族をパトロンとしなければならなかった。要するに、社会的制度としての科学の専門職業機構はまだほとんど確立されていなかったのである。パリ王立アカデミーの会員は国家から俸給を受けていたが、それだけで生計を立てられるほどの十分な額ではなく、彼らが他に副収入源を求めなければならなかったことは既述(第3章)の通りであるし、ラヴォワジエのように全く別の本職(徴税人)をもっていた会員もいたことは多言を要さないであろう。

前述の広い意味での科学の職業化は一九世紀前半から次第に始まった。研究者の専門分化に鑑みてヒューエルが一八三〇年代につくったサイエンティストという新しい一般名は、同時に職業としての科学者という含みももって広まった語であった。「哲学者」や「自然哲学者」といった一世代前の呼び名は、決して聖職者や医師のように確立された社会的職業を表す語ではなかった。一九世紀の文脈では、サイエンティストは科学の専従者であると同時に、職業人として社会的に認知されつつあった新しいタイプの科学者の一群を含意していたのである。科学の専門教育の出現は、独学の時代に終わりを告げるとともに、少なくとも形の上では上流階級の身分エリートによる科学独占の時代の終焉を約束した。庶民の子弟であっても、学校に入って一通りの専門トレーニングを受けることにより、その領域の科学者になりうる途が拓かれたのである。かくして一九世紀の専門教育の普及は、とりわけ中産階級出身のサイエンティストを大量に生産し、社会階級間の移動（social mobility）をもたらした。ただし上流階級出身の科学者は依然として少なくなかったし、下層階級の出身者は決して多くはなかった。

技術者の世界の変化——工学者の誕生——

技術の世界に眼を向けると、第5章で見たように一八世紀中葉あたりからフランスでは、道路・橋・運河などの建設や設計を行う技術者は「アンジニュール・シヴィル」（ingénieur civil）と広く呼ばれるようになった。アンジニュール（ingénieur＝工学者）のラテン語源「インゲニエリウス」（ingenierius）は天才や巧者の意で、これはルネサンスの時代から軍人技術者を呼ぶのに使われていた言葉である。シヴィル（civil）は軍人や聖職者などに対して一般市民を表す語であるから、アンジニュール・シヴィルは直訳すると「一般市民の工学者」ということである。もともと彼らは公共土木事業に携わる技術者であったことから、やがてそれが土木工学者の通称となったのである。いずれにせよ、それは工学者という言葉が、軍事以外の技術に携わる者に使われた初期のケースであった。当時刊行されたディドロの『百科全書』の中では、アンジニュールをアンシャン・レジームの工兵隊の技術者と定義している。工兵隊には陸海軍の工兵隊と土木の工兵隊があり、その総人員がフランス全土で三〇〇人程度だったことを考えれば、工学者と呼ばれた人々はまだそれほど多数ではなかったことが分かる。(8)

中世の職人はギルド的徒弟制度のもとに訓練され、自らの技術で生活の糧を得ており、さらに彼らの仕事は社会の中で確立されていたという意味において、職業人であった。一八世紀のアンジニュール・シヴィルはそれと同様の意味で職業人ではあったが、大きな違いは従来のギルド的枠組みからはみ出た新しい集団だったことである。その多くは旧体制下の技術学校で専門教育を受け、国家の建設のために働く技術者や、一種のテクノクラート(technocrat＝技術官僚)であったからである。方法論的にも、彼らは伝統的職人のように経験や勘に依存するばかりでなく、ある程度の数学的知識も土木技術に活用していたことが知られている。(9)

アンジニュールに相当する英語がエンジニア(engineer)であるが、一八世紀のイギリスにもエンジニアと呼ばれる人々が現れた。スミートンは、しばしばイギリスにおける最初の工学者の一人と見なされている。正規の高等技術教育は普及していなかった当時のイギリスにあって、工学者のほとんどは独学者であった。科学器具製造職人であったスミートンの場合も、科学はもとより土木や機械の技術を個人で学び、さらにそれらの技術の理論的研究を行ったことで知られている。彼は一七七一年に、最初の職業工学者の団体である土木工学者協会（Society of Civil Engineers，彼の死後「スミートン協会」Smeatonian Society という名で広く知られるようになった。ただし一九世紀の土木工学者協会 Institution of Civil Engineers とは別の組織）を組織している。[10]

ドイツでは一八世紀後半にいくつかの国営の技術アカデミーがつくられ、そこで鉱山・冶金・建築・土木などの職人技師や技術官僚が養成されるようになった。その中には高い学問水準の教育が行われていたものもあるが、一九世紀初頭のカールスルーエ（バーデン大公国）の工学者学校（Ingenieurschule）の誕生はドイツにおける技術教育の転換を最も鮮やかに示している。建築土木の技術官僚技師トゥラが一八〇七年に創設した同校は、職人層にギルド的技能伝承のレベルを越えた訓練を施し、その名の通りインゲニウール（Ingenieur＝工学者）という一つの新しい社会層を形成するもくろみをもっていたのである。それはトゥラが留学したフランスのエコール・ポリテクニクの技術教育をモデルとしており、後のドイツにおける高等技術学校の誕生に大きな影響を与えた。[11]

一九世紀初頭までに主として土木の領域か

表8—5　19世紀のイギリスにつくられた主な工学者の協会

協会名	設立年
土木工学者協会	1818
機械工学者協会	1847
ガス工学者協会	1863
鉄鋼協会	1869
電信工学者協会	1871
電気工学者協会	1871
海洋工学者協会	1889
鉱山工学者協会	1889
鉱山冶金協会	1892

資料：C. Russell, *Science and Social Change, 1700–1900*, 1983, p. 223.

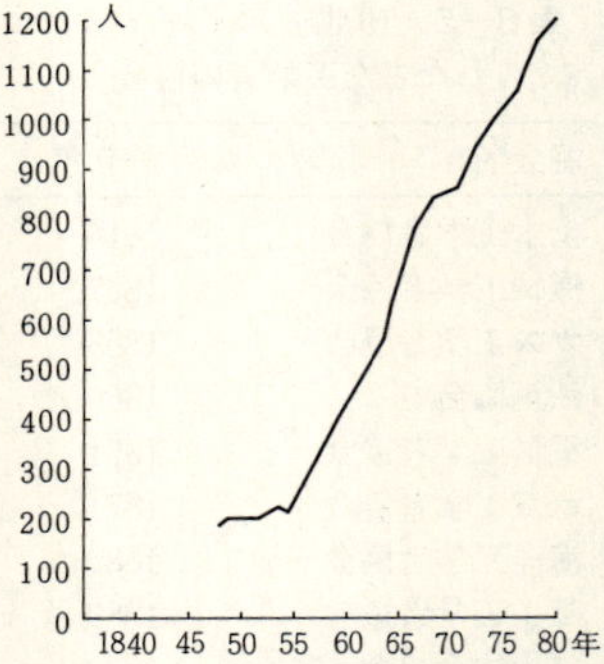

ら出現していた、こうした新しいタイプの職業技術者＝工学者の集団は、同世紀末までには科学を本格的に注入した技術教育の洗礼を受けて量・質ともに飛躍していった。彼らは科学者の専門学会に相当する、それぞれの職種の職業団体を結成し、仲間内の交流・結束と外部への自己主張を始めた（イギリスの場合、表8―5参照）。その会員数も世紀後半には急速に増えた（一例として図8―1参照）。一八八六年から一九〇四年にかけてフランスで刊行された『大百科事典』（全三一巻）の中でベルトロは、土木に限らず、産業技術全般にかかわる応用科学者・技術者を含めてアンジニュールという語を適用している[12]。それは今日意味するエンジニアに近い。

図8―1　イギリスの機械工学者協会（Institution of Mechanical Engineers）の会員数の推移
資料：C. Russell, *Science and Social Change, 1700-1900*, 1983, p. 224.

科学の職業化の過程

科学の職業化は、工学者の誕生の後を追うように進んだ。実際それは、工学教育の普及ともかかわっていたのである。科学の職業化が教育の制度化とかかわっている以上、その進展の度合いは当然国々によって異なっている。職業化において、制度化が進んだフランスやドイツはイギリスに先んじていた。科学・技術教育制度の普及は、フランスの高等専門学校や科学ファキュルテ、ドイツの大学哲学部やテーハーのような科学や工学の教育機関における教員のポスト数を増加させた（表8—6、7）。初期の職業科学者には、軍事や公共事業に関連した仕事に従事した者もあったし、また産業にかかわった者もないではないが、実際にはこうした科学・技術の学校の教授職に就く者が大多数を占めていた。つまり、職業科学者の社会的ニーズは、企業などというよりも、まず最初に主として教育界から生まれたものなのである。この意味で、科学・技術の専門教育の制度化が、一九世紀の科学の職業化に果たした役割は大きい。さらに、近年のいくつかの事例研究が明らかにしているように、民間産業からのニーズが高まったために一九世紀に科学の高等教育が制度化されたというよりも、むしろ逆に高等教育の普及のあとで、教育界からのニーズのほか、産業界からのニーズが徐々に高まってくる傾向もみられるのである[13]。前章でも見たように、そもそも一九世紀前半の科学教育の当初の主な社会的使命は、軍人技術者や公共事業（土木・建築・鉱山など）の工学者・技術官僚の育成（たとえばフランスのエコール・ポリテクニクや応用学校）、中等学校の教員養成（フランスの師範学校、ドイツの大学）、純粋科学研究者または大学教員の再生産（ドイツの大学）などであったことを想い起こす必要がある。このほか、たとえば大学の医学・薬学の専門教育の一環として化学が教授されることがあったが、そ

表8―6　フランスの主な高等教育機関における科学者のポスト数の推移（教授クラスのみ、医学・薬学を含む）

教育機関	1827年	1852年	1877年	1902年
研究機関*	28	30	33	35
科学ファキュルテ	46	81	117	154
医学ファキュルテ	56	56	82	133
薬学校	12	19	19	21
主な大学校・応用学校	35	37	43	67
計	177	223	294	410

*　コレージュ・ド・フランス、自然史博物館、パリ天文台を含む
資料：R. Fox, "Science, University, and the State in Nineteenth-Century France," in G. L. Geison, *Professions and the French State, 1700–1900*, 1984, pp. 68–69.

表8―7　プロイセンの大学と高等技術学校における科学者のポスト数の推移

教育機関	1875年	1896年	1913年
［大学哲学部科学］			
正教授	82	110	126
員外教授	45	67	73
私講師・助手	41	114	188
［高等技術学校（テーハー）］			
正教授	約65	90	196
員外教授	約20	62	103
私講師・助手	約100	314	553
計	約353	757	1239

資料：P. Lundgreen, "The Organization and Science and Technology in France: A German Perspective," in R. Fox and G. Weisz, eds., *The Organization of Science and Technology in France, 1808–1914*, 1980, pp. 328–329.

れは主として医師や薬剤師を養成するための補助的な科学教育であった。いずれにしても初期の科学の専門教育は、民間の産業人・企業人の養成とは直接的には関係がなかったのである。

後の章で述べるように、産業界で活躍する職業科学者が大規模に登場するのは、一九世紀後半からのことであった。科学と産業のかかわりは一八世紀末から化学工業などの一部の領域において存在してはいたが、両者が系統的な合体を達成し始めるのはイギリス産業革命後のことであり、その時になって初めてこれらの教育機関で養成された研究者が産業界で積極的に有効利用されるようになるのである（その背後には産業革命による産業機構の変化があったことも重要である）。その有効性が明らかになるにつれ、高等教育の社会的意義がさらに増幅されて叫ばれ、その拡充が加速されるようになる。工業化社会の進展に伴い、産業界で科学者を必要とする傾向は、二〇世紀初頭に向けて急速に高まってくる（第10章参照）。

科学の職業化の胎動とほぼ時を同じくして、科学の普及、科学者間の交流と意志の疎通、科学者の社会的地位の向上をめざす運動が始まったことも述べておかなければならない。前章でみたドイツのGDNÄをはじめ、イギリス科学振興協会（British Association for the Advancement of Science, 略称BAAS、一八三一年創立）、フランス科学会議（Congrès Scientifique de France, 一八三三年創立、一八七二年にフランス科学新興協会Association Française pour

図8―2　BAASの大会。バースでの大会（1846）。地質学者ライエルが会長演説を行った。

l'Avancement des Sciences, 略称AFAS に改組)、アメリカ科学振興協会 (American Association for the Advancement of Science, 略称AAAS、一八四八年創立)、イタリア科学振興協会 (Società italiana per il progresso delle scienze, 略称SIPS、一九〇七年創立) など各国に科学振興団体が相次いで誕生し、こうした運動の母体となった。これらは一般に一七世紀以来の伝統的な学会・アカデミーに対抗して生まれた比較的自由に参加できる新しいタイプの学会であった。それを拠点とした科学者どうしの結束は、科学的知識の振興を促したばかりでなく、政府や大衆に向けて彼らの存在意義を自己主張する圧力団体、科学者を社会に向けて売り込む媒体として機能し、政府に科学研究機関の実態調査や改善を促したり、科学者の発掘や公教育ポストへのリクルートを行ったりした。もっとも、こうした組織が各国の独自な社会的・文化的状況と結びついて成立し発展していった側面も見逃すことができない。たとえばGDNÄの場合、領邦国家分立状態のドイツにおけるナショナリズムの高揚期に、それが統一と自由を求める運動のシンボルとされたことは既述の通りである。イギリスのBAASの誕生はGDNÄや衰退論運動の影響も受けているが、一方においてその初期の指導者たちのほとんどが宗教的に広教会派に属するケンブリッジ人であり、彼らがそこを足場に科学の「中立性」[14]を強調して社会変革期における科学者の大同団結を唱えたことが分かっている（図8―2）。

第9章　産業革命とイギリス科学

イギリス産業革命における技術と科学

おおよそ一七六〇年代から一八三〇年代にかけてイギリスに起きた産業革命（Industrial Revolution）は、織機・紡績機・化学工業・製鉄・動力機関・交通運輸手段など多くの分野の目覚ましい技術革新を伴った。その革新がどれだけ科学の内容とかかわっていたかについては、さまざまな論議がある。科学とは関係がなかったという説がある一方[1]、科学こそがその原動力になったという対照的な見解もある[2]。イギリス産業革命の技術革新の担い手のほとんどが伝統的職人層たちであったことは事実であり（表9―1参照）、それが「無関係説」の一つの論拠になっている。だがこうした出身階層による議論も問題がなくはない。当時のイギリス職人には月光協会や文学・哲学協会などの地方学会に出入りし、企業家や科学者と交流していた者が少なくなかった。実用的蒸気機関の製作者ワットは、伝統的なギルドから締め出され、グラスゴー大学の科学器具製造者として雇われていた。彼は月光協会に参加し自然探究者と交わっていたし、スミートンも同協会に顔を出していた。新技術の担い手たちの中には中世的な徒弟職人とはこうした背景の違いが見られるし、科

表9—1　イギリス産業革命期の主な技術革新の担い手たちの出身職種

名前（生没年）	主な発明・改良(発明年)	出身職種
ニューコメン(1663–1729)	蒸気機関(1712)	鍛冶屋
ケイ(1704–64頃)	飛び梭(1733)	織布工
ダービー親子 (1677–1717；1711–63)	コークス製鉄法(1735頃)	製鉄工
ハーグリーヴズ(1778没)	ジェニー紡績機(1764頃)	紡織工
アークライト(1732–92)	水力紡績機(1768)	理髪師
クロンプトン(1753–1827)	ミュール紡績機(1779)	紡織工
ワット(1736–1819)	蒸気機関(1775、1781)	科学器具製造工
カートライト(1743–1823)	力織機(1785)	国教会牧師
モーズリ(1771–1831)	ねじ切り旋盤(1797)	鍛冶屋
トレヴィシック(1771–1833)	蒸気機関車(1804)	機械工・鉱山技師
フルトン(1765–1815)	蒸気船(1807)	土木技師
ロバーツ(1789–1864)	平削り盤(1817)	機械工
スティーヴンソン(1781–1848)	蒸気機関車(1825)	炭坑火夫

学知識をそなえた職人がいたのである。だがそれをもってしても、産業革命の技術が科学の応用から生まれたということにはならない。いずれにせよ、「科学」を当時の自然探究者の理論や知識体系に限定するならば、化学工業のような分野（次節参照）を除き、それは個々の新技術の「誕生」には決定的役割を果たさなかったとはいえる。[3] ワットの有名な分離凝縮器付き蒸気機関の発明にしても当時の熱理論の応用から生まれたという通説は疑問視されているし、繊維産業の機械化、鉄道の発展、ガス灯の普及なども純粋科学の成果に直接負うところはほとんどなかった。[4]それらは、むしろ伝統技術の改良・

応用、経験上の創意工夫で目覚ましい成果をあげたというべきである。当時の産業技術が科学と「無関係」だったとするのは極論としても、新技術誕生の直接的な「原因」を科学の内的発展に求めるのも困難である。産業革命期の科学の技術への影響に関しては、むしろ「新しいもろもろの機械や工程が発明されるにつれて、確立された科学知識の有用性がますます明らかになっていった」と見るのが妥当と思われる。(5)

翻(ひるがえ)って、産業革命時代の新技術が一九世紀科学のいくつかの分野の研究を刺激したことは事実であろう。しばしば指摘されているように、蒸気機関の登場は熱力学の研究を促し、またこの時代の化学工業の進展は有機化合物の合成や組成研究の発展に影響を与えた。さらに産業革命が科学に与えたインパクトを、よりマクロ的な視点から見ると、いくつかの重要な側面が浮かび上がる。第一に、それが近代の資本主義的な産業化社会の形成を準備し、やがて科学がその産業機構に巻き込まれていくという事実である。手工業（マニファクチュア）から機械工業の時代に移行し、新興の産業資本家たちが労働者を雇用して工場で商品を大量生産するようになる。一九世紀後半から世紀転換期にかけて企業間の技術競争が顕在化するに及んで、産業界での科学者のニーズが次第に高まっていくのである。第二に、そのことと関連して、産業革命は国家単位の経済競争を促し、国々の科学の制度化の性格をこれまで以上に産業志向的なものへと規定していったことである。第三に、産業革命が世界的規模で拡大し、その力を通してヨーロッパ文明全体（科学・技術・制度・文化・芸術を含めて）が世界制覇をする決定的な契機を与えたという事実である。序章でも触れたように、わが国の文明開化がその端的な例を提供する。[6]

化学工業にみる科学と技術の融合

化学は、思弁的な物質理論の探究が進む一方で、比較的古くから医学・薬学・冶金などと結びつき、実践的要素をもはらんで発展してきた分野である。一八世紀後半になると化学工業が化学者の研究にかかわってくる。若干の事例をあげてみよう。

一七七〇年代から八〇年代にかけてギトン・ド・モルヴォーらのフランス化学者は、ガラスや石鹸などの重要な原料であるソーダ（炭酸ナトリウム）の製造の改良に携わった。ソーダはそれまで植物灰などから能率の悪い方法で製造されていたが、食塩を原料とする新しい製法の開発が試みられていた。それに関心を示した王立科学アカデミーは一七八三年から八八年の間、この製造法の発明を懸賞募集した。そして八九年頃までにルブランにより食塩を硫酸で加熱処理してソーダを製造する方法が開発された。ルブランは革命期の混乱によりアカデミーから賞金を与えられず、工場を共和国に没収されるなどの不遇のうちに自殺したが、彼の発明したルブラン法は産業革命期のイギリスにおける化学工業の基礎となった。ラヴォワジエ以後のフランス化学の指導的人物であったベルトレは一七八七年に染色や漂白の研究を行い、塩素水が植物性繊維を漂白することを指摘していた。かくしてルブラン法の工程から副産物として出る塩化水素は、イギリスではサラシ粉にして綿布の漂白に大々的に有効利用された。ルブラン法に必要な硫酸の製造は一八五九年に登場した接触法によって革新されるが、その基本原理はフランスの化学者ゲー=リュサックが一八二七年に見出していたのである。(7)

このように化学研究と産業技術は、比較的早期から結びついていた。しかし、産業にかかわる化学研究を行っていた者が直接、産業内で働くケースはまだ少なかった。ギトン・ド・モルヴォー、ベルトレ、ゲー=リュサックらのフランス化学者はいずれも企業内の研究者ではない。イギリスでも産業都市マンチェスターの文学・哲学協会などでは化学と産業技術のスムーズな結びつきを求める声が高まっていたが、染色や漂白などの実用化学を手掛けていたヘンリーが一七八二年に同協会で述べた「不幸なのは、染色工には化学者がほとんどいないし、化学者には染色工がほとんどいないことである」という言葉は当時の状況を風刺している。(8)

産業界への科学者の進出は、イギリスで産業革命が達成された後の一九世紀後半に始まる。最初に化学工業の分野、とりわけ合成染料工業の領域でその現象が顕著に見られる。これは科学研究の成果によって、従来全く存在しなかった工業が生まれたという点で、科学と産業のかかわりに新時代の幕開けを告げる事件であった。

この工業の発端をつくったのはイギリスの化学者パーキンによるアニリン染料の発見で

ある。当時、彼はロンドンの王立化学カレッジ（Royal College of Chemistry）の助手を務めていた。同校は、ドイツのリービッヒのギーセン校の影響を受けて、一八四五年に創設された私立学校である。それは社会的要求からというよりも、ギーセンの留学経験をもつイギリス化学者たちの側からの強い訴えから、同国の化学者養成のために、企業家や地主の財政援助を受けて創立した（図9―1）。そこに初代教授としてドイツから招聘されたリービッヒの高弟ホフマンは、実験と独立研究を化学教育の柱としたギーセン式教育制度をイギリスに移植することに努めた[9]。「ホフマン化学校」の異名をもつ同校で、彼はギーセン以来のコールタールの成分分析に関する研究を続けた。パーキンの発見もこの路線の研究から生まれたものである。一八五六年彼は、コールタールから医薬品キニーネの合成実験中に、紫色のアニリン色素を偶然に発見した。時に一八歳であった。それは当時ヨーロッパがインドから輸入していた高価な天然染料「インド藍」にも匹敵する価値をもった色素であることが判明した。ホフマンの反対にもかかわらず、彼はただちに

図9―1　ロンドンの王立化学カレッジの最初の建物（1846年当時）。

図 9―2、3　パーキンが 1856 年につくった初の合成染料のサンプル（左）。後に「モーヴ」と命名されたその染料で合成の数年後に染められたショール（右）。

図 9―4　ロンドン北方グリーンフォード・グリーンに建てられたパーキンの染料工場（1858 年当時）。

学校を辞め、父と兄の協力を得て、後に「モーヴ」(mauve)と命名されるその合成染料の製造工場を設立し商業化を始めた(図9—2、3、4)。パーキンの発見を契機として、一八六〇年代までにさまざまな研究者によりアニリン赤やアニリン青などのアニリン系染料が次々と発見・開発され、合成が天然を駆逐する時代の到来を告げる。合成染料の探究活動は、ケクレらがその頃提起したばかりの有機化学構造論(染料のような有機化合物の分子内の原子の幾何学的配置を説明する理論)に基づく科学的研究と歩みをともにしていた。

ヴィクトリア朝前期のイギリス科学

合成染料の原料は一様に石炭であり、当時のイギリスにはほぼ無尽蔵にあった。しかし、資源的好条件にもかかわらず、発明国のイギリスは、一九世紀末までにドイツに染料工業の主導権を奪われていた。一八九〇年代における世界の合成染料の九割近くはドイツで生産されていた。[10] その原因の一つが背後にある両国の高等教育体制の違いにあったことは明らかである。新染料の開発や品質改良には化学の基礎知識が必要であった。ドイツは、大学およびテーハーの卒業生を多数、社会に送り出し、染料工業界でのこうした応用化学の仕事を担いうる人材を豊富に抱えていた。一八九九年に、ドイツには約四千人の化学者が産業界で活躍しており、その四分の一は染料をはじめとする有機化学関連の業界に進出していたといわれる。[11] イギリス(とくにイングランド)では、ドイツのような大学レベルの科学・技術教育は十分に確立しておらず、産業界を支える科学者・技術者は数のうえではるかに劣勢であった。政府は少なくとも一九世紀半ばあたりまでは、特定の学会・研究機関・大学・教育機関にはほとんど投資していなかった。したがって、それらの新設や運営は、個人もしくは集団の自発的な活動に委ねられていた。ドイツやフランスの教育研究機関がほとんど国営であったのとは対照的である。

一九世紀前半のイギリスには、いわば「草の根」的に発生した技術教育があった。一八二〇年代からロンドンをはじめ全国各地に技能者講習所（Mechanics' Institute）と呼ばれる会員制の学校が設けられ、メカニックス（機械工に限らず手作業で生産労働に携わる者、すなわち職人・熟練労働者全般を指す）のために技術教育が行われた。そこでは数学や初歩的な科学も教授された。技能者講習所は、主として産業革命期に登場した産業資本家層がスポンサーとなって創設された職人学校であった。彼らは、自らを貴族や地主層の上流階級と下層階級との間に立つ中産階級として位置づけ、上下の媒介役を買って出ることにより新しい産業社会における自己の存在意義を主張したともいえる。こうした中産階級のイデオロギーを背景に、職人や下層労働者のための実用知識教育を旗印に設立された技能者講習所は、一八五〇年には全国で総数約七〇〇にのぼり、会員数一〇万七千人を擁したといわれる。[12] それはフランスやドイツの教育機関のようにエリート的な技術者を養成することはなかったが、全国の労働者層への科学・技術の普及という点で、他国に類のない制度となった。この中にはマンチェスターの講習所のように、後にカレッジに昇格したものもある（オウエンズ・カレッジ、一八五一年開校、後のマンチェスター大学）。スコットランドのグラスゴー大学には、一八四〇年に学芸学部の中に土木工学・応用機械学の課程（教授職は一つ）を設けたが、これは総合大学の中に工学（engineering）と名のつく課程ができた最も早期のものといえる。エコール・ポリテクニクの影響もあったが、その成立はメカニックス教育運動の一延長と見ることもできる。そしてその背後には一八三七年に始まる鉄道建設ブームがあった[13]。

王政復古（一六六〇）後の「教式統一令」（一六六二）により、オックスブリッジ（オックスフォード大学とケンブリッジ大学の総称、一九世紀前半までイングランドでただ二つの総合大学であった）は国教徒以外には門を閉ざしていたため、バプティスト、プレスビテリアン（長老派）、インディペンデント（独立教会派）、クウェーカーなどのピューリタン非国教徒たちは各地に非国教徒アカデミー（Dissenting Academy）という学校をつくったが、そこでは中産階級にも門戸を開いて科学の教育を行った[14]。非国教派ユニテリアンの牧師であったプリーストリーや、クウェーカー教徒のドールトンもこうした学校で教鞭をとったことはよく知られている（ただし前者は科学ではなく言語や歴史や文学を教えていた）。また、産業資本家中産階級のイデオロギーを代弁していた下院議員ブルームが功利主義（utilitarianism）の主唱者ベンサムらと協力してロンドンに一八二八年開校したユニヴァーシティー・カレッジ

図9—5　ヴィクトリア女王の戴冠式。1837年、伯父ウィリアム4世の死によってイギリスの王位に就いたヴィクトリアは18歳であった。その治世の64年間は政治的にも経済的にもイギリス帝国の最も輝かしい時代であった。

(ロンドン大学の前身の一つ)も、オックスブリッジに対抗する一種の非国教徒学校であった。一九世紀前半のこうした草の根的な教育運動を支えた中産階級が唱道したのは、ベイコン流の、科学や技術に関する「有用な知識」の普及であった。

在位六四年間にわたるヴィクトリア女王の時代の前半までのイギリスの科学制度には、フランスやドイツのそれとは対照的に、公権力の介入を排する、自由主義的・個人主義的・アマチュア主義的・反職業主義的な体質がはっきり表れている(図9—5)。それはレッセフェール型の英国社会の反映ともとることができるかもしれない。また科学史家モレルの指摘するように、革命後のフランスの混乱に幻滅したイギリス人に芽生えた、政府権力の強大化に対する強い警戒心が、科学活動においても政府の援助・干渉を排除しようとする気風を生んだということもあろう。[15] 上述の科学・技術教育の草の根運動もヴィクトリア時代前期の科学の特徴の一面を示している。その場合、この下からわきあがった運動と制度は、産業革命による社会構造の変化の産物ということになる。一八五一年になっても、イギリスでは科学が職業になっていない、とまだ嘆いていたバベッジのように、[16] フランスやドイツに比して上からの科学の制度化・職業化が遅々として進まない同国の現状を批判し政府の無策ぶりを非難した者もあったが、彼らの意見は少なくとも一九世紀の前半には主流とはなりえなかった。単に政府の無為無策というよりも、その状態を世論が強く支えていた部分があったというべきであろう。

中世からの長い伝統をもつオックスブリッジは、良きクリスチャン・ジェントルマンを養成することを旨とした古典教育を貫き、一九世紀前半は科学の専門教育は全く行っていなかった。ここでいうジェントルマン（gentleman）とは、貴族やジェントリーなどのイギリスの支配階級を構成する社会的身分を表す言葉である（転じて、教養ある人格の立派な人＝紳士という意味で使われるようになった）。オックスブリッジの一般教育の中で教授されていた数学は、ジェントルマンの理性鍛錬のための教養教科であり、科学や技術への応用とは切り離して考えられていた。こうした教育方針に対して生まれつつあった外部からの批判には、大学のリーダーたちはむしろ強く抵抗した。ケンブリッジでは一九世紀初めに、解析学会（Analytical Society. 一八一二年設立）の創設者バベッジらが、大陸で発展した新しい数学である解析学を導入することによって同校の数学教育の改革を試みたが、それ自体はやがて挫折している。同大学のルーカス教授職という名誉あるポスト（かつてニュートンがその職に就いていた）にあった数学者で衰退論者のバベッジの狙いは、ケンブリッジでの数学を従来の教養教科ではなく専門教科として確立することであった。当初この改革に加担しながら、一八三〇年代以降は解析学の追放者に変貌したヒューエルの二面的態度に、時代の流れと伝統のはざまに生きるケンブリッジ人の葛藤を見ることができる。新しい専門学会である解析学会の有力メンバーでもあった彼は、同時にケンブリッジの伝統的な教養主義の称賛者でもあった。蔓延する実用的科学観によって伝統的なジェントルマン教育の理念を脅かされることを危惧し、また大学における数学教育が教養の枠を超えて専門家育成のために使われることに反対したのである。ケンブリッジに「数学トライポス」（Mathematical Tripos）という新しい試験制度などを導入したヒューエルは、しばしば同校の「改革者」[17]として評価されているが、その改革は伝統的教育理念をより強化する形で行われたのである。

ケンブリッジではこうした改革の流れの中で、一八四八年に「自然科学トライポス」（Natural Science Tripos）の試験制度も設けられた（最初の受験者は一八五一年）。試験科目には化学・鉱物学・地質学・比較解剖学・生理学・植物学があり、このうち一つまたは複数を受験することができた。それに対応する科学の教育カリキュラムも学内につくられ、学生はコース履修後にトライポスを受験できた。一八八〇年代からは合格者には科学の名誉学位（Honors Degree）を授与されるシステムになった。ケンブリッジ大学に科学の学位を与える制度を導入し、学内で科学の教官ポストを増やすことになったことは一大転機であったが、ここでもヒューエル流の教養主義がその基本理念になったことは興味深い。トライポスで最も人気の高かった化学にしても、専門研究者養成のための化学ではなく、ジェントルマンの教養のための化学の知識が教授・試験された。学生は化学のオリジナルな問題を解く能力や、実験操作を行う能力は要求されなかったのである。一九世紀後半まで、トライポスを通じて輩出した化学の専門研究者は少数にすぎず、その制度が実際に生み出したのは「化学の教養人」ともいえる独特のジャンルの人々であった。[18]「教養としての科学」と「人格形成のための科学」を前面に押し出したこの「ジェントルマン科学」の理念は、ドイツのフンボルト的人文主義教育のそれとも一脈通じるところがある。それはまた、実用主義を強調した中産階級による草の根科学の運動とは異なる、ヴィクトリア時代のイギリス科学のもう一つの流れを表している。

オックスフォード大学の詩人で学校視察官を務めた（一八五一―八六）アーノルド（Matthew Arnold, 一八二二―一八八）が「フランスの大学には自由がない。イギリスの大学には科学がない。ドイツの大学は両方をもっている」と述べたのは一八六〇年代のことである。[19]

一八七〇年にオックスフォードにクラレンドン研究所（Clarendon Laboratory）、一八七四年にケンブリッジにキャヴェンディッシュ研究所（Cavendish Laboratory）がいずれも篤志家の寄付金によって開設され、実験物理学の研究体制が学内に築かれるようになったが（第11章参照）、オックスブリッジで科学全般の専門教育が本格的に花開くのは世紀末から二〇世紀初頭のことであったといったほうがよい。

政府の庇護をもたない一九世紀のイギリスの科学教育の栄枯盛衰は、それを財政的に支える民間篤志家の意向に大きく依存していた。ギーセンの香りを吸収し異彩を放っていた王立化学カレッジにしても、その実利的見返りがないことに不満をもったスポンサーの産業資本家たちが財政援助を打ち切ったため、創立七年目（一八五二）にしてやむなく他組織に併合され、一八六三年にはその名を消した。「お雇い外人教師」としてイギリスで二〇年間にわたりドイツ式化学教育にあたったホフマンも半ば失意のうちに一八六五年に本国に帰還した。[20]かつてリービッヒが英国を訪問（一八四二）した後、イギリスは科学の国ではない、この国では実用とつながる仕事しか注目されない、と評した。[21]彼にしても、その直弟子のホフマンにしても、化学の実用性には深い関心を抱いていたが、そのためにも長期的展望に立った純粋科学の研究が必要であることを信じるドイツ大学人であった。科学の有用性を信じ、それから即座の見返りを期待することは、ヴィクトリア時代の企業家たちの間によく見られた風潮である。

ホフマンの反対を押し切って一〇代の若さで一気に事業家に身を転じたパーキン自身の生き方も、見方によっては個人主義的・反職業主義的なイギリス科学者の一面を例示しているかもしれない。彼は染料会社でいくばくかの富を築くと、工場を売却して三六歳の若さで事業から引退し、その貯えで自宅の実験室でひとり好きな学問的研究に没頭して余世を送っている。一方において、ベイコン的伝統をもち、かつ優秀なアマチュア科学者を抱えながら、他方において、産業革命の発祥地であり「世界の工場」といわれ富と栄華を誇っていた一九世紀のイギリスに、ドイツのような産業内で行う科学研究、すなわち産業研究(industrial research)が発展しなかったのはパラドックスと見えるかもしれない。ヘンリーの苦言(前節参照)から一〇〇年近くたったあとでも、彼の言葉をもじって商務省長官マンデラが、いまだに「われわれの周囲には立派な化学者である染色工が一人たりともいるとは思えない」と述べたのは、誇張はあるにせよ的を射ている(22)。合成染料工業の興亡にみるイギリスとドイツの科学制度の効果の対比は鮮やかである。しかし、それはあくまでも制度が産業にどう寄与したかを基準にとった場合の比較である。しかもその基準は、国家間で経済競争が激化してくる一九世紀後半から最重視されるようになっていたのである。こうした流れの中で、ヴィクトリア時代の後期には英国政府は本腰を入れて科学の制度化に足を踏み入れざるをえない状況になる。衰退論者たちの警鐘は、やがて権威をもって受け入れられる時がくる(第11、12章参照)。

第10章　アメリカ産業社会における科学

アメリカの大学と産業

ポスト産業革命期のヨーロッパに萌芽した産業研究は、科学と技術の関係に新しい時代を拓くものであった。科学は産業を媒介にして技術とますます深く結びつき、科学的技術の確立に拍車をかけることになる。一八六〇年代から第一次世界大戦までの間に世界を席巻したドイツ染料工業は、現代のあらゆる巨大工業の原型となった。その躍進の背景には、独自の高等教育制度の拡充とともに、企業家による莫大な資本投下と、産業研究の組織化に成功したことがあったことも見逃すことはできない。一八六〇年代に創業したバーディッシュ、ヘヒスト、バイエルなどの染料会社は、大学やテーハーの研究室とのコンタクトを密にしていた。今日では日常化している企業内研究室・研究所の起源もこのドイツ染料工業(一八八〇年代)にあったとみられる[1]。実際には初期のこうした機関は、研究というよりむしろ品質試験や検査が主であり、生産現場の日常業務から独立していなかったものが多い。しかしやがて、現場から切り離され、企業の既存の製品や工程の改善・フォローを専門とする応用研究(applied research)が生まれた。そしてさらに一歩進んで、大学と同じような純粋科学を専門に行う基礎研究(basic research もしくは fundamental research)が登場する。この基礎研究が産業界で大規模に組織化され顕著な実績をもたらしたのは、二〇世紀初頭のアメリカであった。

アメリカは、およそ一九三〇年代を契機に世界の科学研究の檜舞台に躍り出たといわれる。ノーベル賞科学部門の受賞者数がその国の科学活動のレベルの一つの指標となるとすれば、たしかに米国はこの時期を画して四位から一位に浮上し西欧諸国から驚嘆の眼で見られた。それまでの世界の科学の中心地ドイツへのアメリカ人研究者の留学も、この頃までには、一世代前とは対照的に激減していた。前世紀には、科学活動において、ヨーロッパからはるか後進の農業国とされていたこの国が、いかにして世界の科学のリーダーと見られるようにまでなりえたのだろうか。

その一つの古典的な説明として、いわゆる「無関心テーゼ」(the indifferent thesis)がある。これは、アメリカの医学史家シュライオックが一九四八年に発展させた見解である。[2] 彼によれば、一九世紀のアメリカ人は基礎科学研究にほとんど「無関心」であった。その結果、科学の独創性においてヨーロッパに大幅な「遅れ」をとった。二〇世紀になると、実業界の指導者たちが基礎研究の実用性を認識し、積極的に支援したため、飛躍的な科学の発展がみられた、というものである。シュライオックのテーゼは、その後ラインゴールドらによりさまざまな角度から批判されている。[3] たしかに、シュライオックは一九世紀のアメリカとヨーロッパを当時の科学の制度的構造や文化的状況の違いを考慮せずに不適切に比較しているし、単なる人々の「無関心さ」が基礎科学の「立ち遅れ」の直接原因とするのはあまりにも漠然としている。最近の研究は、二〇世紀初頭のアメリカ科学興隆の因を、むしろ南北戦争前後からの高等教育や研究体制の拡大・充実など、制度的基盤の確立に求める傾向にある。また社会学者ベン＝デイヴィッドが指摘するように、その研究体制が一九世紀後半のドイツのように地方分権化され、学問の競合状態を生み出す環境が形成されていた点も一考に値する。(4) しかし一方においてシュライオックが、二〇世紀アメリカ科学と産業のかかわりを曲がりなりにも強調した点は評価すべきであろう。

世紀転換期におけるアメリカの産業科学の台頭には、一九世紀末の高等教育の拡充と産業の再編という二つの要素が絡み合っている。一九世紀前半までのアメリカでは科学教育は十分確立していなかった。ハーヴァード（一六三六年創立）、イェール（一七〇一年創立）、ペンシルヴェニア（一七四〇年創立）、プリンストン（一七四六年創立）、キングズ（後のコロンビア、一七五四年創立）、ダートマス（一七六九年創立）など植民地時代に誕生した私立のカレッジでは、英国流の教養教育＝ジェントルマン教育が中心に行われていた。一八四七年にハーヴァードにローレンス科学校（Lawrence Scientific School）（図10−1）、イェールにシェフィールド科学校（Sheffield Scientific School）が開設されたが、それらは文字通りの「科学校」というより、土木・鉱山・機械技術・農芸化学などの現場技師を養成するための技術学校であった。イェールではアメリカで初めてドクター・コースを設け、一八六一年には最初の博士（Ph. D.）を出している。これらの科学校が、学内の大きな反対を受けずに成立できたのは、従来の大学の古典的なカリキュラムに抵触することなく、それとは別個のプログラムとして発足したことにもよる。

図 10―1　ハーヴァードのローレンス科学校（1851 年当時）。

アメリカでは南北戦争（一八六一―六五）を契機に工業国への脱皮をはかるべく高等教育の拡充が進んだ。それは、一八三〇年代あたりからこの国にも飛び火した産業革命の流れにも呼応していた。南北戦争期の一八六二年に制定されたモリル法（Morrill Act）により、農業や産業にかかわる階層のために農学や機械技術を教える大学をつくろうとする州に政府所有地を無償で与える制度ができた。この制度は、その後のアメリカの大学教育におけるプラグマティズム（実用主義）の理念をあおった。これを機に全国各地に誕生する土地付与カレッジ（land-grant college）が、イリノイ大学、ウィスコンシン大学、カリフォルニア大学をはじめとする今日のアメリカの公立の総合大学である州立大学（state university）の起源となった。南北戦争の終結する一八六五年には、フランスのエコール・ポリテクニクやドイツのテーハーをモデルとした私学のマサチューセッツ工科大学（Massachusetts Institute of Technology, 略称MIT）がボストン近郊に創設された。一八六八年にニューヨーク州の土地付与カレッジから発足したコーネル大学（私立）は、個々の学生に将来の職業に必要と思われる科目を自由に選択させる制度（elective system）を設け、実用教育に拍車をかけた。[5]

一八七六年にはドイツの研究型大学の理念を受け継ぎ、大学院教育を主体としたジョンズ・ホプキンス大学が誕生した。同校はボルティモア・オハイオ鉄道設立者のホプキンスの遺志と献金によってボルティモアに病院とともに創設された私立大学である。ドイツの大学と同様、「学ぶ自由」と「教える自由」を基本理念として、哲学部を組織し、ゼミナールやギーセン式の実験トレーニングと研究を行った。学部もあったが、独立した組織として大学院（Graduate School）を設置し、そこでの教育に重点を置いて、質の高い研究者を養成することに成功した。プラグマティックな教育観が台頭していたアメリカにあって、その教育は独特の位置を占める。ドイツ型大学制度の移植は、それ以前にいくつかの大学でも試みられていたが、当事者間の意見の衝突などの理由からことごとく失敗に帰していた。ジョンズ・ホプキンス大学の成功の一因は、ドイツ大学制度の移植に際して、アメリカに合った教育理念をその基礎に据えたことである。ハーヴァードやイェールに見られるように、南北戦争以前のアメリカの伝統的な大学はオックスブリッジ的教養主義の影響を強く受けており、ピューリタン的な厳格な規律訓練の場と見なされていた。そこでの大学教育の使命は、学生を精神・宗教・道徳・習慣における優れたクリスチャン・ジェントルマンに訓育することであった。かつてイェール大学科学校の地理学教授であり、ジョンズ・ホプキンス大学の初代学長となったギルマンは、同大学をそれまで国内にない新しいドイツ型大学に仕立て上げることに尽力したが、同時にこうした人間形成のための教養教育という理念を堅持していた。一八七〇年代から八〇年代にかけて同大学が生んだドクターの数はハーヴァードとイェールを合わせた数をしのいでいる。九〇年代までには、多くの卒業生が全国の主な大学で教鞭をとりホプキンス精神を伝達した。リービッヒ（当時ギーセンからミュンヘンに転任していた）に学んだ後、ゲッティンゲン大学で博士号を取得し、一八七六年に同校の化学教授となったレムゼンはギルマンの思想に深く共鳴した教育者であり、それを同校の教育現場で実践した。彼は、当時の一般アメリカ人の科学に対する実利志向性を嘆き、精神的啓蒙のための化学教育、そして実用技術よりも純粋科学としての化学の教育と研究を貫いた（図10―2）。後に第二代学長、アメリカ化学会会長、『アメリカ化学雑誌』の創刊者としても活躍した彼の教育スタイルと学風が次代に与えた影響は極めて大きい。彼の死の前々年の一九二五年までに、彼が築いた化学科から輩出した八四名のドクターが全米各地の大学の教授となり、うち半数近くが学科長となっている。ドイツ流ヴィッセンシャフトとオックスブリッジ的なピューリタン的教養主義とを融合して確立

図10―2　ジョンズ・ホプキンス大学のレムゼンの化学実験室。

された同大学の基礎科学教育と大学院教育は新しい流れであり、一八八〇年代のアメリカの大学における科学教育の一つの規範となった。しかし、その後アメリカの大学が産業界の影響下に入るようになった時、基礎研究重視の教育制度こそ残ったものの、レムゼン流の反プラグマティズム精神自体は次第に色褪せてくるのである。[6]

一八八〇―九〇年代はアメリカ人のドイツ留学はピークに達していた。ドイツから帰国したアメリカ人科学者たちは、このように拡充されつつあったアメリカの教育機関にポストを得て、ドイツの最前線の学問をそこでの研究と教育に導入した。アメリカの大学で学んだ後にドイツの有名教授の下で博士号を取得するケースが普通で、帰国後はアメリカの大学に実験室を設け、有機化学、物理化学、電磁気学、天体物理学、実験生理学などその領域の研究学派を築いて大学院生を育てた。このように一九世紀末までにはアメリカでは、実用技術ばかりでなく、科学における高等教育体制の拡充が進み、その制度の中で新しい学問が花開いていた。すでに一八四八年にはヨーロッパ諸国にならってアメリカ科学振興協会（AAAS）がつくられ、また一九世紀末までには諸領域の専門学会も設立されていた。世紀末における職業科学者は、数こそヨーロッパに比して多くはなかったが、その大多数は高等教育機関に教育者として雇用されていた。

一方においてアメリカでは世紀転換期に、アメリカ電話電信会社（略称AT&T）、ジェネラル・エレクトリック社（略称GE）、イーストマン・コダック社など一連の巨大企業が相次いで誕生する。その背後には一八九〇年代の不況があった。一九〇〇年までには、国内にあった一、二〇〇社もの企業が統合・合併して大企業を形成している。新編成されたこれらの巨大企業は、激烈化しつつある特許競争に打ち勝ち技術的優位を維持するためにも、社内に研究体制を確立する機運が高まっていた。この時期までにアメリカ国内の諸大学では、こうした研究ポストに見合うドクターを供給できる態勢にあり、またドイツ留学組も続々と帰国していた。大企業は、自前の実験・研究設備を整え、相次いでこれら学卒者を採用するようになった。かくしてアメリカ産業研究者の数は急増し、企業内研究所の

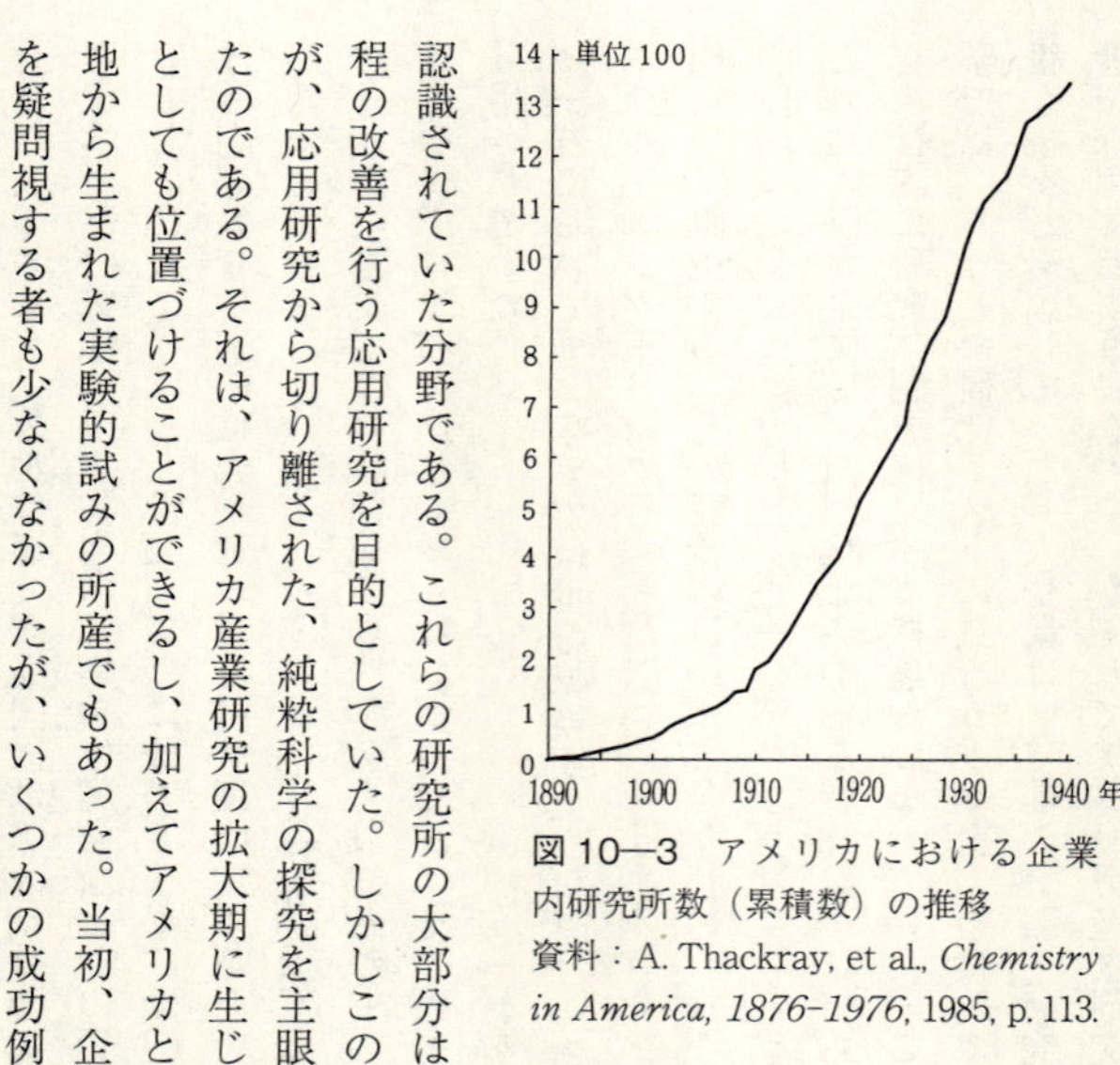

図10—3　アメリカにおける企業内研究所数（累積数）の推移
資料：A. Thackray, et al., *Chemistry in America, 1876–1976*, 1985, p. 113.

数も一八九〇年の四から、一九〇〇年には約五〇、以後一〇年おきに約一八〇、五〇〇、一、〇〇〇と増加の一途をたどる（図10—3参照）[7]。初期のアメリカの企業内研究所はドイツの場合と同様、化学と電気の業界に集中している。いずれも、国際競争の激しい業界であり、かつ科学の研究成果と技術開発との連関が比較的早期から認識されていた分野である。これらの研究所の大部分は、その企業の既存の製品や製造工程の改善を行う応用研究を目的としていた。しかしこの中にあった、ごく一部の巨大企業が、応用研究から切り離された、純粋科学の探究を主眼とした基礎研究の試行に踏み切ったのである。それは、アメリカ産業研究の拡大期に生じた企業研究所の量から質への移行としても位置づけることができるし、加えてアメリカというフロンティア精神の文化的素地から生まれた実験的試みの所産でもあった。当初、企業内で基礎科学の研究を行うことを疑問視する者も少なくなかったが、いくつかの成功例がその有効性を認めさせることになる。

産業の科学化——GEとデュポンの基礎研究——

基礎研究をアメリカで最初に、そしておそらくは世界で最初に、組織的に実施した企業はアメリカの大手電機メーカーのジェネラル・エレクトリック社である。[8] 発明家のエディソンが興したエディソン・ジェネラル・エレクトリック社が他企業に吸収合併されて一八九二年に創設された同社は、一九〇〇年にニューヨーク州スケネクタディーに研究所を設立した。それは新電球の開発という当面の実用的目的をもちながらも、新しい科学の原理を発見するという目標を合わせもった科学研究所であった。それを成功させるために、大学から優秀な科学者を研究員として招聘する必要があったが、アカデミズム科学者の引き抜きは決してスムーズに進まなかった。高給、充実した設備、かなりの自由度を保証した研究内容——こうした好条件を提示しても、企業というイメージゆえに当初はほとんど効果がなかった。当時の科学者がイメージする研究の場、彼らが欲する純粋科学者としての社会的地位は、まだ依然として大学にあったのである。結局GE社は、所長としてホイットニー（マサチューセッツ工科大学準教授）、所員としてクーリッジ（同研究員）、ラングミュア（スティーヴンス工科大学講師）ら、二〇—三〇代の若手研究者を招くことに成功したが、その招聘にしても紆余曲折があった。

初期の中心的研究員のほとんどはアメリカで高等教育を受けた後、ドイツの大学での留学体験をもつ物理化学者であった。GE研が扱った電球の研究は熱・電子・イオン・吸着・拡散といった物理現象にもかかわるし、また化学反応のような化学現象にもかかわる。この両者の現象を扱う境界領域の物理化学は、当時ヨーロッパで生まれたばかりの学問分野であった。とりわけ、GEの研究員は、当時のアメリカの他の物理化学者たちと同様、ドイツにおけるこの新興学問の創始者の一人オストヴァルトの学派に属していたことが知られている。[9] GE所員は産業界に物理化学という学問を注入した最初の科学者となったが、同時にイオン主義（ionism）という、今日では受け入れられていないオストヴァルトの科学思想を導入した。原子の存在を否定していたオストヴァルトは、スウェーデンのアレニウスの電離理論（たとえば、塩を水に溶かすと、その結晶が壊れて正・負の電気を帯びた微粒子――イオン――に分解するという説）を拡大解釈し、すべての物理化学的現象を、原子論的観点からではなく、イオンの挙動から説明できると考えた。GEのイオン主義者も、この教義に基づいて電球の問題にアプローチした。研究所で最初に行われた水銀灯の理論的研究では、水銀蒸気を封入した管球内の陰極から陽極に流れる放電アークは負のイオン粒子の流れであると解釈された。すでにイギリスの物理学者J・J・トムソンらはそれが電子（その質量はイオンよりはるかに小さい）の流れであることを発表していたが、ホイットニーらはイオン説の正当性を検証するための一連の実験を行った。結局、その実験結果はイオン説に矛盾し、電子説を支持するものであった。こうした放電灯研究の経験を通して、GEの物理学者たちは、次第に彼らの師たるオストヴァルトのイオン主義を放棄していくことになる。これは、産業研究の成果が大学のアカデミズム科学に影響を与えることになった最も初期の一例である。

GEの研究は、比較的短期間にいくつかの技術的収穫をもたらした。クーリッジは一九〇八年にタングステンのフィラメントによる電球を発明し、ラングミュアはクーリッジのタングステン電球の中の小さな世界を科学的に研究することから一九一三年にガス封入電球を発明した（図10—4）。こうした研究成果は、企業内の開発グループにより極めて迅速に工業化に移行された。ラングミュアのガス・ランプの発明は、彼の研究所における膨大な基礎研究の副産物にすぎなかった。彼はその基礎

図 10—4　GE 研におけるホイットニー（右）とラングミュア（左）。ラングミュアが手にしているのは彼の発明の１つプリオトロン管。1920 年頃撮影。

研究の一つ（単分子膜の研究）で、一九三二年にアメリカで第二番目のノーベル化学賞を受賞している。

ＧＥの研究所やドイツの既存の企業研究室をモデルとしながらも、純粋科学の研究をさらに徹底させることによって、大きな実利的成功を収めたのはアメリカ最大の化学会社となるデュポン社であった。[10] 同社は、ラヴォワジエの弟子であり、フランス革命直後にアメリカに亡命した化学技師デュポンが、一八〇二年に米国東部のデラウェア州ウィルミントンの川縁に建設した黒色火薬工場に起源をもつ。第一次世界大戦までには、従来の火薬製造業から総合化学会社への脱皮を図り、応用研究を行う研究所をもっていた。そして一九二七年に、化学部長のスタインの提案により基礎研究プログラムを設立した。同プログラムの当初の目的が、即座の実用化には関知せず、ひたすら「新しい科学的事実を確立・発見すること」であったのは注目に値する。[11] 基礎研究とはいえ新電球の開発という応用研究が絶えず隣り合わせになっていたＧＥ研の場合とは対照的である。スタインはデュポン入社以前にジョンズ・ホプキンス大学の研究員を務めていた。そこのレムゼンをアメリカには稀な「真の科学者」と仰ぐレムゼン崇拝者であったことを考え合わせると、[12] 産業界における彼の基礎科学研究の構想も驚くべきことではない。スタインは、この種の研究がやがては新製品や新工程の開発という結実をもたらし会社に還元するであろうと漠然と信じてはいたが、それ以上に当面重要なことは、基礎研究プログラムをもつことによって会社の対外的なイメージ・アップにつながり、学卒ドクターを引き抜く目玉になること、またこの研究組織を通して大学と対等に科学・技術上の情報交換ができることであると主張した。企業内で大学と同レベル、あるいはそれ以上に資金を注ぎ込んだアカデミック科学を行うというスタインのこの構想は当時の産業人の常識を超えたものであり、重役会で一部の幹部から強く反対された。しかし、時の社長ラモー・デュポンの同意を得てようやく実施されることになった。なお、このプログラムが一九二九年一〇月に始まる世界恐慌に備えるための布石として発足したという俗説があるが、その証拠はない。一九二六年末にデュポン社で基礎研究プログラムが提案され、それが重役会での審議を経て受理され、正式に発足した翌一九二七年初めにかけては、二年半後の大恐慌の到来など予測できるものではなかった。実際、プログラム設立の目的と趣旨を明記した当時の社内文書では、そのような議論は一切なされていない。大恐慌対処説は多分に後知恵の産物である。

デュポン社も、やはり優秀な担当者の人選に苦慮している。名声の確立された教授クラスの引き抜きに何度か失敗した後、ようやくハーヴァード大学の化学講師で三二歳のカロ一ザースを有機化学グループの長として招聘することができたのは一九二八年のことであった。デュポンからの招きに迷い抜いていた彼は、会社側から、共同研究者と十分な実験器材・薬品を与えられ、さらに研究テーマの選定の自由、その成果を逐次、論文に発表できるという、破格の条件を与えられ、ようやく入社の決意に踏み切った。スタインやカローザース（イリノイ大学大学院卒）をはじめ、その後デュポンに採用された主要な研究員の多くが、もはやGE所員のようなドイツ留学組ではなく、第一次大戦前後のアメリカの大学院で養成された「ヤンキー・ドクター」で占められていたことは特徴的である。

カローザースが入社とともに選んだ研究テーマは、高分子の基礎研究であった。高分子とは、ドイツの有機化学者シュタウディンガーにより一九二〇年代初頭に提唱された概念である。シュタウディンガーは、ゴム・セルロース・デンプン・タンパク質・プラスチックなどが数千から数百万もの原子でつながった「巨大分子（高分子）」（Makromolekül）からなる化合物であると主張していた。当時の分子の大きさの常識を超えていたこの高分子説は、科学者たちの猛反対に合い、ドイツの学界では高分子の実在をめぐって一五年間にわたる論争が続いた。

ドイツのこの論争に深い関心を示したカローザースは、高分子説の検証をデュポン社の基礎研究プログラムのテーマとした。しかし、主に既存物質を分析することによって高分子説を立証しようと試みたシュタウディンガーとは対照的に、彼は小さな分子どうしを既知の化学反応によって逐次つなげていくことにより大きな分子を人工的に合成し、最終的に高分子なるものの存在可能性を確かめようと企てた。彼の予想通り、この研究はシュタウディンガー説を支持する結果を導いた（図10―5）[13]。一九三〇年には、彼の合成した多種の人工高分子の一つからたまたま繊維としての特性をもったものがあることが発見された。これを契機に、彼のグループは商品価値の高い合成繊維をつくる研究に向かうことになる。デュポン社はこの研究から一九三五年につくられた繊維用高分子の工業化を決定した。以後の開発研究（紡糸・紡織・染色・工場生産化などの実用研究）はカローザース・グループの手を離れ、延べ二三〇人の化学者・技術者を動員して行われた。一九三八年、副社長に昇進していたスタインはデュポン社を代表して「ナイロン」（nylon）という名でこの史上初の完全合成繊維の誕生を世に発表した。その時スタインが基礎研究の勝利を高らかに宣言することを忘れなかったことはいうまでもない[14]。企業内の純粋科学研究体制の確立という彼の賭けは、結果的にナイロンというリスクを背負った彼の賭けは、結果的にナイロンという、デュポンの会社の事業規模を倍にしたといわれるほどの大きな実益をもたらした発明につながったのである（図10—

図10—5　デュポン社実験場で重合実験をするカローザース。1930年頃撮影。企業内で純粋科学研究にいそしむ彼のグループの建物を、他のデュポン社員たちは羨望をこめて「純潔の館」と呼んだ。

図10—6　ナイロン・ストッキングを買うためにニューヨークの店頭に行列する女性たち。絹に代わるナイロン製ストッキングは大ヒットし、こうした光景は各所で見られた。第二次大戦中はパラシュートやタイヤコードなどの重要な軍需物資になった。日本の絹業界はナイロンの出現により大きな打撃を受けた。

[6]。

科学の産業化

ドイツのシュタウディンガーは、カローザースの産業研究の成功に驚嘆したに違いない。彼がドイツの科学界で論争に巻き込まれている間、アメリカのカローザースは高分子の実在性を立証するばかりか、シュタウディンガーの学説をいち早く工業に応用し、「プラスチック時代」といわれる高分子化学工業興隆の基礎を築いたからである。シュタウディンガーが一九五三年に高分子化学の創始者としてノーベル化学賞を受賞したのも、この分野のこうした応用面での画期的な成果が認識されたからでもあった。シュタウディンガー自身は自らが開拓した高分子化学の工業的応用には比較的無関心であり、ドイツ大学の「科学のための科学」＝ヴィッセンシャフトの探究に捧げた伝統的プロフェッサーであった。高分子の実用的側面に早くから関心を示し、彼のフライブルク大学の研究室に接触したイーゲー・ファルベン工業との共同研究においても、彼の態度は終始曖昧であった。この意味で、シュタウディンガーの研究スタイルは一九世紀的ドイツ大学人のそれを思わせるものがある。

企業研究者という新しいタイプの科学者カローザースの胸中にも、その研究生活において複雑なディレンマがあったことを述べておかなければならない。一九三〇年に彼の基礎研究の途上で偶然生起した発見の実用的価値（人工繊維の可能性）を認識すると、会社側は彼のグループの研究を、基礎研究から、一気にその実用化研究（商業繊維の探究）に切り替えさせた。そこでは、即座の実用化には関知せず、ひたすら科学的事実の探究を行うという、基礎研究プログラム本来の理念は色褪せていた。カローザースはこうした会社側の軌道修正に異議を唱え、社内報告書で研究体制のあり方を批判し、大学に戻ることも考えていた。しかし結局幹部（ただしスタインは含まれない）の説得とプレッシャーを受けて、彼はデュポンでその後五年にわたって応用研究に打ち込んだのである。彼の基礎研究なしにはナイロンは生まれなかったであろう。同時に、もし彼が一九三〇年の時点で基礎研究のみをかたくなに守り通し、実用研究を拒否したとしてもナイロンは生まれなかったかもしれない。この意味でナイロンは、純粋科学者と企業的枠組みの緊張関係の産物であったといえる。近い将来のノーベル賞候補者とささやかれたカロザースは、ナイロンの工業生産を見ることもなく、またその繊維の名前すら知らずに、一九三七年に鬱病が高じフィラデルフィアのホテルで服毒自殺していた。彼を死に追い込んだ原因は複雑であり、必ずしも直接デュポン社と結びつけることはできない。しかし死の数年前、彼が「科学者として失敗した」という妄想にとり憑かれていたことは事実である。[15]

産業研究は純粋科学を必要とするが、それのみに徹することはできない――デュポンにおけるナイロン誕生のストーリーはこの単純なパラドックスを見事に例証していた。カロザースの死後、またナイロンの成功以来、デュポンの研究体制は、その時々で基礎から応用へ、応用から基礎へと臨機応変に行きつ戻りつするのが常となった。自身は入社時の契約通りに、企業内の純粋科学者に徹することを望んだカロザースも、実用研究そのものを否定していたわけではない。彼自身実際には、高分子の基礎検討から合成繊維の着想へ、そこから繊維の理論的研究へと、理論と実践の間を往復していた。彼がわずか九年の歳月に発表した高分子に関する五二報の学術論文も、この可逆的アプローチ（reciprocal approach）から多くの益をこうむっていた。

産業内で基礎科学に携わる研究者は、生産ラインに組み入れられた単なるエンジニアでもなかったし、また逆に純粋のアカデミズム科学者としても生きられなかった。それは、それぞれ何らかの理由で大学を去った者たちが、なおかつ職業科学者としてのアイデンティティーを維持することのできる新しい地位であった。そして彼らの行った科学は、アカデミズム科学の後追いやコピーに終始することなく、産業的枠組みの中で応用と接しながら規定を受け、それ自身のスタイルと自律性をもって進んでいった。翻ってそれは、アカデミズム科学にも影響を与えた。GEでは物理化学という新分野を産業研究にいち早く注入し、イオン学説の衰退を促したり、その領域でもろもろの発見をものにした。デュポンでは、学問分野としてまだ確立すらしていなかった高分子化学を、アメリカの大学に先駆けて根本原理から探究し、学界の高分子論争に終止符を打たせた。その後AT&T社を母体として一九二五年に設立されたベル・テレフォン研究所では、多数の純粋科学者を雇用し、物理学・応用数学・電子工学などの分野で多くの成果を上げた。トランジスターを発明した物理学者ショックリーをはじめ、今日までに一三人の所員がノーベル賞を受賞している[16]（図10—7）。

産業界と大学との結びつきは、二〇世紀中葉に向けて加速的に緊密になっていく。大学教授が企業のコンサルタントを兼務することは日常茶飯となり、企業は競って有力大学の科学研究のスポンサーとなった。一九二〇年代のマサチューセッツ工科大学の化学科における教育・研究をめぐる騒動にも見られるように、大学の使命が産業に直接役立つ応用科学・技術の教育・研究にあると見て企業スポンサーとの共同研究を積極的に支持するグループと、大学を純粋科学の最後の砦とすることを主張するグループとの確執も生じた（図

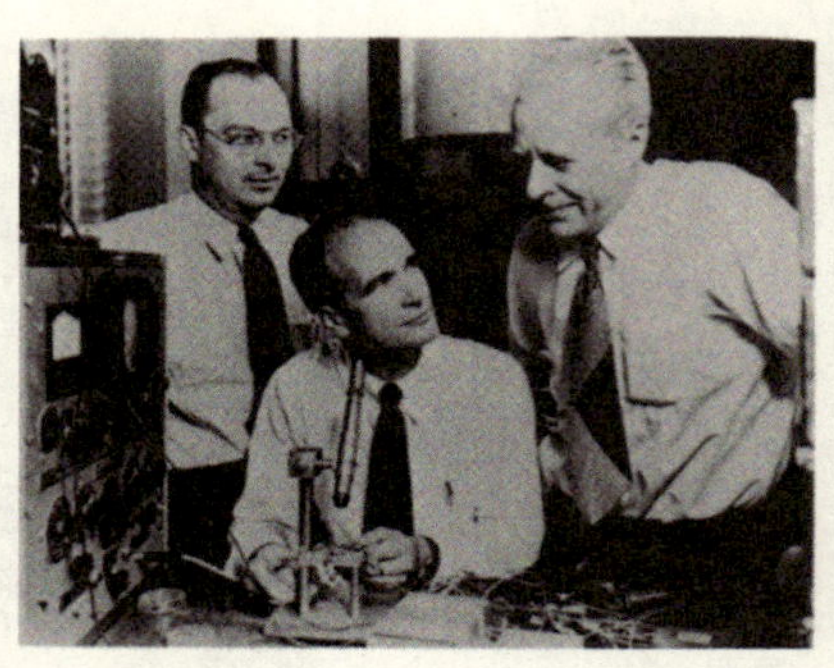

図10―7　トランジスターを発明したベル研の物理学者たち。左からバーディーン、ショックリー、ブラッティン。3人はその業績で1956年にノーベル物理学賞を受賞。バーディーンは1972年超伝導の研究で再度ノーベル賞を受賞し、物理学賞を2度受けた史上初の物理学者となった。

10―8）[17]。しかし総じて、アカデミズム科学者は産業界からの強い要請を無視することはできなくなっていた。とはいえアメリカの場合、ドイツと同様、それにより大学の研究者が基礎科学を放棄して表面的な実用研究だけに走ったということではなく、産業技術を志向した科学研究の傾向が強まったということである。一九世紀のイギリス式教養主義とドイツ的純粋科学の理念を堅持してアメリカに研究型大学を確立することに寄与したジョンズ・ホプキンス大学のレムゼンも晩年は、ロックフェラー、カーネギー、メロンなどの巨大企業をバックとした慈善財団がスポンサーとなった研究が学内で優勢になってきたことを憂えたが、結局その新しい流れを茫然と見守るしか術を知らなかった。レムゼンのそれは、二〇世紀には通用しない古典的価値観としか評価されなくなったのである。アメリカの大学に基礎科学研究重視の伝統を植えつけたのも、またデュポン社の例に見られるように、企業内に基礎研究を植えつけたのも、もとはといえばレムゼン流の反プラグマティズムの精神であったことは皮肉である。

一九二〇年頃から科学者は急速に「産業の奴婢」になった、というアメリカの経営史家ノーブルの指摘は誇張はあるものの、ポイントを突いている。[18] 時期のずれこそあれ、こうした傾向はどの科学技術の先進国にも共通したものとなった。産業科学の興隆とともに、良きにつけ悪しきにつけ、科学そのものが質的にもスタイルにおいても産業化・商業化されてきたという。科学が産業の性格を変えたように、産業もまた科学の性格を変えたのである。科学研究はもはや人間の知識の拡大にどれだけ貢献したか、「真理の探究」にどれだけ寄与したかという古典的な価値基準よりも、産業にどれだけ奉仕したか、企業にどれだけ利潤をもたらしたか、どれだけ「儲け」

図10—8　アメリカ理工系大学の雄マサチューセッツ工科大学のキャンパス（1916年当時）。1905年、実践的技術教育を重視する化学科教授ウォーカーらの努力で化学と機械工学を組み合わせた化学工学のプログラムがここで初めて生まれたが、その背後には基礎科学教育の優先を主張するノイズ派との対立があった。

につながるか、という価値基準から評価される傾向すら生まれるようになった。

基礎科学と産業技術の組織的・系統的な結合、研究開発（Research and Development, R&D）は、初期の産業研究が暗中模索しながら確立していった道であった。そして、科学は技術的発明という目的達成のために、産業内で意図的に管理される時代に入ったのである。こうした初期の先例を踏まえつつ、科学は民間のレベルを越えて、ますます国家的規模で巨大化し、膨大な投資と大量の研究者を注ぎ込んだビッグサイエンス（big science）の時代に突入していく。内容的にも制度的にも、一九世紀前半までには見られなかった科学の相貌がそこにある。そのことはまた、一見、没価値的で普遍的に見える現代科学も、二〇世紀という時代状況に規定された特異な「産業化科学」（industrialized science）の本性を備えていることを、われわれに語りかけている。[19]

第11章　科学とナショナリズム

科学における国家意識

科学に国境はない、としばしばいわれる。科学に文化的特異性がないかどうかの論議はさておくとしても、今日この言葉が人々に重みのある響きで感じられるのは、現実の科学の営みに「国境」なるものが有形無形に介入しているためであろう。科学活動と国家とのつながりは、現代ではかなり常識化した現象である。政体のいかんを問わず、どの国の政府も科学政策（science policy）を国家経営の重要な柱としてもっている。官立の試験研究機関・高等教育機関・軍事研究機関は、いずれも政府やその傘下の地方庁に財政基盤を支えられ運営されている。私立の教育機関、また産業界や民間研究機関にしても、その活動は何らかの形で国の指導と規定を受けているのが普通である。国家はまた国内の科学研究プロジェクトの後援者として莫大な資金援助をしている（その財源はわれわれ国民の税金である）。このように、今日の科学活動はそれが属する国家により支えられ管理されている部分が非常に大きい。

われわれはこれまで数章にわたって、一九世紀以降に科学がさまざまな社会的文脈の中でそれぞれの形で制度化していく過程を展望してきたが、その際、その過程をいちおうフランスやドイツやイギリスやアメリカなどの「国」という枠に分けて論じてきた。一定の領土における政治や経済の独立した単位としての「国家」(nation, state)は、たしかに概念においても現実においても、一八世紀までのヨーロッパ世界に十分成立していたものである。教会が政治や文化においてヨーロッパを支配した時代はその頃までにはほぼ終わりを告げ、君主が国家の名のもとにそれぞれの領地を統治し、政治・経済・文化を支配するようになっていた。

しかし、当時は国家という枠により科学の活動が受けた規定はそれほど大きくなかった。一八世紀までにヨーロッパ諸国につくられた王立アカデミーに見られるように、君主が科学者とその活動を何らかの形で庇護することはあった。それは文芸と同様、庇護者の愛好のため、またその文化的威信を内外に示すためであったり、時にはベイコン主義や啓蒙思想や重商主義の影響を受けて、産業振興という実践的な目的をもって行ったものである。こうした一八世紀の学会やアカデミーは人的・学問的に盛んな相互交流を行い、極めて国際的な性格をもっていた。[1] 科学の研究において国家という概念がことさら強く意識され、もはや両者の連関が無視できない状況になるのは一九世紀半ば以降の現象である。少なくとも一九世紀初頭までの、今よりもはるかに汎国境的だった時代には、科学に国境があってはならない、というような訴え自体、それほど大きな意味をもちえなかったのである。

かつての自然探究者が国という枠を超えて活躍した例は多い。たとえば一七世紀には、オランダ人学者のホイヘンスやイタリア人天文学者のカッシーニはフランスの王立科学アカデミーで活躍し、ドイツのオルデンブルクはロンドン王立協会の書記として重要な役割を演じた。一八世紀になっても状況は変わらない。ラグーサ（現在のクロアチアのドゥブロヴニク）出身のクロアチア人ボスコヴィチはローマ学院（Collegium Romanum，一五五一年創設のイエズス会の学校）教授、パヴィア大学教授、ミラノのブレラ天文台長を歴任し、パリの王立科学アカデミーおよびロンドン王立協会の会員となり、またフランス海軍の光学技術の指導をしたりして、ヨーロッパ各地を遍歴した。フランスの物理学者モーペルテュイはベルリンの王立科学アカデミーの総裁を務め、同じフランス人の数学者オイラーは同アカデミー（一七四一―六六）とロシアのペテルブルク帝国科学アカデミー（一七二七―四一および一七六六―八三）で学究生活を送った。ペテルブルクのアカデミーにはスイス出身の数学者ダニエル・ベルヌーイもいたし、そこにはかなりのドイツ人学者も招かれていた。オイラーの後任としてベルリンの王立科学アカデミーに招かれた数学者ラグランジュはイタリア生まれであった。彼は一七八七年にパリの王立科学アカデミーに移り、革命後はエコール・ポリテクニクの教授として活躍した。熱運動論の研究で名高いアメリカ出身のラムフォード伯は、イギリスに渡って王立協会の会員に選ばれ、さらにドイツに赴きバイエルン選帝侯の軍事・政治顧問（一七八四―九五）として仕えた。彼の有名な砲身旋削による熱の実験もこの時期に行われたものである。

フランス革命を経て一九世紀初頭になると科学における国家意識はすでに芽生え始めていたが、それでもまだインターナショナルな性格を失っていなかったようである。新しく興りつつあった電気学に関心を抱いたナポレオンは、イタリアの電池の発明者ヴォルタをパリに迎え、エコール・ポリテクニクで巨大なヴォルタ電堆をつくらせた。ナポレオンはまた国立学士院から毎年度の最良の電気研究に対して三〇〇〇フランの賞金を与える制度を設けたが、その最初の受賞者はフランス人ではなく、イギリスの電気化学研究者デイヴィであった。しかもデイヴィは、英仏が戦争のさなかであったにもかかわらず、一八〇八年にナポレオン賞受賞のためフランスを訪れて歓迎を受けている。学士院がデイヴィの業績をたたえることは不自然でなかったし、また彼が敵国から賞を受けることはとくに非愛国的なこととはとられなかった。(2)

しかし、一九世紀の後半になると事態は明らかに変わっていた。フランスのパストゥールが普仏戦争中の一八七〇年に、その三年前にプロイセンのボン大学から贈呈された名誉博士号の学位証書を送り返したことや、一八八八年のパストゥール研究所 (Institut Pasteur) の開所式の祝辞にみられる次の有名な言葉は、こうした時代の変化を如実に物語っている。

科学に祖国なしといえども、科学者は祖国をもっているのです。彼の業績が世界中に及ぶとしても、その成果をもち帰るべきはこの祖国に対してであります。[3]

『フランス科学についての省察』（一八七一）の中でパストゥールは、普仏戦争でのフランスの敗北を同国の科学の弱体化によるものとして、政府による科学体制づくりの不備を批判した。そして「近い将来、フランス科学の優越をゆるぎないものにするために、あらゆる手段が講ぜられるべきである」ことを訴えた。[4]

以前はむしろインターナショナルな活動であった科学に国家意識が高まったのは、即ち科学が国家という単位を支える軍事力や経済力に不可分な要素であるという認識が強まったためである。革命後のフランスにおける科学・技術教育の制度化は、その認識の存在を示す初期の例である。エコール・ポリテクニクをはじめとする教育機関は、啓蒙主義の落とし子たちが新しい共和国を維持・運営していくために国家的・軍事的に必要であるという強い認識のもとに生まれたものであった。一方において、一九世紀半ば以降、ヨーロッパに広がった産業革命を通して、国家間の経済競争が顕在化し、近代国家の経済――それは軍事力とも密接な関係をもつ――が政治を規定する時代に入っていた。パストゥールに限らず、衰退論者といわれる人々が当時、為政者に対して共通して声高に主張したのは、科学が今や一国の命運を左右する重要な営みであるということであった。科学は戦争とともに、国家を支える経済や産業の存亡にかかわることが議論された。科学の当事者として、彼らは科学の内的発展とそれが国家の産業技術に与える影響(その影響は今や自明とされつつあった)を為政者以上に鋭敏に察知し、それを世に訴えることができる立場にあった。そして、科学研究の国家的意義を強調することによって、自らの社会的役割を再定位し、政府がその強力なスポンサーとなることを求めた。科学研究自体も大型化し、一時代前のように研究者個人のポケットマネーやパトロンの個人的援助だけではもはや手に負えないということがどの科学者にも意識される時代になっていたのである。

万国博覧会の波紋

イギリスでは一八五一年のロンドンの大博覧会(Great Exhibition)から六〇年代後半に至るてんまつが、こうした論議をあおった[5]。今日の万国博覧会の元祖となるロンドン博では、ハイドパークにガラスと鉄でつくられた「水晶宮」(Crystal Palace)と呼ばれる巨大な展示館で、世界約四〇カ国の産業技術や工芸の粋が披露された。博覧会の現実は各国の工業技術力のレベルを競うオリンピックであった。そして主催国の思惑通り、産業革命の先進国イギリスの製造業者たちがほとんどの部門で賞を独占する形になった。ヴィクトリア女王の夫君アルバート公が総裁を務めたこの博覧会は、会期の一四四日間に国内外から六〇〇万人の見学者を集め、イギリス産業の圧倒的な優位を世界に誇示して幕を閉じた(図

図11―1　ロンドン大博覧会の水晶宮の正面。建築に使われた鉄4,500トン、ガラス30万枚は、ともに19世紀産業の象徴的素材であり、建物自体がいわば巨大な展示品であった。水晶宮は後に郊外に移されたが1936年の火災で焼失した。

11―1、2、3）。

ロンドン博は、折しも英国政府や国民の間で、科学が国家の繁栄につながるという意識が芽生え始めた時期に行われた行事であった。イギリス産業の優位はひとえに科学のもたらしたものというパブリック・イメージすら広がりつつあったのである。ロンドン博の勝利に意を強くした政府は、一八五三年に枢密院の傘下に科学・技芸部門（Department of Science and Art）を開設し、博覧会の収益を科学の施設などに還元したりした。とはいえ、イギリスとしては異例なこの動きも、この時点では同国の科学制度に大きな変化をもたらさなかった。

一八六一年には、王室における科学

図11—2　大博覧会を訪れるヴィクトリア女王とアルバート公。アルバートは博覧会準備のための王立委員会の総裁を務めた。壮大な開会式の光景は女王を感動させた。その日の日記に「眼の前で見たあの場面の印象はとうてい言葉では表せない。最愛のアルバートの名は永遠に不滅なものとなった」と書いている。

の良き理解者といわれ、博覧会の発案者でもあったアルバート公が死去する。そのため、その翌年に延期された第二回のロンドン博覧会は、初回よりも規模の小さいものとなった。出品物からヨーロッパ諸国の技術の追い上げが感じられたが、それでもイギリスはまだ世界をリードしているかに見えた。しかし、五年後の一八六七年にパリで開かれた万国博覧会では、九〇品目のうち英国の受賞はわずか一〇品目という惨憺たる結果に終わった。当然のことながら、この惨敗の責の一端は科学に求められた。ロンドン博の組織委員の一人であり、楽観的ムードの漂う一八五一年の時点からすでにイギリスの危機を感じとっていた化学者プレイフェアは、それが明らかにイギリス産業技術

図11—3　大博覧会での綿糸製造の実演。ロンドン博の出品物はいわば産業革命の集大成であった。

の停滞を示すものであり、その停滞はドイツやフランスのようなしっかりした教育制度がイギリスには全くないことに起因すると主張した[6]。パリ博覧会の衝撃によるこうした議論は世論となって高まり、やがて腰の重い政府にようやく科学活動への本格的な関与を促すことになる。英国政府は一八七〇年に「科学教育・科学振興に関する王立委員会」(Royal Commission on the Scientific Instruction and the Advancement of Science) を設置し、同国の科学・技術の教育と研究の現状を調査させた。そして七〇年代末から、教育の拡充や、王立協会をはじめとする研究組織に対する資金援助を始めた。また一八九一年からは全国の大学の科学教育を奨励するために奨学金制度——かつてのロンドン博にちなんで「一八五一年博覧会スカラシップ」(1851 Exhibition

Scholarship）と名づけられた——を設けた。こうした動きは伝統的なアマチュア主義の擁護者たちから強い抵抗も受けたことはむろんであるし、また当時の科学ポリシーは必ずしも一貫したものとはいえなかったが、[7] それは二〇世紀に本格化する英国政府による科学への直接介入の第一歩となったのである。

大学付属研究所の出現

領邦国家分立の状態が長く続いたドイツでは、一九世紀初頭のナポレオンのプロイセン侵略以降、ナショナリズムが高揚し、ＧＤＮÄの運動に見られるように研究者の間で科学による大同団結がドイツ統一を促進する一つの手段として使われた。内的・外的な要因が絡みながらも、領邦国家は、一九世紀前半にドイツ連邦というゆるやかな形にまとまり、一八七一年にはドイツ帝国という一つの国家を形成するに至る。産業革命の波及・進展と相まって、同世紀末までに帝国ドイツはその科学・技術の制度と密着した産業国家の雄になっていた。普仏戦争において、プロイセンの産業技術は実際に軍事物資の供給に少なからず重要な役割を果たしていた。フランスやイギリスの科学者たちが最も畏怖の念で見たのが、この産業国家に直接寄与していると思われたドイツの教育研究体制だったのである。もっとも、すでに見たようにドイツの大学制度は最初から必ずしも産業を志向してつくられたものではなく、むしろ一九世紀後半になって結果的にその制度が産業研究や産業界の人材育成に極めて有効に機能するようになったのである。

フランスはエコール・ポリテクニクという突出した科学・技術のエリート学校を擁し、当時毎年二〇〇名の卒業生を社会に送り出していた。しかし、彼らのうち産業界（たとえば電気工業）に入った者は多くの場合、即戦力にはならなかったことが指摘されている。同校は一九世紀末まで技術官僚の養成教育に主眼をおき、産業向けの職業教育はほとんど行っていなかった。ポリテクニシャンたちが民間産業界に進出するようになるのは一九〇〇年以降のことである。[8] 第二帝政期（一八五二―七〇）には、政府がドイツの研究型大学をはじめとする教育制度の視察団を派遣し、その導入の機運も生まれていた。フランスでは全国に科学ファキュルテがありながら、なぜドイツの大学の哲学部と比べて劣るのかが問題とされるようになったからである。一八七〇年の普仏戦争での敗北を契機にパストゥール（彼自身、ストラスブールとリールの科学ファキュルテで教授した経験から地方ファキュルテの恵まれない実情を熟知していた）らの衰退論が急速に高まると、政府はようやく財政を投じ、科学・技術の教育改革に乗り出した。八〇年代以降、産業技術者を養成する技術学校がつくられ（表6―2参照）、地方の科学ファキュルテでは地元産業とかかわる応用科学の教育が盛んに行われるようになる。そして一九〇〇年代には、それまで制度的にも設備的にも恵まれていなかった地方ファキュルテの教授たちのかねてからの要求がついに実り、中央政府の資金援助を一部受けて、ナンシー、グルノーブル、トゥールーズ、リヨンなどのフアキュルテに、化学や電気技術など地域産業とつながる分野を扱う付属研究所（Institut）が相次いで創設される。このような経緯から、以前はパリの影に隠れていた地方のファキュルテは、時代の趨勢に応じた特色ある教育・研究を行う機関として頭角を現し、従来のパリ集約型科学体制に異変をもたらすのである。ラウール（グルノーブル）、サバティエ（トゥールーズ、一九一二年ノーベル化学賞受賞）、デュエム（ボルドー）など卓越した科学者が地方ファキュルテで活躍したのもこの頃である。フランス科学体制＝中央集権的という通説的なモデルは、世紀転換期以降においては当てはまらないといえる。[9]

イギリスでは一九世紀の中葉以降、民間有志の拠金によって、技術者や科学者の養成を行うカレッジが、ロンドンや地方都市に次々に誕生した。当初それらは大学レベルの教育機関でありながら学位授与権は認められなかったが、同世紀末から二〇世紀初頭にかけて正規の大学（university）の地位に昇格していくことになる。一八七一年には、久しく国教徒以外に門を閉ざしていたオックスブリッジも宗派主義を撤廃した。一八六〇年代から八〇年代にかけては、産業界や篤志家の財政援助を得て新設カレッジや既存の大学に付属の物理学の研究施設（Physics Laboratory）が多数開設された（表11―1）。[10] オックスフォードのクラレンドン研究所やケンブリッジのキャヴェンディッシュ研究所もこの時期に、この流れの中から生まれたのである。とくに後者は歴代の長に、電磁気学研究者マックスウェル、アルゴンの発見や音響・電気単位・輻射熱の研究で知られるレイリー(任一八七九―八四)、電子の発見者J・J・トムソン(任一八八四―一九一九)、原子核の発見や放射能の研究で知られるラザフォード(任一九一九―三八)、X線結晶学者のW・L・ブラッグ(任一九三八―五三)らを擁し、一九三〇年までに九人のノーベル賞受賞者を出し、世界有数の実験物理学のセンターになった(図11―4)[11]。

図11―4 実験物理学のメッカとなったケンブリッジ大学のキャヴェンディッシュ研究所(1909年当時)。1973年までに22人のノーベル賞受賞者を輩出している。

イギリスの動きとほぼ足並みを揃えて、ドイツの大学にも一八七〇年代以降、同様の物理学研究所(physikalisches Institut)が相次いで誕生し(表11―2)、アメリカでもジョンズ・ホプキンス(一八七六)、イェール(一八八三)、ハーヴァード(一八八四)などの大学に物理学関係の研究所(Laboratory)がつくられた。こうした研究所ラッシュは物理学の「制度革命」とも呼ばれることがあるように、物理学という学問が高等教育機関の中で制度化していった一つの重要なステージを表している[12]。その興隆にはいくつかの内的・外的要因が考

表11―1　イギリスの大学・カレッジに創設された物理学研究所

所属機関	所在地	設立年
グラスゴー大学	グラスゴー	1866
ユニヴァーシティー・カレッジ	ロンドン	1866
エディンバラ大学	エディンバラ	1868
キングズ・カレッジ	ロンドン	1868
オウエンズ・カレッジ	マンチェスター	1870
オックスフォード大学	オックスフォード	1870
王立鉱山学校	ロンドン	1872
王立科学校	ダブリン	1873
クイーンズ・カレッジ	ベルファースト	1873
ケンブリッジ大学	ケンブリッジ	1874
アームストロング科学カレッジ	ニューカッスル・アポン・タイン	1875
ユニヴァーシティー・カレッジ	ブリストル	1876
シティー・アンド・ギルド技術カレッジ	フィンズバリー	1879
アバディーン大学	アバディーン	1880
メイソン科学カレッジ	バーミンガム	1880
クイーンズ・カレッジ	ガルウェイ	1880
トリニティー・カレッジ	ダブリン	1881
ユニヴァーシティー・カレッジ	リヴァプール	1881
ユニヴァーシティー・カレッジ	ノッティンガム	1882
ファース・カレッジ	シェフィールド	1883
ユニヴァーシティー・カレッジ	カーディフ	1884
北ウェールズ・ユニヴァーシティー・カレッジ	バンガー	1884
シティー・アンド・ギルド中央技術カレッジ	ロンドン	1885
ヨークシャー・カレッジ	リーズ	1885

資料：Romualdas Sviedrys, "The Rise of Physics Laboratories in Britain," *Historical Studies in the Physical Sciences*, 1976, pp. 416, 432.

表 11—2　ドイツの大学に創設された物理学研究所

所属大学	邦	開設年
ライプツィヒ	ザクセン	1873／1874
ベルリン	プロイセン	1878
ヴュルツブルク	バイエルン	1879
シュトラスブルク	アルザス	1882
イエナ	テューリンゲン	1884
テュービンゲン	ヴュルテンベルク	1888
ケーニヒスベルク	プロイセン	1888
ハレ	プロイセン	1890
グライフスヴァルト	プロイセン	1891
フライブルク	バーデン	1891
エルランゲン	バイエルン	1894
ミュンヘン	バイエルン	1894
ギーセン	ヘッセン	1900
ブレスラウ	プロイセン	1900／1901
ミュンスター	プロイセン	1901
キール	プロイセン	1901
ゲッティンゲン	プロイセン	1905
ロストック	メクレンブルク	1910
ボン	プロイセン	1913
ハイデルベルク	バーデン	1913
マールブルク	プロイセン	1915

注：帝政ドイツに属する邦の大学研究所のみを示す。ここでいう邦(Staat) は連邦制をとる帝国の構成国であり、ほぼかつての領邦国家に対応する。

資料：David Cahan, "The Institutional Revolution in German Physics, 1865–1914," *Historical Studies in the Physical Sciences*, 1985, p. 17.

えられる。まず教育上の要因である。学生の急増により、大学の既存設備だけでは対処できなくなり、独立した施設をつくり実験設備を拡充することによってギーセン式トレーニングの徹底をはかった。[13] さらに、当時の物理学が産業技術の諸問題と具体的・本格的にかかわり始めていた点も無視できない。とりわけイギリスの物理学研究所では、電信技術や電気の単位や標準に関する問題がしばしば重要な研究テーマとして取りあげられ、産業上の要請に応える機能を担った。[14] イギリスやアメリカの場合、大学付属研究所の主な使命は、教育の質的向上を図るということ以上に、第一級の実験的研究を遂行することにあった。[15] この点で、キャヴェンディッシュ研究所はとくに大きな成果を収めている。対照的にドイツの場合、一般に設備的には恵まれていたものの、研究所の教授は教育負担に圧迫され十分に研究に打ち込むことができない状況にあった。次節で述べるドイツの帝国物理学・技術研究所は、一つにはこの問題を解消するためにつくられた、大学から独立した研究所であった。[16] その設立に際しては、世紀末のナショナリズムの高揚と相まって、物理学研究の国家的意義が強調された。

国家の「生存闘争」に向けて——国立試験研究機関ＰＴＲの登場——

一九世紀になって科学の国際組織が生まれ国際会議が開かれるようになったのも、科学活動が国家単位に分裂したことの逆説的な反映ともとれる。国際会議は、特徴的に一九世紀後半から増加している（表11―3）。国際会議の第一号は一七九八年にフランス政府が各国の科学者をパリに招集した、重さと長さの標準化（メートル法標準）に関する会議とみられるが、これは新しい共和国の文化上の国威を発揚する効果をもたらした[17]。それから約一〇〇年後の一八八一年の秋にパリで開かれた国際電気会議では、出席したドイツの代表団は、パリに国際電気標準のための研究所が近く設立される可能性があること、フランスが度量衡において世界の主導権を握ることを危惧した。

表 11―3　19世紀に開催された主な国際会議

名称	開催地	開催年
国際統計学会議	ブリュッセル	1853
国際化学者会議	カールスルーエ	1860
国際植物学会議	ブリュッセル	1864
国際医学会議	パリ	1867
国際気象会議	ウィーン	1873
国際地質学会議	パリ	1878
国際電気会議	パリ	1881
国際動物学会議	パリ	1889
国際生理学会議	バーゼル	1889
国際度量衡会議	パリ	1889
国際応用化学会議	ブリュッセル	1894
国際数学者会議	チューリッヒ	1897
国際物理学会議	パリ	1900

注：開催地・開催年は第1回のもの。

　こうした危惧はやがて一八八七年の帝国物理学・技術研究所（Physikalisch-Technische Reichsanstalt, 略称PTR）の設立につながった[18]。PTRの創設経緯はさらに、大学付属の研究施設の誕生のケースに見られるように当時の物理学の学問的状況ともかかわっていた。また国内ではすでに一八七二年以来、ベルリンの科学者・技術者のグループから、物理標準を確立したり、物理測定を行うための精密測定器具（望遠鏡・顕微鏡・光度計・分光器・温度計・気圧計・比重計・コンパス・写真機・電圧計・電流計などの光学的・機械的・電気的な測定器具）をつくったりするための「精密技術」（Präzisionstechnik）を育成する国家的な統一機関の必要性が訴えられていたこともあった（ただし当時はプロイセン科学アカデミーの反対などにより実現しなかった）。いずれにせよ、PTRは国家のイニシアティヴのもとに、帝国政府の先見性のある「科学政策」なるものの青写真のもとに創設されたものではなく、多分に内部からの諸要請に押される形で生まれたものである。さらには科学史家ケイハンが強調するように、上記のベルリンのグループの一員で電気技術者・企業家のヴェルナー・ジーメンス個人のプロイセン文部省に対する強い働きかけに負うところが大きかったことも見逃せない(19)。同所を単なる試験所のレベルにとどめず、物理学の基礎研究も合わせて遂行する研究機関としたのも、ジーメンスの科学観・技術観の影響によるところが大きかったのである。PTRはジーメンスの敷地供与を受けてベルリン近郊に開設され、著名な物理学者ヘルムホルツ（彼はパリの国際電気会議のドイツ代表委員の一人であり、かつジーメンスとともに上記のベルリン・グループの一員であった）が初代所長に就任した。ジーメンスは設立支援の動機を手紙の中で、彼特有のダーウィン主義的表現を使って、極めて愛国的・排他的な口調で綴っている。

最近、イギリス、フランス、それにアメリカ――これらの国は生存闘争におけるわれわれの最も危険な敵である――は、科学で優位に立つことが物質的利益に大いに意味のあることを悟り、教授法を改良して科学教育の改善をはかったり、科学の進歩を促進する研究機関を創設することに躍起になっている。……現在、激化している諸国民の闘争において、新しい道を開き、重要な産業の分野を創造したり活気づける国家こそが、決定的に優位に立つのである。(20)

彼にとって、ドイツ国家の生存を支えるのはドイツ産業であり、その産業の成長基盤は自然科学の研究にあった。自ら電気技師であり電気企業の経営者であった彼は、同時に純粋科学の信奉者でもあった。既存の試験所や大学の物理学研究所は、ドイツの科学・産業・国家が直面している問題を解決してくれない。彼によれば、大学の付属研究所なるものは本来、教育のためにつくられており、「より優れた、そしてより大規模な科学研究には不適切」な場なのである。(21) とりわけ実験物理学の分野は、研究の支援体制が確立していない。すでにドイツ化学工業が化学研究に奉仕しているように、国をあげて実験物理学に奉仕して欲しいと求めた。彼のこうした訴えは政府にアピールし、ここに大学とは独立して組織・運営された、従来にない新しいタイプの国立試験研究機関、科学と産業と政府の三者をつなぐ最も初期の独立研究所としてＰＴＲが誕生した（図11―5）。ＰＴＲは物理学

図 11—5　帝国物理学・技術研究所の建物。

と技術の二部門からなり、熱や電気や光の物理測定器具、その器具や材料、物理標準の決定に関する試験・研究を行い、また産業界からの依頼研究も行ったが、同時に大学とのコンタクトを維持した（たとえば所長はベルリン大学での教育も兼務した）。物理学においては、量子力学につながる熱輻射の学術的研究にも大きな成果を生み出した。

世紀転換期にかけて、この種の独立研究機関が競い合う形でつくられるようになる。イギリスでは一九〇〇年、PTRをモデルとした国立物理学研究所（National Physical Laboratory, 略称NPL）がロンドン近郊のテディントンに創設され、政府の財政援助を部分的に受けて王立協会がそれを運営した。一九〇一年に設立されたアメリカの国立標準局（National Bureau of Standards, 略称NBS）も、PTRやNPLの影響を受けてつくられた同様の施設であった。[22]

二〇世紀前半のアメリカで私的な慈善財団が大学の科学研究に大掛かりな資金援助を行うようになったことは前章で触れた。少なくとも一九四〇年代あたりまでは、農業研究を除き、連邦政府または州政府が直接アカデミズム科学の投資に果たした役割はそれに比べて小さい。化学のような分野では民間企業による大学への直接的な資金援助が顕著であったが、大学院の教育と研究をより大規模に支援したのは石油王ロックフェラーや鉄鋼王カーネギーに代表される慈善家がつくった財団であった。これらの財団はもともと巨大企業・財閥の実業家の篤志により生まれたものであり、彼ら各様の思惑や科学の理念がその慈善事業の性格に反映していた。研究を国家の進歩に必須と見なす立場から、彼らはまず既存の大学から独立し、研究のみに専心できる場を提供すべく自ら主宰する研究所を相次いで創設した。こうして、一八四六年には気象学研究を主体としたスミソニアン研究所(Smithsonian Institution, ワシントン)、一九〇一年にロックフェラー医学研究所(Rockefeller Institute of Medical Research, ニューヨーク)、一九〇二年に大学や政府が扱わない基礎的問題を研究することを目的としたワシントン・カーネギー研究所(Carnegie Institution of Washington, ワシントン)が設立された[23]。

こうした慈善財団は初めから大学の科学研究への援助に関心を寄せていたわけではない。第一次世界大戦下の一九一六年にウィルソン天文台長のヘイル、MITの化学者ノイズ、シカゴ大学の物理学者ミリカンらの科学者グループの訴えから設立された国家研究評議会(National Research Council, 略称NRC)が、ここにおいて財団と大学を結びつける橋渡しの役を演じたのである(第12章参照)。NRCはとくにロックフェラー財団を説いて多額の助成を得ることに成功し（このほかカーネギーなども出資した）、それを全国の大学の研究奨励資金に運用するプログラムを確立した。そこで採られたテーマ研究プロジェクト単位の資金援助制度は、第二次世界大戦後の一九五〇年に設立される国家科学財団（National Science Foundation, 略称NSF）の基礎科学への国家的な研究助成制度のモデルになる。アメリカでは、産業界をバックとした私的財団、政府、大学の三者の協力体制がこのようにして成立していく。[24]

カイザー・ヴィルヘルム協会の創設

各国の研究所創設ブームは、ドイツにおける一九一一年のカイザー・ヴィルヘルム協会（Kaiser-Wilhelm-Gesellschaft zur Förderung der Wissenschaften, 略称KWG）の設立をもってクライマックスに達する。同協会はドイツ財界からの基金により設立され、ドイツ皇帝（カイザー）をその名誉総裁に擁し、協会の傘下に自然科学を中心としたもろもろの研究所（Kaiser-Wilhelm-Institut, 略称KWI）を各地に開設した。一九一〇年の秋、ベルリン大学創立一〇〇年の祝賀会でヴィルヘルム二世は聴衆に、同大学がかつてドイツが物質的に失ったものを知力で取り戻すために創設され大きな成果を収めたことを喚起しつつ、カイザー・ヴィルヘルム協会の設立を自ら宣言した。[25]

初代総裁に就任した教会史家ハルナックが、有機化学者エミール・フィッシャー、医学者ヴァッセルマンの助言を受けて一九〇九年に作成した建議書は、ドイツ科学の「危機」を喧伝し、かつてのドイツ科学栄光の原点となった精神を顧みることを訴えた一種の衰退論の書である。[26]それは、一世紀前にドイツ高等教育の指導原理をつくり「祖国を科学的局面において全文化国家の先頭にまで押し出した」ヴィルヘルム・フォン・フンボルトの理念を称揚し、現在のドイツ科学の「停滞」を打開する策を提起する。かつてフンボルトは、総合大学やアカデミーから独立した機関として「補助研究所」(Hilfs-Institut)の必要性を訴えていた。以来一世紀の間、ドイツの大学においてはフンボルト精神に基づき、研究と教授を緊密に結合して活動し実際の社会に大きな益をもたらした。しかし、大学あるいはその後できた大学付属研究所では、教授たちの時間の大部分は講義と授業、すなわち教育のために割かれており、研究が大幅に停滞してしまっているのが現状である。近年生まれたPTRはフンボルトのいう「補助研究所」に近いが、その「使命・目的は純科学的なものではない」[27]。ハルナックの建議書は次のように続く。

今日二〇世紀の初頭においては、ドイツの科学、なかんずく自然科学は覆うべからざる窮境に立っている。最近某大学教授が、はっきりとドイツ科学がすでに(とくにアメリカ科学に)凌駕されており、ドイツの総合大学はもはや先頭を切るものではないと主張したが、この場合のごときはもちろん一つの誇張である。ただし、ドイツが自然科学の重要な諸領域で他の諸国に遅れをとり、その競争能力もはなはだしく危機に瀕していることは事実である。

……以前と異なって今日は、国家感情が異常に高まっている時であり、どの科学的研究業績に対しても国民的極印が押されているという理由で、この事実は国家政治的に凶兆なのである。われわれは今日、科学的業績発表の中に、ドイツの、フランスの、アメリカの研究業績あるいは研究者について読むのであって、以前はこういうことはそれほど露骨ではなかった。諸国民は新しい科学的進歩を見るごとに、これに対していわばその原産地証明書を問題にすることに価値を置くのである。……一国民を全世界に宣伝し、この国民を指導的文化を担うものとして誇示するには、人知を拡大し、現在および将来における人類の活動と健康を増進すべき新源泉を開拓すること以上に有効なものはないということを、各国民は十分心得ている。したがって、自然科学の分野の指導権を握ることは、もはや理想的価値があるばかりでなく、卓越した国家的・政治的価値をもつのである。(28) これらの価値に経済的価値が加わってくることは、まずもっていうまでもないことである。

建議書では台頭する諸外国の研究機関として、アメリカのカーネギー研究所、ロックフェラー医学研究所、フランスのパストゥール研究所、イギリスの王立研究所等々が引き合いにされた。ハルナックは、ドイツ科学の陥った「寒心すべき状態」をその気になれば「確実に除去できる一つの決定的な怠慢」は、「科学的全組織の第三の要因としてフンボルトのごとき人々の念頭を去らなかった研究所の設立が、プロイセンおよびドイツ国においては、科学の大きな進歩と歩調を合わせて行われなかった」ことだという。他方において、科学は専門分化する形で拡大し、かつてない大規模な装置と施設を要し、設備・知識ともに、もはや既存の大学やその付属研究所の範囲内では収まりきれない専門分野も現れている。そして、上記の「怠慢」を反省し、力を結集して諸専門分野ごとの科学研究所をドイツに創設すべきことを訴えたのである[29]。

ハルナックの構想には、ベルリン大学教授の大化学者フィッシャー（一九〇二年ノーベル化学賞受賞）の腹案が大きな影響を与えていた。フィッシャーはすでに、物理学の研究機関PTRに匹敵する帝国化学研究所の青写真をプロイセン文部省に提示していた。当初このプランは経済的理由などにより帝国政府から拒否されたが、化学工業界（とくに染料業界）は財政援助の意向を示していた。実際、KWGの最初の研究所として、資金的にも設備的にも最も安定してスタートしたのは化学研究所（ベルリン）であった[30]。

KWGの研究所は、基礎研究を行いながらも産業技術に資することを重要な使命としたPTRと比べて、もっぱら純科学研究を担う独立研究機関として構想された。もっともハルナックは、「科学は生活からほとんど隔離しているように思われる時、しばしばその最も豊かな祝福を生活に注ぎかけているのである」というフンボルトの言葉を引用し、ファラデイの科学理論が発電機や電気産業を生み、ヘルツの電波の純科学的研究が無線電信の誕生につながり、バイアーの藍の構造発見が化学工業の促進をもたらしたといった事例をあげて、純粋科学の産業的意義を強調することを忘れなかった。一方において、上記のフィッシャーの考えと重なることであるが、たとえばつい最近まで大学の化学研究室が指導権をもっていた有機化学の分野においては、今日ではその研究の場がほとんど完全に大学から大企業の大きな実験室に移行していることが指摘された。したがって純粋科学界からは、この研究分野が大部分失われてしまっているが、企業の実験室からは「科学の促進が期待されることははなはだ稀である」という[31]。この主張は当時としてはまず正論といえようが、前章で見たように、その後の産業研究の飛躍的展開を考えれば、多少誤算に近い。

図11—6　1912年8月23日、カイザー・ヴィルヘルム化学研究所および物理化学・電気化学研究所の開所式に出席するカイザー・ヴィルヘルム2世。右は初代会長のハルナック。その後にフィッシャー、ハーバー。

KWGは一九一二年に最も設立要望が強く早くから財界から多額の資金を調達すること

図 11—7　ベルリン郊外のダーレムにつくられたカイザー・ヴィルヘルム化学研究所（左）と物理化学・電気化学研究所（右）（1913 年）。

に成功した化学系の二つの研究所を開設し、以後増設を続け、創立二五周年を迎えた一九三六年には総数三〇を越える大研究所群を形成していた（表11—4）（図11—6、7）。その中には、純粋の自然科学研究という当初のヴィジョンを大きく超えて、産業に直接関係する応用科学や、人文社会系科学の研究所も相当数含まれていた。KWG傘下の研究施設の一部はまた国外にもつくられた。

当初は財界からの基金にほとんどを依存していたが、一九二〇年以降はドイツ政府とプロイセン邦からの財政援助が定着した。既存のどの大学をもしのぐ規模と設備と人材を投与したカイザー・ヴィルヘルム研究所は、大きな学術的成果をもたらし、ドイツ科学の力を改めて世界に示すことになる。国家主義的主張を前面に出して構想された同協会の企図は、その意味で所期の目的は十分に達したといえる。

二つの世界大戦では、同研究所は科学の動員に有効

名称	所在地	開設年
KWG ロシッテン鳥類調査所	ロシッテン	1923
生物学実験場	ルンツ	1924
ドイツ精神医学研究所	ミュンヘン	1924
KW 流体研究所	ゲッティンゲン	1925
KW 生化学研究所	ベルリン・ダーレム	1925
KW 外国公法・国際法研究所	ベルリン	1925
KW 珪酸塩研究所	ベルリン・ダーレム	1926
KWG 水利工事・水力研究所	ミュンヘン	1926
ゾンブリック・オビル測候所	ゾンブリック／オビル*	1926
KW 外国私法・国際私法研究所	ベルリン	1926
KW 人類学・人類遺伝学・優生学研究所	ベルリン・ダーレム	1927
KW 育種研究所	ミュンヘベルク	1928
KW 医学研究所	ハイデルベルク	1930
ロヴィニョ独伊海洋生物学研究所	ロヴィニョ*	1931
KWG 気象学研究所	ダンツィッヒ	1933
KWG ドイツ昆虫学研究所	ベルリン・ダーレム	1934

表 11—4　カイザー・ヴィルヘルム協会の研究所（1936 年まで）

名称	所在地	開設年
KW 化学研究所	ベルリン・ダーレム	1912
KW 物理化学・電気化学研究所	ベルリン・ダーレム	1912
KW 生物学研究所	ベルリン・ダーレム	1913
KW 労働衛生学研究所	ドルトムント・ミュンスター	1913
KW 芸術・文化研究所	ローマ*	1913
KW 石炭研究所	ミュールハイム	1914
KW 脳研究所	ベルリン・ブッフ	1915
KW ドイツ史研究所	ベルリン	1917
KW 鉄鋼研究所	デュッセルドルフ	1917
KW 物理学研究所	ベルリン・ダーレム	1917
KWG 水棲生物学研究所	プレーン	1917
KW シュレジエン石炭研究所	ブレスラウ	1918
KWG 細胞生理学研究所	ベルリン・ダーレム	1918
KW 繊維化学研究所	ベルリン・ダーレム	1920
KW 金属研究所	ベルリン（1935 以降シュトゥットガルト）	1921
KW 皮革研究所	ドレスデン	1922
KWG 微生物学研究所	サンパウロ*	1923

注：略号　KW ＝カイザー・ヴィルヘルム
　　　　　KWG ＝カイザー・ヴィルヘルム協会
　　　　　* は国外。研究所名は設立時の名称。
資料：文部省専門学務局訳、『カイザー・ヴィルヘルム科学振興協会 25 周年誌』、第 1 巻：『要覧』、1942（原書は 1936 年出版）；R. Gerwin and B. Holzt, *The Max-Plank-Gesellschaft and Its Institutes: Portrait of a Research Organization*, trans. by R. Friese, 3rd edition, 1984.

に活用された。戦後の一九四八年、ＫＷＧはマックス・プランク協会（Max-Planck-Gesellschaft zur Förderung der Wissenschaften, 略称ＭＰＧ）と改称・改組されて西ドイツに残った。ドイツ統一後も学術研究の中枢を担い、現在八〇以上の研究所（Max-Planck-Institut, 略称ＭＰＩ）と一万五千人を超える常勤スタッフをもつ巨大研究機関に発展した。[32] 一九一一年の協会創立以来、ドイツ人のノーベル賞科学分野の受賞者の三分の一はＫＷＩもしくはＭＰＩの科学者といわれる。[33]

第12章　戦争と科学

軍事技術と科学

二〇世紀前半に起きた二つの世界大戦は、戦争史上初めて大規模に科学者と科学を巻き込んだ。そこでは、科学が物資の供給に寄与したばかりでなく、科学者が新兵器の開発に従事し、その成果が戦場の前線にもち込まれた。第一次世界大戦（一九一四―一八）ではドイツと連合国の双方で化学者が毒ガス開発に従事したこと、そして第二次世界大戦（一九三九―四五）では米国のマンハッタン計画に大量の物理学者が動員され原子爆弾を開発したことはとくに有名である。前者が「化学者の戦争」（the chemists' war）、後者が「物理学者の戦争」（the physicists' war）という異名をとるゆえんである。世界大戦を通して科学は、軍事というもう一つの分野における技術的かつ社会的有効性を発揮し、国家とのつながりをさらに強めた。本章は科学の動員（mobilization）の最初の実例と見なされる第一次大戦の毒ガス開発、そして第二次大戦の原爆開発に焦点を当て、科学者と戦争とのかかわりの経緯をたどってみよう。

科学に携わる者が軍事技術に何らかの形で関与したケースは、もちろん古くからある。

古代ではアルキメデスがローマ軍のシラクサ攻撃に対して考案したカタパルト（投石器）の伝説を思い浮かべる人もあろう。ルネサンス期のイタリアの数学者タルターリャらは弾道学や築城術など軍事的色彩の強い仕事を残している（図4―7参照）。また一七世紀のロンドン王立協会の会員が行ったとみられる研究の一割近くは軍事技術と関係したものであったし（表4―1参照）、アンシャン・レジームのフランスでは王立科学アカデミーのラヴォワジエが火薬製造技術に携わっていた。一九世紀中葉、イギリスでは対ロシアのクリミア戦争（一八五三―五六）のさなかにファラデイが軍事技術の助言を求められたことが知られている。

近代的技術を戦争に導入する近代戦のパターンは、すでに一八六一―六五年のアメリカの南北戦争に萌芽している。そこでは、装甲軍艦や潜水艦や魚雷が初めて登場し、気球や鉄道や電信が活用され、負傷者の看護には麻酔技術も取り入れられた。戦争のさなかの一八六三年にリンカーン大統領のもとに、連邦政府の正式の科学諮問機関として国家科学アカデミー（National Academy of Sciences）が組織されたのも、こうした状況からであった。国家的レベルの科学アカデミーの設立は平時からアメリカの科学者たちが切望していたものであり、彼らはこの機に乗じてそれを実現させることに成功したのである。

一九世紀後半から二〇世紀初頭にかけて、科学研究が国家の経済力や軍事力に果たす役割を強調する議論がわきあがっていたことは、すでに見た通りである。イギリスでは一八七〇年代以降、陸軍省（War Office）に若干の科学者（主として化学者）が採用され研究を行うようになり、またフランスでは一八七〇―七一年の普仏戦争後、同国の指導的化学者ベルトロを含む科学者からなる、軍事技術に助言を与える政府の委員会が組織されている。軍事学校で科学者が教鞭をとる姿は、世紀転換期までにかなり日常化した光景になっていた。きたるべき大戦に利用されることになる飛行機の研究も、実用機が初めて登場した二〇世紀初頭以来、フランス、ドイツ、イギリスなどで国家的レベルで始まっていた。(1)

第一次世界大戦と科学者共同体の再編

こうして緩やかに、あるいは散発的に進行していた軍事技術と科学のつながりを劇的に促進させた事件が、一九一四年七月に「ヨーロッパの火薬庫」と呼ばれたバルカンで勃発した第一次世界大戦であった。ドイツ側の局地戦・短期決戦という当初の思惑に反して、この戦争は肥大化・長期化し、参戦諸国の生産力と国民の総力を結集した総力戦となった。参戦国は一九一八年末の戦争終結までの間に、同盟国（ドイツを主力とし、オーストリア、トルコ、ブルガリアの計四カ国）と、それに対する連合国（イギリス、フランス、ロシアを主力とし、セルビア、モンテネグロ、日本、イタリア、ルーマニア、アメリカ、中国を含む二七カ国）を合わせて三一カ国にのぼった。この史上空前の世界大戦を通して、参戦主要国では科学者共同体が戦争遂行のために組織的に動員され、その研究や知識が軍需物資補給や軍事技術に系統的に活用され、それが戦局の行方を左右する重要な要素となった。

こうした科学動員体制は、初めから政府が一貫した青写真をもってスムーズに築いたわけではない。当初は政府も軍部も科学の軍事的意義がどれほどのものであるかを必ずしも十分に認識していたわけではなかった。やはり兵力のみで勝敗は決するというのが大方の見方であった。純粋な愛国心、国家への奉仕の義務感、敵国に対する危機感、社会的地位・役割の向上や研究制度改善のもくろみなど、動機や思惑はさまざまであったが、戦争を契機に主要参戦国の指導的科学者の間に、科学技術動員を、そして動員の名のもとに科学の制度化を積極的に政府に働きかける姿勢が生まれたことは注目すべきである。科学を軍事技術に活用できる立場にあったのは職業軍人ではなく、科学者や工学者たちであった。たとえ平時には道徳的見地から、人を殺すための技術に手を染めることが彼らの軽蔑と嫌悪の対象ではあっても、大戦の緊急事態に接して、敵、味方とも、結局は科学者たちが力を借すことになった。科学者が兵士としてではなく、科学者として戦争に参与するパターンが生まれたのである。そして、彼らの軍事研究は政府の支えと産業界の協力を得て、成果をもたらした。

各国の対応ぶりは、それぞれの特色が表れたが、共通しているのは、大戦を契機として科学者共同体が軍事研究と一段と緊密に結びつく形で組織化・再編されていったことである。フランスではドイツの宣戦布告直後の八月初め、いち早く政府と科学アカデミーが戦時体制を協議し、その結果、後者が政府と国内の科学者・研究機関をつなぐ正式のパイプ役となることになった。フランスに比べて、イギリス政府の対応は遅かった。すでに一〇月初め、希ガスの発見者として知られるイギリス化学界の重鎮ラムゼイは、王立協会がフランスの科学アカデミーと同様の役割を果たすべきことを訴えるキャンペーンを張った。この戦争を契機に急速に反独感情を強めたラムゼイは講演会やマスコミを通して、敵国ドイツが科学や工業で圧倒的優位に立っていることを指摘し、英国政府の臨戦体制のまずさばかりか、これまでの政府による科学研究や産業研究への支援体制の欠如や、科学・技術教育制度の立ち遅れに対する怒りをこの機に一挙に噴出させた。[2] さまざまな論争を経た後、レイリー卿を長とする、王立協会会員からなる政府への諮問委員会が発足したのは一九一五年秋のことであった。同委員会は枢密院（Privy Council）の直属組織として、光学ガラスや化学薬品や原材料など、それまでドイツからの輸入に依存していた物資の途絶に対処する方策を研究した。翌年一二月、この委員会は政府の機関に昇格した。これが今日に続く科学・産業研究庁（Department of Scientific and Industrial Research, 略称ＤＳＩＲ）である。[3]

アメリカの参戦は一九一七年四月のことであったが、すでにその前年から国家科学アカデミーは、ヘイルを長としノイズやミリカンをメンバーに含む小委員会を設け、科学動員のため組織化を準備していた。ヘイルは、米国がもはや中立を維持できない立場にあることを察し、対独戦に向けての科学技術の準備体制を確立すべきことを主張した。彼らは政府にまず、それまでまとまりのなかった政府・大学・産業界の三者の研究組織の間を取りもち、「知識の増大と国家の安全と福祉のための、最も広範かつリベラルに科学研究を促進させる」機関の設置を進言した。[4] こうして一九一六年九月に発足したのが、国家研究評議会（NRC）であり（第11章参照）、その中にいくつかの部会が設けられ、光学器具・飛行機・Uボート対策・火薬・毒ガスなどの戦時研究に踏み切った。[5]

一九一四年（大正三）八月末にドイツに宣戦布告した日本では、臨戦下の物資調達や化学工業振興を検討するためにただちに化学工業調査会が発足したが、同会は速やかに政府に、かねてからの懸案事項であった国家的基礎研究所の創設を促し、一九一七年（大正六）に理化学研究所の誕生に導いた。[6]

もともと工業的にも研究組織のうえでも世界をリードしていたドイツが、連合国とは異なり、開戦直後にはとりたてて新しい科学・技術の動員体制を敷かなかったのは驚くべきことではない。しかし、ドイツ軍がパリ侵攻を阻まれて以降、化学者フィッシャー（ちなみにラムゼイは戦前、彼の畏友であった）らの助言でプロイセンの陸軍省に戦時原材料局（Kriegsrohstoffabteilung, 略称KRA）を設置し、合成品などの軍需物資の開発と供給に当たらせた。そして戦況が総力戦になるとともに、カイザー・ヴィルヘルム協会の研究所を大幅に拡充し（大戦中に研究所数は三倍になった）、産業界の協力を得て戦時研究体制を固めた。[7]

第一次大戦では、偵察機・戦闘機・爆撃機などの航空機の開発や、潜水艦探知技術などに工学者や物理学者が動員された。しかし科学技術動員で最も突出した力を発揮した学問領域は化学であった。それが軍需物資上重要であったばかりでなく、毒ガスを兵器とする化学戦（chemical warfare）という全く新しい戦争の形態が出現したためである。

化学戦の展開

「毒ガスだ……毒ガスだぞ……ほかの者に言え」

僕はガスマスクのサックを急いで前に回した……僕からやや離れた向こうにも、誰かがころがっているようだ。僕は夢中になって、そいつにもぜひ知らせてやらなければいけないと思って、

「毒ガスだ……毒ガスだぞ……」

と怒鳴りながらそばへにじり寄って、ガスマスクでその男を叩いた。もう一度、もう一度と叩いても、ただ首を引っ込めようとするばかりではないか。その男は新兵だったのだ……

毒ガス弾の鈍い破裂する音は、爆弾の破裂する音と一緒になって聞こえる。爆破する音の間に鐘の音が鳴動する。ドラの音、金属製のがちゃがちゃする音がいたるところに知らせる……ガス……毒ガス……毒ガス……

ガスマスクをつけたこの最初の二、三分は、生と死の境目なのだ。そのマスクにガスが通りやしないかどうかが問題だ。僕は野戦病院で恐ろしい有り様を見て知っている。それは毒ガスに犯された兵士が、朝から晩まで絞め殺されるような苦しみをしながら、焼けただれた肺が、少しずつ崩れてゆく有り様だ。

気をつけて、口を薬筒の上へ押し当てながら、僕は呼吸をした。やがてガスは地面の上へ這い寄ってきて、いたるところの窪みへ沈んできた。それは僕らの穴へも、まるで軟らかい、幅の広い、クラゲのように押っかぶさって、ふわふわと入り込んできたのである。(8)

これはドイツ生まれの作家レマルクが第一次大戦の終結から一〇年ほどたった一九二九年に著した小説『西部戦線異状なし』の一節である。大戦末期、西部戦線で戦況不利に追い込まれていたドイツ側の名もない一青年兵士の口を借りて、人類史上初めて登場した毒ガス戦の恐怖と悲惨をリアルに描写している。

化学戦に至る契機は開戦後間もなく訪れた。一九一四年の秋、主戦場となった西部戦線（ロシア側の東部戦線に対するフランス側の戦場）が期せずして膠着状態に陥ると、ドイツ、連合国の双方は塹壕戦に対処するための方策として化学兵器の導入を考えた。その秋、イギリスのラムゼイは飛行機から投下する青酸爆弾の開発の可能性を示唆したが、陸軍省はハーグ協定に違反するものとしてその提案を拒否した。一八九九年、緊迫する国際情勢の緩和をめざしてロシア皇帝ニコライ二世の提唱で開かれたハーグ会議（Hague Convention, 二六カ国参加）では「窒息ないし有毒となるガスの拡散のみを目的とするすべての投射物の使用を自制する」ことを宣言していた。ただしそれは、基本精神のみをうたった漠とした協定であった。毒ガス使用の自制が宣言されているだけで、相互監視などの具体的なフォローの規定を全くもたず、さらにはその開発や生産そのものを禁ずることは明文化されていなかった。アメリカはこの宣言が非現実的なものであるとして調印せず、イギリスも留保した。一九〇七年の第二回ハーグ会議（四四カ国参加）では、この宣言が再確認されるとともにいくつかの事項が補足されたが、基本的には第一回目の主旨と変わらなかった。イギリスはこの時初めて協定に批准し、一九一四年までには、イタリアを除いて、やがてくる大戦における主要交戦国のほとんどが批准していた（ただしトルコ、アメリカの批准は遅れた）[9]。

しかしイギリスでは、その後もラムゼイがロンドンのインペリアル・カレッジの実験室で、ソープらの化学者を指導し、さまざまのガス兵器の開発研究を進めていた。フランスは、塹壕や地下壕から敵を誘い出すための催涙弾の生産と備蓄を実際に開始していた。最初に公然と毒ガスを使用したのがドイツであったため、連合国側にもこうした化学戦への周到な準備があった事実は忘れられがちである[10]。

ドイツではマルヌの戦線で前進を阻まれて以降、ネルンストとハーバーが中心となって化学兵器の開発実験を提議していた。当初、軍首脳はその効果を疑問視しながらも、そのプランにゴー・サインを出した。当時、ネルンストはベルリン大学の物理化学教授であり、ハーバーはカイザー・ヴィルヘルム物理化学・電気化学研究所の長であった。軍首脳と化学戦について最初に討議したのは前者で一九一四年一〇月頃とみられるが、同年一二月からその研究に実際に乗り出した後者は、終戦までには毒ガス開発において参謀本部直属の最高責任者となっていた。開戦時四六歳のハーバーは戦争の直前、空中窒素の固定により触媒を使ってアンモニアを人工合成する技術を初めて確立した業績によりすでに名声をとどろかせた化学者であった。その技術がバーディッシュ社で工業化されることにより、一九一三年までにドイツ国内ではアンモニアの自給体制が確立し、もはや南米からのチリ硝石のような天然物の輸入に依存することなく、火薬に不可欠な原料である硝酸塩を供給することができるようになっていた。ユダヤ人であるとともに極めて愛国的なプロイセン人であり、かつ卓抜な組織能力のあったカリスマ的科学者ハーバーは科学動員に積極的に協力し、開戦と同時に彼の研究所を軍部首脳の意のままに活用させるよう取り計らった。そしてすでに同研究所では、陸軍からの依頼により、東部戦線での車両の凍結防止剤の開発や、爆薬の研究を行っていた[11]。

ハーバーらが最初に開発を企てた化学兵器は、毒ガスではなく、催涙弾であった。それは一九一五年初めまでに実戦に使用されたが、ほとんど目立った効果をあげなかった。一方、その時までに彼は、塩素ガスをシリンダーから放出し、風を使って敵陣に送り込む、より効果的と思われる戦法を提案していた。塩素の量産は既存の商業用生産設備をそのまま利用できるという利点があり、また液化してシリンダーに詰めることができるので輸送も容易であった。この構想には軍部の中にすら国際法の上から躊躇する者があったし、同僚科学者の中にも人道的見地とともに、連合国や中立国からの非難と報復措置を恐れる声があった。しかし、フランス軍が前線でガス兵器を使用したという噂（実際にはそれを裏づける決定的証拠はないというのが今日の大方の見方である）がドイツ国内に流れるに及んで、ハーバーの提案はますます重みをもったものとなった。こうして、一九一五年一月、軍司令長官ファルケンハインは、ハーバーとカイザー・ヴィルヘルム研究所に塩素ガス兵器の開発を正式に依託した。専門家との協議の末、ファルケンハインは、塩素を投射体ではなくシリンダーから自然放出することはハーグ協定に抵触しないこと、また連合国には報復の能力がないことを楽観的に確信し、西部戦線での実際のガス使用を考慮していた。

対応は迅速であった。毒ガス用塩素の製造はバイエル社のレーベルクーセン工場でただちに始まった。ハーバーはシリンダーの操作を担当する特別チーム「第三六工兵部隊」を編成したが、その中にはハーン、フランク、ヘルツといった将来のノーベル賞受賞者となる精鋭の科学者も含まれていた。

図12—1　西部戦線におけるハーバー（右）。この写真は1917年頃のもの。左の人物は防毒マスクを肩に掛けている。

一九一五年四月二二日夕刻、ドイツ陸軍は西部戦線のベルギー領イープルで、フランス軍に向けて一五〇トンの塩素を六、〇〇〇本のシリンダーからいっせいに放出した。ガスは白煙から黄緑色の雲に変わり、地上一〇メートルから三〇メートルの範囲に漂い、追い風を受けてゆっくりと敵陣に流れ込んだ。得体の知れないこの新兵器に接したフランス軍は混乱に陥り、多くの兵士が逃げ惑った。ドイツ軍は前線を突破し約二、〇〇〇人の兵士を捕虜にした。が、その晩フランスとカナダの連合軍から猛反撃を受け、それ以上の前進は阻まれた。毒ガスによる敵軍の混乱をフルに活用できなかったことは、その時イープルの現場を視察したハーバーを失望させたが、彼はこれをまだ一つの「実験」（Versuch）であると考えていた（図12—1）[12]。塩素ガスは数日後、イギリス軍に対する攻撃にも使われたものの大きな戦果はあげなかった。

イープルでの最初の毒ガス戦による死傷者数について、信頼できる記録はほとんど残っていない。ドイツ側の公式発表（死傷者二〇〇人、うち死者一二人）と連合国側の発表（死傷者一万五千人、うち死者五千人）には極端な開きがある。これらはいずれも当時の政治的配慮が加わった公表数値であり信憑性は薄い。[13] 確かなことは、イープルでは一時的に麻痺状態に陥った兵士が多数であったにもかかわらず致死率は低かったこと、その後ドイツ、連合国の双方で開発・使用された種々の新しい強力な毒ガスの方がより多くの犠牲者を出し、それがしばしば戦勢を決するファクターになったことである。

ドイツ軍の毒ガス使用は、連合国や参戦前のアメリカに、ハーグ協定を公然と踏みにじったという印象を与え、憎悪の渦を巻き起こした。ドイツ側の思惑は外れ、連合国は報復を開始した。化学兵器の研究にすでに下地があったフランスとイギリスは、ただちに化学戦の専門委員会を設けて科学者と産業界を動員し、極めて短期間のうちに防毒マスクと毒ガスの開発を進め、その年の秋から同盟軍にガスによる反撃を開始した（図12―2）。アメリカは、英仏から研究情報を得て毒ガスの開発研究を始め、大戦末期の一九一八年夏以降は陸軍に開設された化学戦部局（Chemical Warfare Service）がそれを一手に引き受けることになった。ハーヴァードのコナント（後の同大学総長）やカリフォルニア大学のルイスも毒ガス研究に携わっていた。ドイツでは、イープル以後もハーバーの指揮下に有機化学者ヴィルシュテッター（当時カイザー・ヴィルヘルム化学研究所長）、有機化学者ヴィーラント、コロイド学者フロイントリッヒ、X線結晶学者ヘルツォーク（後にカイザー・ヴィルヘルム

図12―2　毒ガス戦に備えマスクをつけるイギリス軍兵士（1915年西部戦線で）。これは初期の簡易マスクで後にさまざまな改良が行われた。

繊維研究所長）をはじめとするカイザー・ヴィルヘルム研究所の専任・客員所員の頭脳を結集して、毒ガス・防毒ガスの研究を推進した。ハーバー自身の統率力と科学的才能が存分に発揮されたのも、むしろイープルでの塩素ガスの「実験」以後のことである。両陣営は、フォスゲンやマスタード・ガス（イペリット）といった毒性の強いガス、その効率的な製造工程、シリンダーばかりでなく砲弾などの投射物を使った散布法、そして新型ガスを防ぐための高性能マスクを次々に開発していった。医学者による毒性の生理学的研究も行われた。この大戦を通して、化学戦のみのために動員された研究者の概数はドイツ二、〇〇〇人、イギリス一、五〇〇人、フランス一〇〇〇人、アメリカ一、九〇〇人、四カ国合わせて五、五〇〇人にのぼるといわれる。研究対象として取りあげられたガスは三、〇〇〇種以上、うち実戦に使用されたのは約三〇種であった。ガスによる兵士の死傷者は約五三万人、非戦闘員（一般市民）を含めると一〇〇万人近いと推定されている。(14)

両大戦間期の科学者たち

第一次大戦は一九一八年一一月のドイツ休戦をもって実質的に終結し、翌一九一九年六月にドイツは強い不満を示しながらも、領土割譲・軍備制限・賠償金などを連合国側が求めたヴェルサイユ条約に調印した。ドイツのハーグ協定違反は、連合国にとって、この終戦処理の条約を有利に進める一つの材料となった。戦後、ハーバーはこの化学戦のスケープゴートとなった感がある。連合国側の作成した戦争犯罪人のリストの中には、彼の名が含まれていた。外国の科学界では、毒ガス戦の非人道的な責任者として彼を断罪する声があった。彼が一九一九年、戦前のアンモニア合成の業績に対して、スウェーデン科学アカデミーからノーベル化学賞(一九一八年度)を贈られた時、フランス、イギリス、アメリカの科学者たちから非難の声があがった。彼が、第一次大戦での毒ガス導入のブレーンとなり、研究プロジェクトの責任者であったことはたしかであるが、ハーバー個人にこの人類初の化学戦のモラル上の全責任を負わせることができるほど事態は単純ではない。愛国的科学者ハーバーの初歩的な研究が一九一五年の春にその端緒を開いたとはいえ、双方ともこの化学戦のための研究に多くの有名無名の科学者が従事し、また軍部と産業界がそれをバックアップした。ドイツが先に使用したということで、その後の連合国側の毒ガス開発とその使用はすべて免罪され正当化される風潮があった。連合国の毒ガス開発に大きな役割を果たした科学者たちが戦後、その功により昇進し、あるいは賞を授けられ、英雄視されたのは象徴的である。

ハーバーをはじめとするドイツ科学者に対する憎悪の念と警戒心は戦後しばらくの間絶えなかった。ドイツ科学界は国際的に孤立化の道をたどった。たとえば、一九二〇年にローマで開催された国際純粋・応用化学連合（International Union of Pure and Applied Chemistry, 略称IUPAC）には、ドイツおよびオーストリアの科学者は戦争の罪を負うべき不適格者のゆえをもって参加を拒絶された。アメリカ人としての初のノーベル化学賞受賞者として知られるハーヴァード大学のリチャーズにいたっては、一九二〇年代半ばになってもドイツを「救いのない野蛮国」と呼び、かつての親友であるドイツ人科学者たちとの交流を再開する意志を全くもたなかった。[15]

ドイツ人研究者の内部にも、ハーンのように強いディレンマを感じながら毒ガス研究に巻き込まれた人々もいたし、シュタウディンガーのように、スイスという中立国に身を置いて大戦中から公然と母国ドイツの毒ガス使用を批判していた科学者もいた。[16] が、ハーバー自身の態度は終生変わらなかった。彼は戦後もさまざまな機会に、最初に化学兵器を使用したのはフランスであったこと、イープルにおけるガス使用はハーグ協定に違反していなかったこと、毒ガスは銃や爆弾などの既存の武器と比べてはるかに殺傷率が低く、また回復率が高いことなどを説いてまわり、戦中の行為を正当化し続けた。[17] 彼は戦後もカイザー・ヴィルヘルム物理化学・電気化学研究所の長として精力的な活躍を続け、科学者としての名声を取り戻していった。そこで主宰したハーバー・コロキウムは、若い有能な学者の討論の場として人気を博した。彼のひたむきな愛国的努力は、戦後も変わらなかった。ヴェルサイユ条約によりドイツに課せられた多額の賠償金を捻出するために、海水から金を採取する研究に七年間取り組んだが失敗に終わった。しかし、一九三三年にヒトラーの率いるナチス（国家社会主義ドイツ労働者党）が政権を執った時、ユダヤ人であるがゆえに、彼はパージの犠牲になった。同年祖国を去り、イギリスに渡ったあと翌一九三四年初めスイスで客死した。

毒ガスは非人道的であり、廃絶すべきであるという世論が支配的となった一九二〇年代に、イギリスやアメリカの科学者——とりわけ戦時中に化学戦プロジェクトに参画した研究者——の中に、そうは考えない者もあったことを指摘しておかなければならない。戦争での化学兵器使用は、一九二五年のジュネーヴ議定書（Geneva Protocol）で再び禁止が宣言されたが、アメリカがこれに批准しなかった背景には、毒ガス研究肯定派の化学者からの圧力があった。[18] 当初、アメリカの大衆の世論はもとより、政府高官や軍人の間にも人道的見地から毒ガスに反対する意見が強かった。事実、一九二二年のワシントン軍縮会議では、アメリカ代表団は化学兵器禁止条項が盛り込まれた条約に批准している（ただしフランスが反対し、この条約は実際的な効力はもたなかった）。が、ジュネーヴ宣言批准までの間に、こうした世論と議会の意見を覆したのは、ほかならぬ化学者たちだったのである。その経緯は次の通りである。第一次大戦に化学が果たした役割は極めて大きかった。アメリカでもこの大戦を契機に、化学が軍事・産業と急速に結びつくことにより、研究の環境や条件が飛躍的に充実し、化学者の職業的地位が向上した。化学研究は新たに軍事的側面を巻き込むことによって大幅に視野を拡大し、化学者たちは自らの仕事が重要な社会的使命を担っていることをこれまで以上に確信した。戦争が終わると、化学者たちは彼らが大戦によって勝ちとった地位と役割が消滅することを危惧した。終戦直後からアメリカ化学会は、とりわけ大量の化学者を投入した化学戦部局の解体を恐れ、平時でもそれを存続させるよう働きかけた。ワシントン会議の結末はこうした化学者たちの強い反発を買っていた。一九二五年六月のジュネーヴ会議で化学戦禁止の議定書を起草したのは、上院議員バートンの率いるアメリカ代表団であった。化学戦部局はただちに代表団に草案の撤回を求めた。もしアメリカがこの議定書を批准すれば、化学戦部局の廃止は必至となるばかりか、全国の大学や研究機関における化学戦に関わるすべての研究開発は大幅に縮小され、さらには国際連盟（ヴェルサイユ条約によって一九二〇年結成、本部はジュネーヴ）から化学物質製造の監視とコントロールを受ける可能性が十分あり、アメリカ化学工業の自由な発展が阻まれるであろうという危惧がつのっていた。こうして、批准についての結論をアメリカ議会が出すまでの一八カ月間、化学戦部局の首脳は、アメリカ化学会の会長ノーリスや前会長スミスらの代表と共同戦線を張り、産業界も巻き込んで、批准反対運動を展開した。彼らはクーリッジ大統領とワシントンの議会に陳情し、有力議員を説得し、反対派に同情的な議員を味方に引き入れる一方、国民に向けて化学兵器についての知識を新聞や雑誌やパンフレットを通じて啓蒙した。国民の世論はアメリカ議会の決定を大きく左右するからである。この啓蒙運動では、兵士が毒ガスを被災しても通常兵器よりはるかに生存率が高いことをデータで示し、毒ガスが「人道的」な武器であることを強調した。その後、議会では賛否両論が渦巻いたが、結局、批准反対派の勝利に終わったのである。これは、科学者集団の圧力が世論と政府の決定に大きな影響を与えた一例である。その背後には、国防上の義務感という以上に、科学者共同体の地位や利益を守る動機が働いていた。ここでは、もはや素朴な感情論は通らなくなっていた。結局、「感情的な立場に立って、ジュネーヴ宣言をつくり上げたのは政府と政治家だったのである」という指摘は必ずしも誇張ではないであろう。(19)

大戦中の科学動員で創設されたイギリスの科学・産業研究庁や、アメリカの国家研究評議会はその後も残り恒久的機関となった。科学は軍事研究を巻き込んで、その裾野を広げただけでなく、その国家的役割を示すことにより、社会的地位と発言力を向上させた。大戦当初は軍人と科学者の科学に関する認識のずれがしばしば見られたが、結局は軍部も、この戦争の教訓により科学研究の意義を認め、平時の軍事研究にもアカデミズム科学者を常駐させるのが常となった。政府が一貫した原則と見通しに立った科学政策をもつことは、国家的にますます重要な意味をもつようになった。政府が意図的かつ全面的に国内の科学研究にコントロールと方向づけを与えるようになる状況は、ほぼこの世界大戦を契機として始まったものである。そして、その政府の方向づけには、専門家集団のさまざまな利害関係を背負って立つ科学エリートや、産業界、軍部の意見が反映されることになる。いずれにしても、後の第二次世界大戦において各国が前大戦よりも速やかに組織的な科学技術動員体制を敷くことができたのも、それまでにこうした政府・軍・産業・学界をつなぐもろもろの土壌ができあがっていたためである。国家による科学の管理体制は、第二次大戦の科学動員をもってほぼ決定的なものとなり、その多くは戦後に引き継がれた。

ジュネーヴ協定にはアメリカと日本を除くほとんどの主要国が批准した。一九三〇年代から第二次大戦中にかけて、ナチス・ドイツが毒ガスをユダヤ人の大量虐殺に使用し、その人体実験を通して極めて毒性の高い神経性ガス（タブン、サリン、ソマンを含む）を開発したことはよく知られている。たしかに、第二次大戦時にも、連合国・枢軸国の双方は毒ガス研究を進めていた。しかし、近年明らかにされた日本軍の中国での毒ガス使用のケースを除き、各国とも実戦で公然と化学兵器を使わなかったのは、第一次大戦の経験とジュネーヴ協定の存在から、相互抑止が働いたためと見られている。とはいえ化学戦こそ見られなくなったものの、この大戦においては、既成兵器に関する研究が展開されるとともに、電子工学を駆使したレーダー、原子物理学を応用した原子爆弾などの新しい物理学的軍事研究が生まれ、その成果が実戦に使用された。化学戦に代わって登場する物理学戦は、国際法的な規定を何ら受けなかった。

両大戦間の一九三六年にイギリスの物理学者バーナール、生化学者ニーダムら二二名のケンブリッジ大学の科学者は連名で科学雑誌『ネイチャー』に「科学研究者と戦争」と題する記事を発表し、「もし、すべての科学者が反対するならば、戦争は不可能であろう」と述べている。[20] 戦争の真の原因を問うことなしに科学のみにその責を負わせることはできないが、この声明文は、近代戦における科学の核心的な役割を危惧した科学者グループの反戦の訴えであった。しかし一九三九年の新たな大戦の勃発は、再び多くの科学者たちの平和時の道徳的拘束をいとも簡単に取り払ってしまった。連合国側の科学者たちにとっては、他の一般の人々と同様、ヒトラーの率いるナチス・ドイツの侵略に屈服し、この戦争に敗北することは受けいれがたいものであった。ファシズム打倒は連合国側の多くの科学者の戦争協力の動機にもなったし、それを正当化する大義名分となった。たとえば一九三九年、マルクス主義者で反戦科学者運動の中心的人物であった上記のバーナールも、国内で起こりかけていた戦争研究へのボイコット運動が「ファシストの国々に対して民主主義の国々を不利な立場におく」結果を招くとして、それに異論を唱えた。[21] そして彼自身、戦時中、対潜水艦の軍事研究を成功裡に行い、イギリスの科学動員に大きく貢献したのである。

第二次世界大戦と原爆開発

原子爆弾は、一九三〇—四〇年代の物理学の状況と戦争という社会状況がクロスして生み出された。一九三八年一二月、ドイツのカイザー・ヴィルヘルム化学研究所のハーンとシュトラスマンは、ウランに中性子を照射すると放射能バリウムが生成することを発見した。ハーンのかつての共同研究者であった女性物理学者マイトナーは、亡命先のスウェーデンでこの知らせを受け、それが核分裂（ウランの原子核の分裂）であると悟った。この情報はハーンとシュトラスマンの論文発表（一九三九年一月）を待たずして、直ちにアメリカにも流れた。核分裂の際に放出される莫大なエネルギーが、兵器に利用される可能性が生じたことは今や明らかだった[22]。

核分裂がヒトラー政権下のドイツで発見されたことは、ドイツを追われたユダヤ系科学者たちにとって大きな脅威であった[23]。実際、一九三九年三月にドイツはチェコスロヴァキアのウラン鉱山を接収した。同年八月、アメリカに亡命していたユダヤ人物理学者アインシュタインは、同じく亡命中のハンガリー人物理学者シラードとウィグナーから、ナチス・ドイツが最新の研究成果からウランによる新型爆弾をつくる危険性があることに注意を促すルーズヴェルト大統領宛の手紙に署名を求められた（図12—3、4）。アインシュタイン自身はもともと政治に深入りすることを好まなかったが、世界の科学界を揺がせた相対性理論の発見者として、自分の科学者としての権威が社会的に大きな力をもつことをよく承知していた。この一通の手紙がアメリカの原爆製造計画への政策決定を直接左右したわけではなかったにせよ、それはウラン委員会（Uranium Committee）発足の契機になるなど、一つの伏線になったことはたしかである。[24] この手紙が書かれた翌月、ドイツはポーランドに侵攻し第二次世界大戦が勃発した。

図12—3　アインシュタイン（左）とシラード。1939年7月、シラードはウィグナーと後の「水爆の父」テラーを伴いアインシュタインを避暑先のナッソー岬に訪ね、ナチスの原爆研究の可能性を伝えた。直接大統領に伝言することをシラードに勧めたのは経済学者サックスといわれる。写真は後に当時の様子を再演したもの。

原爆製造はドイツ・イギリス・アメリカ・ソヴィエト・日本で企てられたが、実際にはアメリカ以外ほとんど進展しないまま終戦を迎えた。アメリカの原爆製造は一九四二年八月、グローヴズ陸軍准将を総司令官として「マンハッタン計画」

August 2nd, 1939

F.D. Roosevelt,
President of the United States,
White House
Washington, D.C.

Sir:

Some recent work by E.Fermi and L. Szilard, which has been communicated to me in manuscript, leads me to expect that the element uranium may be turned into a new and important source of energy in the immediate future. Certain aspects of the situation which has arisen seem to call for watchfulness and, if necessary, quick action on the part of the Administration. I believe therefore that it is my duty to bring to your attention the following facts and recommendations:

In the course of the last four months it has been made probable - through the work of Joliot in France as well as Fermi and Szilard in America - that it may become possible to set up a nuclear chain reaction in a large mass of uranium, by which vast amounts of power and large quantities of new radium-like elements would be generated. Now it appears almost certain that this could be achieved in the immediate future.

This new phenomenon would also lead to the construction of bombs, and it is conceivable - though much less certain - that extremely powerful bombs of a new type may thus be constructed. A single bomb of this type, carried by boat and exploded in a port, might very well destroy the whole port together with some of the surrounding territory. However,

I understand that Germany has actually stopped the sale of uranium from the Czechoslovakian mines which she has taken over. That she should have taken such early action might perhaps be understood on the ground that the son of the German Under-Secretary of State, von Weizsäcker, is attached to the Kaiser-Wilhelm-Institut in Berlin where some of the American work on uranium is now being repeated.

Yours very truly,
A. Einstein
(Albert Einstein)

図12—4　アインシュタインが署名したルーズヴェルト大統領宛の1939年8月2日付手紙。原文起草者はシラードであるが、アインシュタイン自身の意見も反映している。この手紙を預かったサックスが大統領に手渡したのは2か月後であった。

(Manhattan Project, 本部がニューヨーク市マンハッタンにあったことからつけられた名称)の名のもとに始動した。[25] 一九四三年、ニューメキシコ州の砂漠の中の町ロスアラモスにつくられた研究所で、三八歳の所長オッペンハイマーのもと、物理学者が集められ、研究開発が進められた。研究員の平均年齢は二九歳、ノーベル賞受賞者、もしくは後に受賞することになる頭脳が一堂に会した(図12—5)。オッペンハイマーは当初、科学者三〇人ほどの小規模の研究所をつくることを構想していたが、やがて科学者とその家族合わせて約六千人が集まる一つの町が形成されるまでに拡大した。研究所は秘密厳守のため外部から隔絶され、充実した設備と潤沢な資金が与えられた。研究者たちを動機づけたのは、ナチス・ドイツの世界制覇への恐怖、そしてそのドイツより何としてでも先に原爆をつくらなければならないという使命感であった。彼らの多くは、その意味での「正義感」に駆られて積極的に参画したのである。

図12—5 ロスアラモスにおける指導的な物理学者たち。左からローレンス、フェルミ、ラビ。いずれも1930-40年代にノーベル物理学賞受賞。

当初は大方の研究員ですら戦時中に原爆が完成することに懐疑的であった。しかし、困難な技術的問題は次々に解決されていった。核分裂を起こすウラン二三五およびプルトニウム二三九を原料とする二つのタイプの原爆製造が追求され、研究所のほか、ウラン濃縮工場やプルトニウム生産のための原子炉など、各地に三〇か所を越える施設がつくられた。産・官・学を巻き込み、総額二〇億ドルの資金と最大五五万人（うち科学者・技術者は一二万人）を投入し、未曾有の国家レベルのビッグサイエンスへと発展したマンハッタン計画は、結果的に終戦までの三年間で三発の原爆を製造することになる。

一九四四年末までには、ドイツは原爆をつくりえないという情報が入っていた。そして翌四五年五月にドイツは無条件降伏する。こうして、ナチス・ドイツより先に原爆をつくるという当初の目標は完全に消え去った。けれども、ロスアラモスには製造をやめようとする気運は生まれなかった。原爆が完成の域に達した今、もはや流れを止めることはできなかった。科学者たちの、最後まで見届けたいという願望、達成への欲求、知的好奇心――そうした衝動がまさっていたといえる。「テクノロジーの落とし穴」にはまったのである。[26]

一九四五年七月一六日の早朝、ニューメキシコ州アラモゴードの砂漠に巨大な閃光がはじけ、数十秒後に爆発音がとどろいた。初の原爆実験「トリニティー」（Trinity、実験の暗号名）の成功の瞬間であった（図12―6）。居合わせた科学者たちの多くは、成功に安堵するとともに、次の瞬間、その威力の凄まじさに戦慄したという。こうして「核の時代」の

図12—6　トリニティーの実験。1945年7月16日午前5時30分、世界初の原子爆弾（プルトニウム型）の爆発の瞬間。オッペンハイマーはこの時、ヒンズー教の聖典の一節「われは死となり。世界の破壊者となり」を思い出したという。

幕は切って落とされた。

太平洋で死闘を続ける日本にはまだ降伏の兆しは見えなかった。六月までに、暫定委員会（Interim Committee）は日本への原爆投下の決定を下した。標的の都市として京都、広島、小倉、新潟が候補にあがった（京都は後に除外された）。暫定委員会ではオッペンハイマーら四人の科学者が顧問として発言を求められたが、彼らも対日投下に反対しなかった。

こうした中で、原爆投下に異議を唱える科学者も現れたことも事実である。トリニティーに先立つ三月末、再びアインシュタインが署名した手紙がルーズヴェルト大統領のもとに送られた。それには原爆使用反対を訴えるシラードの勧告書が添えられていた。だが、その手紙はルーズヴェルトの死んだ四月一二日、開封されないままホワイトハウスの彼の机の上に残されていた。ロートブラットは、ドイツが原爆を作れないことを知り、マンハッタン計画を自ら離脱した。六月にはマンハッタン計画に参加していたシカゴ冶金研究所のフランク、それにシラードら科学者七名が、無警告での原爆投下反対の声明を陸軍長官に送った。いわゆる「フランク報告」(Franck Report)である。七月にはオークリッジの実験施設の六九名の科学者の署名入りの対日投下反対の嘆願書がルーズヴェルトの後任トルーマン大統領に送られている。しかしこうした訴えは顧みられないまま、八月六日に広島にウラン型原爆が、その三日後に長崎にプルトニウム型原爆が投下され、二一万人以上の命を奪ったのである。

科学者の社会的責任と戦後世界

二つの世界大戦を通して、自らの仕事が人類にもたらした悲劇を目の当たりにした科学者たちは、ようやく「社会的責任」を自覚したといわれる[27]。とりわけ人類を滅亡させかねないほどの恐るべき破壊力をもつ原爆は、世界を戦慄させ、科学者自身にもさまざまな反省の念を芽生えさせた。「原爆の父」と呼ばれたオッペンハイマーは戦後間もなくマサチューセッツ工科大学で行われた講演で、彼らが提言し実現させた核兵器により「物理学者は罪を知った」(Physicists have known sin)と表明した。オッペンハイマーは、戦後、核兵器の国際的管理の重要性を訴え、またアメリカの水素爆弾の開発計画に反対したが、国家機密漏洩の名のもとに一九五四年に公職から追放された。晩年、核兵器削減案の議論にマスコミから意見を求められた時、「二〇年遅すぎた。トリニティーの翌日にそうすべきだった」と吐き捨てるように言った。しかし、オッペンハイマーは平和主義者に転じたわけではない。[28]彼は核管理のあり方を批判したのであり、核兵器の存在そのものを否定したのではなかった。

人道的立場から核兵器に反対した科学者の運動も起こった。一九五四年にイギリスの哲学者ラッセルが起草し、アインシュタインを含め一一名の著名科学者が署名したラッセル＝アインシュタイン宣言（Russel-Einstein Manifesto）[29]は、核軍縮をはじめとする戦争と平和の問題を科学者の立場から討論する国際的会議パグウォッシュ会議（Pugwash Congress, 一九五七年の第一回会議開催地であるカナダの村パグウォッシュにちなんでこう呼ばれる）に発展した。マンハッタン計画の離脱者ロートブラットがこの会議で主要な役割を果たしており、一九九五年にこの功により彼とパグウォッシュ会議の双方に対しノーベル平和賞が与えられている。日本ではラッセル＝アインシュタイン宣言の精神を受けて、湯川秀樹、朝永振一郎、坂田昌一の三人の物理学者の提唱による科学者京都会議が一九六二年以来開かれ、核廃絶と平和を訴えるための科学者の場となった。

しかし、こうした動きと並行して、戦後の東西の冷戦（Cold War, アメリカを極とする資本主義陣営とソヴィエト連邦を極とする社会主義陣営の対立・緊張関係）は軍備競争を加速させていった。アメリカは一九五四年に、ソヴィエトは五五年に、核融合を原理とする水素爆弾を完成させた。一九七〇年には、米ソ双方で数万発の核兵器を保持していたという。一九五七年のソヴィエトの人工衛星スプートニク一号の打ち上げに始まり、六九年のアメリカのアポロ一一号による人類初の月到達でハイライトを迎えた米ソの宇宙開発競争も、軍事がらみで進展していった(図12—7)。一九八三年にアメリカが発表した戦略防衛構想(Strategic Defensive Initiative, 略称SDI、ソ連からアメリカへ発射されたミサイルを宇宙に配備された兵器で撃墜する防衛システム)も宇宙開発の軍事的性格を露呈している。[30] 一九九一年、ソヴィ

図12—7 1969年7月20日、アメリカの宇宙船アポロ11号により人類初の月面着陸が達成された。ケネディ大統領が1961年に国家の威信と技術力の対ソ優位の確立のために、「1960年代末までに人間を月に着陸させ、安全に地球に戻す」と宣言、アポロ計画が国家的事業としてスタートした。この計画だけで、マンハッタン計画をはるかにしのぐ250億ドルが投資された。

エトが崩壊し冷戦が終焉するまで、人々は地球的規模の核戦争の脅威にさらされ続けた。科学の基礎研究・開発研究はこの軍拡競争を支えてきた。冷戦の呪縛が解けた今日でも、全世界の科学者・技術者の約四分の一が何らかのかたちで軍事研究に従事しているといわれる。

第二次大戦中の軍事研究が形を変えて戦後の科学や技術に影響を与えたことは無視できない。戦中の原爆開発が戦後、原子力発電という新しい公共的用途につながったことは周知の通りである。また、電波天文学という全く新しい科学の誕生も第二次大戦中にアメリカやイギリスで急速に発展したレーダー工学の副産物であったし、戦後の米ソの宇宙開発は、もとはといえば戦時中のロケット研究（とくにドイツのV－2ロケット）の成果から出発している。今日の花形技術であるコンピュータのルーツも、第二次大戦中の軍事計算（アメリカにおける砲弾の弾道計算）の技術と深くかかわっている。さらには、「あらゆる技術のうちで最も人間的な技術である医学でさえ、平和と同じくらい戦争に負うところが大きい[31]」。ペニシリンの開発もその一例である。平時の科学や技術が有事には軍事的に利用されてきたように、一見平和的で有益な今日の科学や技術も軍事研究にその土台をもつケースが少なくないのである。そのことは現代の科学技術が、戦争と平和の双方に時宜に応じて可逆的に機能できる両刃の剣としての側面をそなえていることを端的に物語っている。[32]

終章　科学・技術批判の時代

環境・生命・エコロジー

　アメリカの奥深くわけ入ったところに、ある町があった。生命あるものはみな、自然と一つだった。町のまわりには、豊かな田畑が碁盤の目のようにひろがり、穀物畑の続くその先は丘がもりあがり、斜面には果樹がしげっていた。春がくると、緑の野原のかなたには、白い花のかすみがたなびき、秋になれば、カシやカエデやカバが燃えるような紅葉のあやを織りなし、松の緑に映えて目に痛い。丘の森からキツネの吠え声がきこえ、シカが野原のもやのなかを見えつかくれつ音もなく駆けぬけた……

　ところが、あるときどういう呪いをうけたのか、暗い影があたりにしのびよった。いままで見たこともきいたこともないことが起こりだした。若鶏はわけのわからぬ病気にかかり、牛も羊も病気になって死んだ。どこへ行っても、死の影……そのうち、突然死ぬ人もでてきた。何が原因か、わからない。大人だけではない。子供も死んだ。元気よく遊んでいると思った子供が急に気分が悪くなり、二、三時間後にはもう冷たくなっていた。

自然は沈黙した。うす気味悪い。鳥たちは、どこへ行ってしまったのか。みんな不思議に思い、不吉な予感におびえた……

病める世界――新しい生命の誕生をつげる声ももはやきかれない。でも、魔法にかけられたのでも、敵におそわれたわけでもない。すべては、人間がみずからまねいた禍いだった。[1]

これはアメリカの海洋生物学者カーソンが、がんと闘いながら命をかけて書き上げた『沈黙の春』の冒頭の部分である。本当にこの通りの町があるわけではないとしながらも、多かれ少なかれこれに似たことはアメリカでも、世界でも起きていると彼女は訴える。「アメリカでは、春がきても自然は黙りこくっている。そんな町や村がいっぱいある。いったいなぜなのか。そのわけを知りたいと思うものは、先を読まれよ」[2]。こうして、カーソンは丹念に収集したデータにもとづき、DDT（ジクロロジフェニルトリクロロエタン）やBHC（ベンゼンヘキサクロリド）などの有機塩素系殺虫剤が生態系を破壊し、生物全体に恐るべき被害を与えていることを詩的な筆致で描き出した。人間は特定の作物を保護するため、それにつく害虫を駆除する目的で農薬という化学薬品を使う。だが結果的には、それは他の多くの生物の命を奪うことになる。カーソンは散布された農薬が、短期間のうちに生物を無差別に死滅させるばかりでなく、長期間かかって生態系の食物連鎖の中に入り込み、

図 終―1　戦後、日本でもDDTの空中散布が行われた（1954年7月撮影）。

人間を含む多くの生物を死に追いやることを指摘した（図 終―1）。

一九六二年に発表され、自然破壊に警告を発した『沈黙の春』は、世界に大きな衝撃を与え、自然保護や環境保全の重要性を目覚めさせることに寄与し、エコロジー（生態学）運動・反公害運動の理論的支柱となった。アメリカのケネディ大統領もこの書を読み、農薬の使用とそれが自然界に及ぼす影響について調査させた結果、カーソンの見解が正しいという結論を得て、DDTの使用中止を決断した。日本では一九七一年からDDTやBHCの使用が禁止されている。しかし、現在も発展途上国では、食糧増産やマラリアなどの伝染病予防の手段としてDDTを使用している。

農薬に限らず、その後PCB（ポリ塩化ビフェニル）、砒素、有機水銀、ダイオキシン類（ポリ塩化ジベンゾダイオキシンとポリ塩化ジベンゾフランの総称）など、さまざまな化学物質の悪影響が明るみにされた。それらは工場の廃液、製品ならびにその処理の工程から生じ、公害や薬害や環境汚染をひき起こした。一九九一年アメリカのウィスコンシン州レイシンにあるウィングスプレッド会議場で行われた会議では「内分泌攪乱化学物質」の存在が確認された。それはホルモンの分泌を攪乱し、精子数を減少させ生殖を妨げ、種を絶滅に導く危険性のある物質で「環境ホルモン」ともいわれる。その原因物質のほとんどは現代工業文明を支える人工化学物質であり、その被害は生命現象の基本的次元にかかわる深刻な問題である。環境ホルモンに対する関心は、一九九六年に刊行された環境学者コルボーンらの著書『奪われし未来』で一気に高まった。[3] 同書は、それが世界に与えた衝撃の大きさから、第二の『沈黙の春』といわれる。専門知識を駆使し世界に警鐘を鳴らしたカーソンとコルボーンの両者に共通するのは、女性であるということだけでなく、既成アカデミズの枠外にいた科学者だということである。実際、環境問題の告発・提言・規制に、体制外の一般市民やジャーナリスト、非政府団体（Non-governmental Organization, 略称ＮＧＯ）が果たした役割はきわめて大きいのである。[4]

環境汚染を引き起こすもう一つの典型は原子力発電所の事故である。「平和のための原子力」としての発電は、一九五〇年代の実用化開始以来さまざまな事故を引き起こした。とりわけても、ソ連のチェルノブイリ発電所で一九八六年四月に発生した爆発火災事故は、史上最大の放射能漏れ事故となった（図 終―2）。世界中にばらまかれた放射能は少なくとも三六〇〇万キュリーといわれ、一九九五年の国連報告によれば被害者総数七〇〇万人とされている。ウクライナ政府は、被害者のうち一二万五千人以上が一九八八―九四年の間

図 終―2　事故を起こしたソ連チェルノブイリ原子力発電所（1986年9月撮影）。

にがんなどで死亡したと報告している。チェルノブイリの惨事は他の多くの原発事故（わが国の高速増殖炉「もんじゅ」のナトリウム漏洩事故や東海村の臨界事故を含めて）と同様に結局は人災であり、人間が技術をコントロールしきれないことを物語っている[5]。

二〇世紀後半の技術革新と工業化社会による大量生産・大量消費・大量廃棄が生み出したものは、豊かな物質文明とともに、こうした深刻な環境問題であった。そしてその規模も局地的なものから、放射能漏れ、大気汚染、酸性雨、オゾン層の破壊のように、国境を越え全地球的なレベルに拡大している。したがって、その取り組みも国際的にならざるをえなくなった。

二一世紀最大の研究テーマの一つは生命の謎への挑戦といわれる。一九五〇年代に遺伝子のＤＮＡ（デオキシリボ核酸）の分子構造が解明されて以来、分子生物学は急速な成長を遂げた。遺伝子の組み換えに関する関心も高まり、バイオテクノロジーは産業としても台頭した。これに伴い、人間が人工的に生命をコントロールすることに対する危惧もつのった。一九七五年、アメリカ・カリフォルニア州アシロマーで行われた国際会議は、科学者自身がこうした研究の自主規制に向かった出来事として注目される。世界二八カ国から約一五〇人の専門家（科学者のほかに法律家、ジャーナリストも含まれた）が集まり、細菌やウィルスのＤＮＡの組み換え実験の規制に関する討議が行われた。このアシロマー会議（Asilomar Conference）での結果を受けて、一九七六年、アメリカの国立衛生研究所（National Institutes of Health, 略称ＮＩＨ）は安全のためのガイドラインを作成し、それがその後世界各国で踏襲される安全指針になった[6]（図 終―3）。

バイオサイエンスは多くの科学者の興味をひきつけ、とどまるところを知らない。国際的プロジェクトとして進行中のヒトゲノム計画（Human Genome Project）もその一例である。一九八〇年代に始まり二〇〇三年に完了したこのプロジェクトは、ヒトの遺伝子の三〇億の塩基対の地図をすべて解読することを目的としている。生命の基礎研究、遺伝病やがんなどの病気の解明と治療、人類の進化過程の解明への貢献が期待される反面、個人のプライバシー問題やその悪用への危惧も議論されている[7]。遺伝子の制御は、かつて悪名を馳せた優生学を思い起こさせる面がある。優生学は一九世紀末に人間の遺伝的改善をめざ

す学問として生まれ、二〇世紀前半、科学の名のもとに政治や人種的イデオロギーとも結びつき、「劣等」や「精神病」の家系の烙印を押された人々の断種・隔離・殺戮などが実行され多くの悲劇を招いた[8]。人間が人間の意志で生命を操作できることは、一歩間違えばその悪用につながる危険性をはらんでいる。優生学と同じ道をたどらないためにも、適切な生命倫理綱領の確立と、それにもとづく国際的な管理が必要になる。

図 終—3　科学者による遺伝子組み換え技術は、1970 年代に多くの国々でモラル上の議論を引き起こした。このアメリカの漫画（1977）は DNA 研究の恐ろしい結果を風刺している。「母なる自然をもてあそぶのはよくない」とある。

もう一つの科学・技術

古代ギリシアの哲学者アリストテレスは「すべての人間は、生まれつき知ることを欲する」と言った。[9] その言葉のように、いつの世にも知的好奇心・探究心は科学者の研究動機の根幹にあったし、これからもそうであり続けるであろう。科学活動はこうした「知への渇望」という人間の本源的な性向のうえに、それぞれの時代により、宗教、教養、文化運動、社会変革、階級、技術、産業、経済、国家、戦争といったさまざまな社会的・文化的な動機や目的や手段が覆い重なり、その相貌を変えてきた。

一九世紀はオプティミスティックな科学主義が台頭した時代であった。もはや神の創造した世界の理解という宗教的動機を離れ、かつてベイコンが未来を予測したように、生活改善の手段としての科学に明るい将来の夢と希望を託すことができた幸せな時代であった。科学は職業化・専門化し、ナショナリズムの高揚する中で各国において、それに見合った科学の制度化が競い合うように急ピッチで進んだ。二〇世紀初頭までに科学は技術発展の原動力となって社会や経済や文化に大きなインパクトを与える存在になっていた。

だが二〇世紀後半に至って、全幅の信頼を寄せていたその科学技術が次々にもたらす影の面を知った時、前世紀とは極めて対照的に懐疑主義とペシミズムが人々を覆った。人々は科学を巻き込む戦争がどれほど恐ろしい結果を生み出すかを知り、また工業化の進展が招いた公害や自然破壊に危機を感じ始めた。反公害運動や住民運動が胎動するなか、「科学・技術批判」と総称される諸説が、一九六〇年代末から七〇年代にかけて世界的に噴出した。

これまで考えられてきたように、科学そのものは善で、問題はその使い方だけにあるのだろうか。一向に衰える気配を見せない科学技術にまつわる事件や問題の所在を、もはや使い方という観点からでなく、これまでの科学技術そのものの中に求める立場も現れた。それは、従来の西欧近代科学に内在する矛盾点や根本的問題点を問い直し、それとは異なる新しい発想や価値観に基礎をおいた、いわば「もう一つの科学」「もう一つの技術」の創造をめざす流れである。

「もう一つの科学」といえるものは多種多様であり、その中での見解の相違も少なくないが、共通する視点をおおまかに特徴づければ、次のようになろう。まず、これまでのヨーロッパ近代科学のもつ機械論的・要素分析的な考え方に対して、全体論的・システム論的なアプローチをとっていることである。部分に分断し個を調べてよしとするのではなく、全体は一つの統一体であり、単なる部分の総和ではないとみる。第二に、合理主義の論理偏重に対して、感性や直感を重視する。近代科学の枠組みでは非論理的・非言語的認識を排除する方向で進められてきたが、逆に感性的体験に基づく直感的認識こそ、対象のリアリティーに深く接近する有力な道であると説く。これと関連して第三に、近代科学のように主体と客体の分離によってではなく、両者の融合をはかってこのリアリティーをつかみ取る。そして、従来の人間中心主義や自然支配・自然征服という攻撃的な視座から脱却して、生態学やエントロピーの見地から自然とのハーモニーをはかろうとする。以上の諸特徴からこの立場が、西欧近代科学がその原点に宿していたキリスト教的自然観とは対照的な東洋思想の諸要素に近似していることが明らかであろう。実際、こうした思想系譜に属する欧米の識者の中には、道教や禅といった東洋思想に、これからの科学がとり入れるべき発想や視点を見出している者もいる。わが国では、こうした思想の流れの一つを「ニューサイエンス」と呼ぶことがある[10]。

従来の西欧近代科学は、それに適合し、それを支えてきた制度と切り離して考えることはできない。要素還元主義は、学問の専門分化、社会集団や機関の分割、仕事の分業体制など、社会の営みのあらゆる形態に浸透しているという。そして人々は全体を見失っている。また現行の教育は、合理・論理のみから思考する訓練を施し、人間の本来もつ直観や感性を非合理なものとして極力排除する方向にある。そこで叩き込まれる自然観は、自然攻撃型の西欧型自然観である。それは主体と客体の分離を促し、そのことが逆に現代機械文明からの人間の疎外感を招いたとする。

そもそも、西欧文明の「功罪」を問い直し、科学・技術批判の視点を最初に拓いたのは、当の西欧文明圏に属する人々であった。その唱道者は、物理学者・生物学者・エコロジスト・心理学者・フェミニスト・文明批評家・作家・哲学者・歴史家・ジャーナリストなどさまざまである。

「もう一つの科学」に見られる反合理主義的・感性主義的な視座は、西欧世界において今に始まった流れではない。古くは、ルネサンスから近代にかけて機械論哲学の対抗勢力であった、ヘルメス思想やカバラ思想などの魔術思想、また一九世紀に啓蒙主義の合理偏重へのアンチ・テーゼとして興隆したロマン主義の潮流もその要素を含んでいた。あるいはまた、西欧科学文明における「ソクラテス的合理主義」のゆきづまりを批判し、ヨーロッパの芸術と文化にディオニソス的精神の復帰を求めたニーチェの思想にも、それとの類似性を見出すことができる。しかし、それらが生まれた時代背景と、一九六〇年代末以降のそれとは大きく異なっている点に注意する必要があろう。科学や技術の性格、科学の社会に対する影響の仕方は著しく変貌している。公害、生態系の破壊、科学兵器、新技術の登場に伴って発生する新しいタイプの事故や病気、科学技術力に起因する南北格差による緊張などが顕在化し、既存の科学技術に対する人々の危機感や不信感は以前とは比較にならないほどつのっている。一方において、欧米型科学技術はそれにふさわしい形でつくられた教育・研究・管理制度のもとに効率的に発展を続けている。一見、自由で民主的に見える科学も、国家や産業という巨大な機構の中で管理され、分業体制が確立し、非科学者はもとより、大多数の一般化学者・エンジニア個人のコントロールの及ばないものとなっている。そして、高度な機械文明・物質文明の中で、名状しがたい疎外感を味わっている人々も多い。「もう一つの科学」は、基本的にこうした状況への反動として噴出した一種のイデオロギーであると見ることができる。それゆえに、その動きは単なる歴史の振子の振幅による一時的な「思想のファッション」としては片づけられない問題をはらんでいる。

技術においても類似した視座から新しい波が発生した。画一的、中央集権的、環境破壊型である従来の西欧巨大技術に対抗して提起されたATがそれである。ATは適正技術(appropriate technology)、代替技術(alternative technology)の総称である。前者は、大きな資本投下による欧米型ハイテクノロジーと土着の小型の伝統的技芸との中間に位置する、「等身大」の管理しやすい安全な技術であり、とりわけ非西欧圏の開発途上国において、その地域の自然環境や文化に適合できる技術の創造を意図したものである。インドのように、先進国の工業技術による破壊を拒否して、それを自立の戦略とする国も現れている。後者の代替技術は、テクノクラートにより管理される高度な巨大技術に対し、市民が主体となって既存の科学技術体制の枠から外れて人間の基本的な必要性に適ったもの(エネルギー・資源・食糧・家屋・輸送など)を、自然環境と調和しつつ築くことをめざした「もう一つの技術」である。科学批判の運動とほぼ同じく、これらは一九六〇年代末から七〇年代にかけて萌芽し、イギリス、アメリカ、フランス、ドイツなどでその実験的試みがなされている。こうした運動のめざす変革の範囲は論者によりさまざまであるが、多くの場合、既存の科学技術とその体制の打ち壊しを叫ぶ現代版の「ラッダイト運動」(Luddite movement, 産業革命期のイギリスで起きた労働者による機械の打ち壊し運動)ではない。欧米型の科学技術文明が生んださまざまなひずみを解決するために、別の視点からつくられた技術を既存のそれに対置・補完しようとする姿勢が見られる。たとえば、危険度の高い原子力発電などに対して、風力や太陽などクリーン・エネルギーの利用を進める代替技術においては、原始技術への回帰ということではなく、その目的達成のためには発電機やプラスチックなど既存技術も活用している。それは、人間性を重視する新しいライフスタイルづくりのための技術が存在すべきだというヴィジョンから、既成技術と競合できるものを並列的につくる試みである。(11)

「もう一つの科学・技術」は、二〇世紀後半に始まった科学技術批判運動の一形態にすぎないが、それは人々が従来の欧米型科学・技術が唯一絶対的なものであるという信仰に疑いを抱き、その相対化に目覚め、新しいタイプの科学・技術の創造を模索する姿勢が生じたことを示している。それが提示する代替案は未成熟であり、説得力ある具体的成果は顕著には現れていない。こうした動きが台頭しても、内容的にも制度的にも、数百年の歴史の重みに耐えてオートノミーを確立してきた西欧近代型科学技術は、依然その強靭な生命力を失わないであろう。しかし、科学とその技術的応用が今のまま際限なく「暴走」を続ける限りは、そして人間と自然が調和した新たな科学技術文明が構築されるまでは、この種の潮流は、他の批判運動と同様、アンチテーゼとして機能し、既成の科学技術の性格と方途に何らかの影響を与える可能性をもっている。(12)

岐路に立つ科学技術文明

科学技術が今後も地上の文明の要となり続けることにはおそらく変わりないであろう。人間生活は、これまで科学技術のもたらす多大な恩恵に浴してきた。医学は人間の寿命を著しく伸ばし、新しいエネルギー源や交通手段、通信手段により人々の行動範囲や視野は飛躍的に拡大した。そして、その科学技術は、政体のいかんを問わず世界のいずれの国でも、今でも産業や経済や軍事と複雑にからみあって進展している。コンピュータ・インターネット・人工知能・超伝導・機能性高分子・ロボット・バイオテクノロジー・宇宙旅行等々、科学技術はバラ色の未来を約束しているかのように今日でも喧伝されている。こうした光の側面やイメージを無視して、現代文明における科学技術の機能を論ずることはもちろんできない。けれども、その発展がどれだけ生活の便や商業・経済に寄与するとしても、原発や特定の化学物質のように、ある種の科学技術がわれわれの生存を脅かす危険性をはらんでいるとすれば、そのようなものはむしろ存在しない方が望ましいという議論も当然成り立つ。これからも人類が科学技術とつき合っていく以上、われわれは両者のよりよい関係を追求していく必要がある。その際に、われわれが歴史から学ぶ教訓は少なくないはずである。もちろん簡単な処方箋はないが、少なくともさまざまなセクターのコンセンサス（合意）とそれに伴う制度的な改善、そしてわれわれ自身の地道な努力を要するであろう。

これからの科学技術行政は、旧来の経済主義・ナショナリズム的発想から脱却し、グローバルな視座から科学技術を追求していくことがますます要求される。大量生産・大量消費・大量廃棄から、最適な生産と消費、最小廃棄への社会構造の転換が求められる。産業界においても、そうした方向への努力は、結局は自らの生きのこりと発展につながるはずである。全人口の九五％以上を占める、職業科学者・技術者ではない一般市民も、科学や技術の財政負担者（納税者）として、そのユーザーとして、またその影響をこうむる者として、自分たちとその子孫の生活や生命にそれがいかにかかわるかという価値基準から科学技術を審査する必要があり、またその活動が制度的にも保証されなければならない。市民の側から積極的に望ましい科学技術を提言していくことも可能であろう。環境問題においては、自動車や廃棄物の問題に例示されるように、市民もまた公害の加害者の立場にあるという構造ができあがっている。その意味で、消費者の側のライフスタイルの転換も必要になる。

科学技術はこれまでのように一方向から一方的に生み出すのではなく、多方面からのコンセンサスのうえに創り出していくことによって、われわれに真に恵みをもたらす存在になりうる。閉鎖された科学者・技術者の研究集団が確立されたことが、研究者を社会から分離させ、社会に対する責任の所在を曖昧にしたことは否定できない。現代の科学研究は基本的には社会のコンセンサスと支持があってはじめて成り立つものである。専門家集団内部に確立されている行動規範や利害だけで進む研究のあり方は、もはや成立しなくなってきている。市民生活にとって問題となる事柄は一般市民に理解できるかたちで情報を公開し、閉ざされた研究組織から開かれた組織になることが求められている。総じて、アカデミズムは市民にもっと開かれるべきである。

次世代の科学者・技術者を養成する高等教育機関の責任は大きい。新しい時代環境に対応しうる科学者・技術者の教育を進めるためには、教育者の側の意識変革が必要であることを忘れてはならない。理工系教育は、知識優先型教育から人間形成に一定のウエイトを置く教育へ移行すべき時期に入っている。専門家が専門知識のみをもっていればよしとされる時代は過去のものとなった。そうしたスタンスが危険ですらあることは歴史が証明している。技術の生み出した問題は、技術だけでは解決しきれない。細分化された専門分野の知識や技能の教育は大切であるが、それを増幅させるだけではなく、人間と科学技術と社会のあるべき関係を広い視野から考究させる場を、これから科学技術者になろうとする人々に積極的に提供していかなければならない。科学技術の問題点を曖昧にし科学技術のロマンだけを無条件に讃美するのではなく、光と影の両面を赤裸々に理解させなければならない。顕在化している科学技術の負の遺産に、これからの科学技術者がどう臨むべきかの姿勢を教育者が示せない限りは、若い世代の科学技術への不安感・不信感、あるいは今や世界的傾向になっている若者の理工系離れを解消することは困難である。理工系の学生は、科学技術が社会的に有益であると同時にリスクを伴う営みであること、それゆえにその役割と責任は大きいことを自覚し、それぞれの分野に進まなければならない。

アメリカの技術者教育の認定を行う公的機関である工学認定委員会（Accreditation Board for Engineering and Technology, 通称ABET）は、人類の福祉への配慮や倫理的責任を重視し、教育を通じて新しい技術者の行動規範を築くことを試みている。わが国でも一九九九年に産・官・学が連携して日本技術者教育認定機構が発足し、ほぼ同じ方向に向かっている。すなわち、人類の幸福・福祉とは何かを考える能力と素養、技術者として社会に対する責任を自覚する能力を養うことが、大学の工学教育の達成すべき目標に含まれる。近年、世界的に盛んになってきたＳＴＳ（Science, Technology, and Society, 社会における科学や技術のあり方を研究する学際的分野で、倫理・歴史・哲学・社会学・経済学・政策学・環境論・法学などを含む）の成果は、こうした新しい工学教育にも導入されることが期待されている。医療倫理が医学教育に必要とされるように、科学技術倫理（科学者倫理・技術者倫理）もすべての理工教育に必須のものとなるであろう。

科学技術の功罪はすべて人類の所行である。科学技術は今日のわれわれすべてにかかわる問題なのであるから、それは皆で取り組んでいかなければならないテーマである。今日あるかたちの科学の社会的相貌は、科学と人間と社会の相互作用の歴史の中から形づくられた一つの形態にすぎない。そして、歴史の教訓を無駄にすることなく、その形態を新しい社会状況の中でどう変革していくかは、私たち自身の手に委ねられている。

文庫版あとがき

本書を世に問うてから三〇年近くが経ちました。その間、一度の増訂を経て昨年までに一万部以上が発行され、多くの方々に読んで頂いたことをありがたく思います。中国では清華大学などいくつかの大学で中国語版が科学史のテキストとして使われていると聞いています。

このたび、本書は文庫版として再登場することになりました。文庫化にあたって、本文はほぼ原形のままにしてありますが、読みやすさを考えて横書きから縦書きに変更しました。巻末の注と索引は横書きのままです。本文中にあった人名の生没年は省き、初出外国人名の英文表記は人名索引に移動させました。また、紙幅の関係で除いた図が若干あります。ちくま学芸文庫の一冊として、一段と親しみやすい形で読んで頂ければ幸いです。

本書が扱う時代は二〇世紀までですが、二一世紀に入ってから今日まで、終章で述べた事柄と関連する特筆すべき事象がわが国で起きています。二〇一一年三月の東日本大震災に伴う福島第一原子力発電所の事故は、原発に対して専門家が喧伝してきた「安全神話」を崩壊させました。炉心溶融から放射性物質の大量放出を引き起こし、史上最悪といわれる原発事故に発展しました。人間が自然現象を十分コントロールしきれないまま、「見切り発車」の状態で作られたテクノロジーの危うさを全世界に見せつけた出来事でした。

現代の科学技術が戦争と平和の双方に機能する側面をそなえていることは本書でも述べました。二〇一五年から防衛省は、将来の防衛に役立つ基礎研究の育成を目的に、大学や研究機関、企業に向けて研究費を公募する制度（安全保障技術研究推進制度）を設けました。これに対し、日本学術会議は、軍事目的のための科学研究は行わないという従来の姿勢を継承することを表明しました。それを受けて、いくつかの大学では所属教員がこの制度に応募することを認めないことを宣言しました。こうしたことがきっかけとなって、科学技術のデュアルユース（軍事・民生の両面使用）をめぐる議論が識者の間で高まっています。

生命科学の分野でも、いくつかの出来事がありました。二〇〇七年、京都大学の山中伸弥が率いる研究グループは、人間の皮膚などの体細胞からiPS細胞（人工多能性幹細胞）を作ることに成功したと報告しました。再生医療を実現するために画期的な役割を果たすことが期待され、以後、この方向で世界の研究グループによる、しのぎを削る研究競争が始まりました。従来のヒト胚を使うES細胞（胚性幹細胞）による研究に比べて、素材は簡単に入手でき、かつ基本的な技術を習得した研究者であれば誰でも簡単に作れると考えられることから、悪用される危険性もはらんでいます。そのため、倫理的・法的な観点から、研究を適切に管理するしっかりとした社会システムの構築が急がれています。

二〇一四年に理化学研究所のグループは、新たな万能細胞として「STAP細胞（刺激惹起性多能性獲得細胞）」の発見をイギリスの科学雑誌『ネイチャー』に発表しました。その後、画像データのねつ造と改ざんの疑義がかかり、その一方で追試に再現性がないことが報告されました。理研の調査委員会による調査の結果、結局、論文不正があったことが認定されました。日本の科学技術をリードしてきた研究機関で起きたこの騒動は科学界に大きな衝撃を与えました。研究不正はそれ自体責められるべき問題ですが、そうしたことが発生する背景に、科学者の倫理教育の欠如、成果を急ぐ研究者たちの姿勢、共同研究の分担責任のあり方、若手研究者の不安定な雇用システムなどの問題があることが指摘されています。

「STAP細胞」の研究グループの中心人物が若い女性研究者であり、その偉業として報じた理研広報の過剰ともいえる演出が逆効果となって、世間からいっそう注目され強い反発を招いたという面もあります。そのことは、日本のジェンダーの実情も反映しているといえます。自然科学分野におけるノーベル賞（物理学賞・化学賞・生理学医学賞）の受賞者数は、第一回授賞（一九〇一年）から現在（二〇一七年）まで約六〇〇人にのぼります。そのうち女性の受賞者はわずか三％にすぎません。これは何を物語っているのでしょうか。男女に科学者としての能力差があるという科学的根拠はありません。ということは、それは生物学的な性差（sex）によるものではなく、社会的な性差、すなわちジェンダー（gender）によるものといえます。戦前の日本の国立大学（帝国大学）は一部の例外を除いて男子校でした。女性には最先端の科学の高等教育を受け研究者になる道はほとんど閉ざされていました。このように、教育という社会の仕組みにおいてすでに仕分けされていたのです。欧米でも女性が科学の専門教育を受け、科学研究者として堂々と活躍できるようになったのは二〇世紀後半以降のことです。総務省統計局の「科学技術研究調査報告」によれば、二〇一七年現在でわが国の研究者（大学・研究機関・企業で研究職に就く者）の総数九〇万人のうち女性は約一四万人で、一六％を占めています。五〇年前より一〇％以上増加していますが、それでも欧米諸国に比べて大きな開きがあります。日本社会で女性科学者は「リケジョ」などと呼ばれてまだ特別扱いされる存在なのです。

科学者社会の形態は時代とともに変化しています。これからは、どのように変化して行くでしょうか。科学の社会史はさまざまなことを私たちに語りかけています。イギリスの歴史家エドワード・カーは「歴史とは現在と過去との尽きることのない対話である」と言っています。本書を通して読者の皆さんが、科学の過去と対話することで、これからの社会における科学のより良いあり方を考えるきっかけにもなっていただければ幸いです。最後に本書の刊行に尽力頂いた筑摩書房編集部の海老原勇氏に厚く御礼申し上げます。

二〇一八年夏　柿生にて

古川　安

索　引

事　項

ア　行

サ　行

タ　行

ナ　行

ハ　行

マ　行

人　名

カ　行

サ　行

タ行

ナ行

ハ　行

マ 行

ヤ 行

ラ 行

ワ　行

図版出典

The Beckman Center for the History of Chemistry News, 6 (1989). 9-4.

Borell, M., *Album of Science: The Biological Science in the Twentieth Century*, Charles Scribner's Sons, 1989. 終-3.

Cohen, I. B., *Album of Science: From Leonardo to Lavoisier, 1450-1800*, Charles Scribner's Sons, 1980. 1-3, 2-2, 3-6, 3-7, 3-9, 3-10, 4-3, 4-5, 4-7, 4-8, 4-10, 5-1, 5-6.

Crosland, M., *The Society of Arcuiel*, Harvard University Press, 1967. 6-4, 6-5, 6-6.

Darnton, R., *Mesmerism and the End of the Enlightenment in France*, Schocken Books, 1970. 5-4, 5-5.

Debus, A.G., *Man and Nature in the Renaissance*, Cambridge University Press, 1978. 4-1, 4-2.

Descartes, R., *Œuvres philosophiques*, Tome I (1618-1637), Garnier Frères, 1963. 2-3.

École Polytechnique. *Livre du centenaire, 1794-1894*, Tome I: *L'école et la science*, Gauthier-Villars et Fils, 1895. 6-3.

E. I. Du Pont de Nemours & Company, *Du Pont*, E. I. Du Pont de Nemours & Company, 1952. 10-6.

Emrich, U.: Gerwin, R., Hrg., *Max-Planck-Gesellschaft, Berichte und Mittelungen 7*, Max-Planck-Gesellschaft, 1986. 11-6, 11-7.

Haber, L. F., *The Poisonous Cloud*, Clarendon Press, 1986. 12-1, 12-2.

Hagley Museum and Library, Wilmington, Delaware. 10-5.

Heilbron, J. L., *The Dilemmas of an Upright Man*, University of California Press, 1986. 11-5.

Hoffman, B., *Albert Einstein*, The New American Library, 1972. 12-3.

Isis, 71 (1981). 10-8; 79 (1988). 10-1.

Kearney, H., *Science and Change, 1500-1700*, McGraw-Hill, 1971. 2-4.

Milligan, W. O., ed., *American Chemistry* (*Proceedings of the Robert*

Welch Foundation: Conferences on Chemical Research XX), Robert Welch Foundation, 1977. 10-2.

Murdoch, J. E., *Album of Science: Antiquity and the Middle Ages*, Charles Scribner's Sons, 1984. 1-1.

National Gallery, London. 5-2.

The National Museum of Science and Industry, *The Science Museum*, The National Museum of Science and Industry, d.n.g. 9-2, 9-3.

National Portrait Gallery, London. 2-1.

Osiris, Vol. 1 (1985). 10-7.

Russell, C. A., *Science and Social Change, 1700-1900*, MaCmillan Press, 1983. 8-1, 9-1.

Shapin, S.; Schaffer, S., *Leviathan and the Air-Pump*, Princeton University Press, 1985. 4-11.

Smith, A. G. R., *Science and Society in the Sixteenth and Seventeenth Century*, Harcourt Brace Jovanovich, 1972. 4-9.

Smith, H. M., *Torchbearers of Chemistry*, Academic Press, 1949. 6-1.

Thackray, A., et al., *Chemistry in America, 1876-1976*, Reidel, 1985. 10-3.

The University of Oklahoma History of Science Collections, *An Exhibition of Works by Galileo Galilei*, University of Oklahoma, 1980. 3-4, 3-5.

Williams, L. P., *Album of Science: The Nineteenth Century*, Charles Scribner's Sons, 1978. 5-3, 7-1, 7-2, 8-2.

Wise, G., *Willis R. Whitney and the Origins of U. S. Industrial Research*, Columbia University Press, 1985. 10-4.

Ziman, J., *The Force of Knowledge*, Cambridge University Press, 1976. 11-4, 12-4.

E. L. アイゼンステイン（別宮貞徳監訳）『印刷革命』，みすず書房，1987. 1-2, 3-2, 4-4.

足立壽美『オッペンハイマーとテラー』，現代企画室，1987. 12-5.

石川敏男訳著『図説英國史』，ニューカレントインターナショナル，1987. 9-5, 11-2.

樺山紘一『ビジュアル世界史7　ヨーロッパの出現』，講談社，1985．3-3.
『週刊朝日百科　日本の歴史93　開国』，朝日新聞社，1988．序-1, 序-2.
『西洋の美術』，学習研究社，1968．1-4.
竺覚暁編著『工学の曙』，金沢工業大学出版局，1983．4-6, 4-12.
NASA 提供．12-7.
廣重徹編『科学史のすすめ』，筑摩書房，1970．6-2.
毎日新聞社提供．終-1, 終-2.
『明六雑誌』，第22号，1874．序-3.
吉田光邦編『図説万国博覧会史』，思文閣出版，1985．11-1, 11-3.
R. ラーナー（小尾信彌ほか訳）『図説　天文学における望遠鏡の歴史』，
　朝倉書店，1984．3-1.

注

序章　社会における科学

1）ペルリ提督（土屋喬雄・玉城肇訳）『日本遠征記』第3巻（岩波文庫，1953），230頁.

2）明治期の理学や実学の概念については，辻哲夫『日本の科学思想――その自立への模索』（中公新書，1973），第6章，第8章参照.

3）西周「知説　四」，『明六雑誌』第22号（明治7，1876），二.

4）ヨーロッパ科学の社会史的側面を比較的広く扱った文献をあげておく．Joseph Ben-David, *The Scientist's Role in Society: A Comparative Study*（Englewood Cliffs: Prentice-Hall, 1971）［ベン＝デービッド（潮木守一・天野郁夫訳）『科学の社会学』（至誠堂，1974）］は，社会学の立場から国々の科学の制度化の様相を比較研究した書．Peter Mathias, ed., *Science and Society, 1600–1900*（Cambridge: Cambridge University Press, 1972）は科学と社会とのかかわりを扱った6篇の論文集．ただし各論文のテーマは不統一．Maurice Crosland, ed., *The Emergence of Science in Western Europe*（New York: Science History Publications, 1976）は社会史的色彩の比較的濃い論文を収めている．John Ziman, *The Force of Knowledge: The Scientific Dimension of Society*（Cambridge: Cambridge University Press, 1976）［ザイマン（松井巻之助訳）『社会における科学』上・下（草思社，1981）］は，科学と技術，研究スタイル，科学のコミュニケーション，科学の権威，巨大科学，科学と戦争などのトピック別に一般読者向けに書かれたテキストで，重点は現代に置かれている．科学者の価値観から論じたものであり全般的に歴史叙述は粗いが，参考になる部分もある．Colin A. Russell, *Science and Social Change, 1700–1900*（London: Macmillan Press, 1983）は，18世紀と19世紀のヨーロッパ科学の社会史を主題とした好著であり，二次文献も広範に消化している．ただしイギリスについての叙述が大半を占めている．John Krige and Dominique Pestre, eds., *Science in the Twentieth Century*（Amsterdam: Harwood Academic Publishers,

1997）の“Science and the Social Fabric”の部（pp. 61-360）は，20世紀科学の社会史の諸側面についての15編の論文からなる．Jan Golinski, *Making Natural Knowledge: Constructivism and the History of Science*（Cambridge, New York, and Melbourne: Cambridge University Press, 1998）は，科学を社会的構成物であるとする社会構成主義のアプローチによる近年の科学史研究の諸成果を総括したテキスト．

中山茂『歴史としての学問』（中央公論社，1974）は，科学を中心とした学問の歴史を，パラダイム論の立場から広く論じている．吉田忠「科学と社会——科学の専門職業化と制度化」，村上陽一郎編『科学史の哲学，知の革命史1』（朝倉書店，1980）所収，は制度史を主題とした，よくまとまった論文．科学の制度化を主テーマとした邦語の論考には，このほか次のものがある．中山茂「産業時代の科学——科学の制度化」，広重徹編『科学史のすすめ』（筑摩書房，1970）所収；成定薫「欧米における科学の制度化と大学改革——フランス，ドイツ，イギリス，アメリカ」，渡辺正雄編『科学の世界——その形成と展開』（共立出版，1982）所収；吉田忠「科学の自立と制度化」，『技術・魔術・科学，新岩波講座哲学　8』（岩波書店，1986）所収；成定薫・佐野正博・塚原修一編著『制度としての科学——科学の社会学，科学見直し叢書2』（木鐸社，1989）；伊東俊太郎・村上陽一郎編『講座科学史2　社会から読む科学史』（培風館，1989）；成定薫『科学と社会のインターフェイス』（平凡社，1994）．廣重徹『科学の社会史——近代日本の科学体制』（中央公論社，1973）は日本の科学技術の制度化を主題としたものであるが，欧米の状況と関連づけて論じており，示唆に富む．ナイト（柏木肇・柏木美重編訳著）『科学史入門——史料へのアプローチ』（内田老鶴圃，1984）は，David M. Knight, *Sources for the History of Science, 1660-1914*（Cambridge: Cambridge University Press, 1978）の翻訳を母体としているが，訳者により，参考文献が広範に紹介されており，ガイドブックとして有用．伊東俊太郎・坂本賢三・山田慶児・村上陽一郎編『科学史技術史事典』（弘文堂，1983；縮刷版1994）；化学史学会編『化学史事典』（化学同人，2017）；W. F. Bynum, E. J. Browne, and Roy Porter, eds., *Dictionary of the History of Science*（Princeton: Princeton University Press, 1981）は，関連事項を手短につかむのに便利な事典．

なお，特定の時代・国・機関・事項をテーマとした研究書や論文は，適宜，各章の注に掲げた．

第1章　二つのルネサンスから近代科学へ

1) Herbert Butterfield, *The Origins of Modern Science, 1300–1800* (London: G. Bell and Sons, 1949); (rev. ed., New York: Macmillan, 1957) [バターフィールド（渡辺正雄訳）『近代科学の誕生』上・下（講談社学術文庫，1978)]．「科学革命」という言葉と概念の由来については，I. Bernard Cohen, *Revolution in Science* (Cambridge, Massachusetts: The Belknap Press of Harvard University Press, 1985) に詳しい．Steven Shapin, *The Scientific Revolution* (Chicago: University of Chicago Press, 1996) [シェイピン（川田勝訳）『「科学革命」とは何だったのか』（白水社，1998)] は，「科学革命」という歴史概念の解釈とその問題を論じたテキスト．
2) Charles H. Haskins, *The Renaissance of the 12th Century* (Cleveland: The World Publishing Company, 1957) [ハスキンズ（野口洋二訳）『十二世紀ルネサンス』（創文社，1985)]. *Cf.*, Eva Matthews Sanford, "The Twelfth Century-Renaissance or Proto-Renaissance," *Speculum*, 26 (1951): 635–642; Charles R. Young, ed., *The Twelfth-Century Renaissance* (New York: Holt, Rinehart & Winston, 1969).
3) アラビア科学については，たとえば Seyyed H. Nasr, *Science and Civilization in Islam* (Cambridge, Massachusetts: Harvard University Press, 1968)；伊東俊太郎『文明における科学』（勁草書房，1976)，第2章；同『近代科学の源流』（中央公論社，1978)，第5-7章を参照．
4) 12世紀におけるギリシア＝アラビア科学の西欧世界への伝播については，以下の文献を参照．A. C. Crombie, *Augustine to Galileo: The History of Science, A. D. 400–1650* (London: Falcon Press, 1952) [クロムビー（渡辺正雄・青木靖三共訳）『中世から近代への科学史』上・下（コロナ社，1962-1968)]，訳書，上巻，第2章；Edward Grant, *Physical Science in the Middle Ages* (Cambridge: Cambridge University Press, 1977) [グラント（横山雅彦訳）『中世の自然学』（みすず書房，1982)]，第2章；David C. Lindberg, "The Transmission of Greek and

Arabic Learning to the West," in *Science in the Middle Ages*, ed. David C. Lindberg (Chicago: University of Chicago Press, 1978), pp. 52-90; 伊東『文明における科学』(注1-3), 第3章；同『近代科学の源流』(注1-3), 第8章.

5) グラント『中世の自然学』(注1-4), 144-152頁； *idem.*, "The Condemnation of 1277, God's Absolute Power, and Physical Thought in the Late Middle Ages," *Viator*, 10 (1979): 211-244; *idem.*, "Science and Theology in the Middle Ages," in *God and Nature: Historical Essays on the Encounter between Christianity and Science*, ed. David C. Lindberg and Ronald L. Numbers (Berkeley: University of California Press, 1986) [リンドバーグ, ナンバーズ編 (渡辺正雄監訳)『神と自然——歴史における科学とキリスト教』(みすず書房, 1994)], 第2章.

グラントによれば, 1277年のパリ断罪事件以降, 神の力を絶対視する傾向が高まるとともに, 科学・哲学の確実性の基盤に対する批判が生まれ, 科学的議論の性格と視野が変わった. スコラ学者は現実世界における唯一絶対的な科学的真理の獲得を避け, さまざまな仮説的な論法で「想像にしたがって」(ラテン secundum imaginationem) あるいは「現象を救う」(ラテン apparentias salvare) だけのために, 世界の説明を試みた. アリストテレスの論法を「真理」とはせず, 蓋然主義 (probabilism) に走ったオッカムのウィリアム (William of Ockham), アリストテレスの運動論を新たな視点から修正したマートン学派やパリ学派, わけてもコペルニクスより200年も前に地動説を1つの可能な仮説として論じたパリ学派のジャン・ビュリダン (Jean Buridan) やニコル・オレム (Nicole Oresme) らの立場は, この文脈から理解できる. かくして1つの政治的事件が, こうした既成哲学体系の再解釈や分解, 思想の多様化という知的状況をもたらし, それが後の近代科学誕生への道を準備したという. グラントのこの解釈は, 中世科学史研究の碩学であるフランスのデュエム (Pierre Duhem) のテーゼ (デュエムは, 断罪事件がアリストテレス哲学の再検討への道を開いたゆえに, 1277年を近代科学の誕生の年とした) を敷衍し発展させたものといえる. Pierre Duhem, *Études sur Léonard de Vinci*, tome 2 (Paris: Hermann, 1909). *Cf.*, Gordon Leff, *The Dissolution of the Medieval Outlook: An Essay on*

Intellectual and Spiritual Change in the Fourteenth Century (New York: Harper & Row, 1976), esp., p. 24 ff.

6) ルネサンスの科学については，たとえば William P. D. Wightman, *Science in a Renaissance Society* (London: Hutchinson, 1972); Allen G. Debus, ed., *Science, Medicine and Society in the Renaissance: Essays to Honor Walter Pagel*, 2 vols. (New York: Science History Publications, 1972); *idem., Man and Nature in the Renaissance* (Cambridge: Cambridge University Press, 1978)［ディーバス（伊東俊太郎・村上陽一郎・橋本眞理子訳）『ルネサンスの自然観――理性主義と神秘主義の相克』（サイエンス社，1986)］；村上陽一郎『科学史の逆遠近法――ルネサンスの再評価』（中央公論社，1982)；伊東『文明における科学』（注 1-3)，第4章を参照.

7) Elizabeth L. Eisenstein, *The Printing Revolution in Early Modern Europe* (Cambridge: Cambridge University Press, 1983)［アイゼンスタイン（別宮貞徳監訳）『印刷革命』（みすず書房，1987)］，とくに第7章参照.

8) Paul O. Kristeller, *Renaissance Thought: The Classic, Scholastic, and Humanist Strains* (New York: Haper and Brothers, 1961)［クリステラー（渡辺守道訳）『ルネサンスの思想』（東京大学出版会，1977)］，第1章および第5章.

第2章　キリスト教文化における近代科学

1) ベーコン（桂寿一訳）『ノヴム・オルガヌム（新機関)』（岩波文庫，1978)，70頁；内田正夫「F. ベーコン『大革新』の扉絵に描かれているのは入り船である」『化学史研究』第37巻第4号（2010)：188-190.

2) 前掲書，192-197頁.

3) 前掲書，197-198頁.

4) たとえば，Paolo Rossi, *Francesco Bacone: Dalla Magia alla Scienza* (Bari: Editori Laterza, 1957)［ロッシ（前田達郎訳）『魔術から科学へ』（サイマル出版会，1970)］，第1章，第6章参照．坂本賢三『ベーコン，人類の知的遺産 30』（講談社，1981）は，ベイコンの生涯，思想形成，著作を手際よく解説.

5) Julian Martin, *Knowledge is Power: Francis Bacon, the State, and the Reform of Natural Philosophy* (Ph. D. thesis, Cambridge University, 1988). この学位論文の要約は, *idem*., "Francis Bacon's Political Reformation of Natural Philosophy" として *Program, Papers, and Abstracts for the Joint BSHS-HSS Conference*, Manchester, 11-15, July 1988, pp. 25-30 に所収.

6) Carolyn Merchant, *The Death of Nature: Women, Ecology and the Scientific Revolution* (New York: Harper & Row, 1980) [部分訳：マーチャント（団まりな・垂水雄二・樋口祐子訳）『自然の死――科学革命と女・エコロジー』（工作舎, 1985)], 第7章. なお同書の第1章と第7章の抄録は Joan Rothchild, ed., *Machina Ex Dea: Feminist Perspectives on Technology* (Oxford: Pergamon Press, 1983) [マーチャント「地球という子宮の採掘」, ロスチャイルド編（綿貫礼子・加地永都子・山鹿順子・前原由美子・六碕及里子訳）『女性 vs テクノロジー』（新評論, 1989)], 第1章所収. 伊東俊太郎「科学の社会的次元」,『技術・魔術・科学』（注 序-4）所収, にマーチャントの論考が簡潔に紹介されている.

7) マーチャント「地球という子宮の採掘」（注 2-6), p. 59. Everyn F. Keller, *Reflections on Gender and Science* (New Heaven and London: Yale University Press, 1985) [ケラー（幾島幸子・川島慶子訳）『ジェンダーと科学――プラトン, ベーコンからマクリントックへ』（工作舎, 1993)], 第2章も同様の視点からベイコンの科学観を論じている.

8) ロッシ『魔術から科学へ』（注 2-4). *Cf*., *idem*., "Baconianism," *Dictionary of the History of Ideas* (New York: Charles Scribner's Sons, 1972) vol. 1, pp. 172-179 [ロッシ（坂本賢三訳）「ベイコン主義」,『知のマトリクス, 叢書ヒストリー・オヴ・アイディアズ 9』（平凡社, 1987）所収].

9) 過去1世紀の間, 近代科学とキリスト教の歴史的関係をめぐって, さまざまな議論が提起され論争も生じている. 19世紀後半に出版された以下の著作は, キリスト教と科学の対立・闘争を強調する, いわゆる「闘争テーゼ」(conflict thesis) を代表している. John William Draper, *History of the Conflict between Religion and Science* (New York: D.

Appleton & Co., 1874)［ドレイパー（平田寛訳）『宗教と科学の闘争史』（社会思想社，1968)］；Andrew Dickson White, *The Warfare of Science* (New York: D. Appleton & Co., 1876)［ホワイト（森島恒雄訳）『科学と宗教との闘争』（岩波新書，1939)］；*idem., A History of the Warfare of Science with Theology in Christendom*, 2 vols. (New York: D. Appleton & Co., 1896).

対照的に，次の著書は近代科学がキリスト教から生まれたことを強調する．Reijer Hooykaas, *Religion and the Rise of Modern Science* (Edinburgh and London: Scottish Academic Press, 1972)［ホーイカース（藤井清久訳）『宗教と近代科学の勃興』（すぐ書房，1989)］；Eugene M. Klaaren, *Religious Origins of Modern Science* (Grand Rapids, Michigan: Wm. B. Eerdmans, 1977)；Stanley L. Jaki, *The Road of Science and the Ways to God* (Chicago: University of Chicago Press, 1978). Lynn White, Jr., *Machina Ex Deo: Essays in the Dynamism of Western Culture* (Cambridge: MIT Press, 1968)［ホワイト（青木靖三訳）『機械と神――生態学的危機の歴史的根源』（みすず書房，1972)］も，これに近い立場に立つ．

近年のさまざまな事例研究は，科学と宗教が常に敵対してきたとする「闘争テーゼ」は余りにも一面的な見方であることを明らかにしてきた．ただし，キリスト教を近代科学誕生の「原因」とする説も確立されているわけではない．キリスト教と科学の関係は時代・地域・宗派・個人により異なり複雑であるが，総じて16-17世紀に誕生したヨーロッパ近代科学の自然認識の仕方がユダヤ・キリスト教的自然観と共有部分をもっていたこと，当時のキリスト教徒にとって被造物たる自然を論じることは，神との関係を論じることと切り離せない問題であったことはたしかである．多くの場合，信仰は自然探究の1つの重要な動機となったし，また当時の自然探究者たちは，それぞれの神概念（その解釈の仕方には個人差があった）と自然解釈との調和を試みている．近代科学の起源を一方的にキリスト教に求めることはできないとしても，少なくともキリスト教思想が当時の科学活動を促進する「誘因」となっていたことは否定できない．本章で以下に論じる事柄も，主として，自然探究の営みにキリスト教的な動機や理念がどのようにかかわっていたかという側面である．

Colin A. Russell, ed., *Science and Religious Belief: A Selection of Recent Historical Studies* (London: University of London Press, 1973) は，コペルニクスからダーウィンに至るキリスト教信仰と科学の関係について，これまで発表された代表的な論文や著書抜粋を15篇収めた資料集．これと同じく，イギリスの放送大学オープン・ユニヴァーシティのテキストとして刊行された次の書は，優れた入門書である．Colin A. Russell, ed., *Science and Belief: From Copernicus to Darwin*, 6 vols. (Milton Keyens: The Open University Press, 1974)．これら6分冊のテキストは次の3冊にまとめて邦訳されている．渡辺正雄監訳，成定薫・大谷隆昶訳『OU科学史Ⅰ　宇宙の秩序』；藤井清久訳『OU科学史Ⅱ　理性と信仰』；鈴木善次・里深文彦訳『OU科学史Ⅲ　創造と進化』（創元社，1982-83）．『OU科学史Ⅱ』の巻末には，藤井清久「近代科学と宗教（研究展望）」所収．またJohn H. Brooke, *Science and Religion: Some Historical Perspectives* (Cambridge: Cambridge University Press, 1991) も有用なテキスト．

Richard S. Westfall, *Science and Religion in Seventeenth-Century England* (New Haven: Yale University Press, 1958) は17世紀イングランドにおける科学とキリスト教の関係を論じた著作．リンドバーグ，ナンバーズ編『神と自然』（注1-5）は，中世以降のキリスト教と近代科学の関係のさまざまな側面を取りあげた最近の研究論文集（18篇所収）であり，この方面の研究者には必読の書．一般読者向けの書としては，渡辺正雄『科学者とキリスト教――ガリレイから現代まで』（講談社ブルーバックス，1987）が優れている．なお，ピューリタニズム，プロテスタンティズムと近代科学との関係を扱った文献は，次節の注（2-12, 13）に一括して記載した．

10）ベーコン（成田成寿訳）『学問の発達』，『ベーコン，世界の名著20』（中央公論社，1970）所収，349頁以下；ベーコン（服部英次郎・多田英次訳）『学問の進歩』（岩波文庫，1974），157頁以下．Masao Watanabe, "Francis Bacon; Philanthropy and the Instauration of Learning," *Annals of Science*, 49 (1992): 163-173; *idem., Science and Cultural Exchange in Modern History: Japan and the West* (Tokyo: Hokusen-sha, 1997) 所収はベイコンのキリスト教的慈善精神と科学観との関係を論じ

ている．

11）吉本秀之「ロバート・ボイルにおける科学と宗教の関係（Ⅰ）（Ⅱ）」『科学史研究』第23巻（1985）: 193-200; 24（1985）: 10-17. ボイルと宗教の関係については，John T. Harwood, ed., *The Early Essays and Ethics of Robert Boyle*（Carbondale and Evansville: Southern Illinois University Press, 1991）; M. ハンター（吉本秀之訳）「新しいボイル像」『化学史研究』第26巻（1995）: 125-141 も参照．ボイルに関する研究は近年欧米で「ボイル産業」（Boyle Industry）と呼ばれるほど盛んになってきている．たとえば，Michael Hunter, ed., *Robert Boyle Reconsidered*（Cambridge and Melbourne: Cambridge University Press, 1994）; Michael Hunter, *Robert Boyle by Himself and His Friends*（London: W. Pickering, 1994）; Rob Iliffe, "Boyle Industry," *History of Science*, 35（1997）: 455-484; 特集 "Psychoanalysing Robert Boyle," *British Journal for the History of Science*, Part 3, 32（1999）.

12）Robert K. Merton, "Science, Technology and Society in Seventeenth-Century England," *Osiris*, 4（1938）: 360-632. 後にこの論文は1冊の本として復刻された．*Science, Technology and Society in Seventeenth-Century England*（New York: Harper & Row, 1970）．マートンは，資本主義の誕生をプロテスタントの倫理と結びつけて論じたドイツの社会学者ヴェーバー（Max Weber）の所説（1904-05）から影響を受けている．*Ibid.*, pp. xvii, 59 参照．その意味で，「ウェーバー＝マートン・テーゼ」と呼ばれることがある．*Cf.*, ウェーバー（阿部行蔵訳）「プロテスタンティズムの倫理と資本主義の"精神"」，『ウェーバー　政治・社会論集，世界の大思想23』（河出書房新社，1965）所収．

13）Charles Webster, ed., *The Intellectual Revolution of the Seventeenth Century*（London: Routledge & Kegan Paul, 1974）の諸論文参照．このほかマートン・テーゼの批判・修正として，A. Rupert Hall, "Merton Revisited, or Science and Society in the Seventeenth Century," *History of Science*, 2（1962）: 1-16; Theodore K. Rabb, "Puritanism and the Rise of Experimental Science in England," *Journal of World History*, 7（1962）: 46-67; Douglas Kemsley, "Religious Influences in the Rise of Modern Science: A Review and Criticism, Particularly of the 'Protes-

tant-Puritan Ethic' Theory," *Annals of Science*, 24 (1968): 199-226; Lotte Mulligan, "Anglicanism, Latitudinarianism and Science in Seventeenth Century England," *ibid.*, 30 (1973): 213-219; John Morgan, "Puritanism and Science: A Reinterpretation," *The Historical Journal*, 22 (1979): 535-560 などがある. Christopher Hill, *Intellectual Origins of the English Revolution* (Oxford: Clarendon Press, 1965) [ヒル (福田良子訳)『イギリス革命の思想的先駆者たち』(岩波書店, 1972)]; Charles Webster, *The Great Instauration: Science, Medicine and Reform, 1626-1660* (New York: Duckworth, 1975); *idem.*, "Puritanism, Separatism, and Science" [ウェブスター「ピューリタニズム, 分離主義, および科学」『神と自然』(注1-5), 第7章] はマートン・テーゼを発展させた議論を展開している. ウェブスターに対する批判として Lotte Mulligan, "Puritans and English Science: A Critique of Webster," *Isis*, 71 (1980): 456-469 がある. Gray A. Abraham, "Misunderstanding the Merton Thesis: A Boundary Dispute between History and Sociology," *ibid.*, 74 (1983): 368-387 は, 社会学者の立場から, これまでの歴史家たちによるマートン論文の解釈の仕方に異議を唱えている. また, 『OU科学史II　理性と信仰』(注2-9), 5-36頁; 佐々木力『科学革命の歴史構造』上・下 (岩波書店, 1985), 上, 70-75頁, 136-140頁も参照.

14) ディーバス『ルネサンスの自然観』(注1-6), 25-26頁より引用.

15) コペルニクス (矢島祐利訳)『天体の回転について』(岩波文庫, 1953), 13頁, 49頁. *Cf.*, Robert S. Westman, "The Copernicans and the Churches" [ウェストマン「コペルニクス主義者と諸教会」『神と自然』(注1-5), 第3章].

16) 渡辺『科学者とキリスト教』(注2-9), 32頁より引用.

17) ガリレオの宗教裁判については以下の文献を参照. Giorgio de Santillana, *The Crime of Galileo* (Chicago: University of Chicago Press, 1955) [サンティリャーナ (一瀬幸雄訳)『ガリレオ裁判』(岩波書店, 1973)]; Jerome J. Langford, *Galileo, Science, and the Church*, rev. ed. (Ann Arbor: University of Michigan Press, 1971); Pietro Redondi, *Galileo eretico* (Torino: Einaudi, 1983) [英訳, *Galileo Heretic* (Princeton: Princeton University Press, 1987)]; William R. Shea, "Galileo and

the Church" [シェイ「ガリレオと教会」『神と自然』(注1-5), 第4章] ; 渡辺正雄「ガリレオにおける科学とキリスト教」および酒井嗣子「ガリレオ裁判の行方」, 渡辺正雄編著『ガリレオの斜塔』(共立出版, 1987) 所収 ; 同『科学者とキリスト教』(注2-9), 67-81頁 ; Maurice A. Finocchiaro, *The Galileo Affair: A Documentary History* (Berkeley: University of California Press, 1989) ; 田中一郎『ガリレオ――庇護者たちの網のなかで』(中公新書, 1995) 第5章 ; Annibale Fantoli (原純夫訳)「断罪から称賛へ――ガリレオの異端誓絶から三五〇年の歴史」『みすず』第431号 (1997, 2) : 21-33 ; 川田勝「ヴァティカンと科学――『ガリレオ問題』,『進化論問題』に関する教皇発言の歴史的位相」『現代思想』第26巻, 6号 (1998, 5) : 20-28.

18) 渡辺『科学者とキリスト教』(注2-9), 50-51頁より引用. *Cf.*, ガリレイ (青木靖三訳)『天文対話』上 (岩波文庫, 1959), 11頁.

19) Isaac Newton, *Sir Isaac Newton's Mathematical Principles of Natural Philosophy and His System of the World*, trans. Andrew Motte, and rev. Florian Cajori (Berkeley: University of California Press, 1934), vol. 2, p. 547 ; ニュートン (河辺六男訳)『自然哲学の数学的諸原理』,『ニュートン, 世界の名著31』(中公バックス, 1979) 所収, 564頁. ニュートンの神学については, Frank E. Manuel, *The Religion of Isaac Newton* (London: Oxford University Press, 1974) ; Richard S. Westfall, *Never at Rest: A Biography of Isaac Newton* (Cambridge: Cambridge University Press, 1980) [ウェストフォール (田中一郎・大谷隆昶訳)『アイザック・ニュートン』全2巻 (平凡社, 1993)] ; ウェストフォール (渡辺正雄・榎本恵美子訳)「ニュートンとキリスト教」, 渡辺正雄編著『ニュートンの光と影』(共立出版, 1982) 所収 ; Stephen D. Snobelen, "Isaac Newton, Heretic: The Strategies of a Nicodemite," *British Journal for the History of Science*, 32 (1999): 381-419 を参照.

20) 機械論哲学のもつその他もろもろの側面については,『OU科学史I 宇宙の秩序』(注2-9) 第4-5章 ; Richard S. Westfall, *The Construction of Modern Science: Mechanisms and Mechanics* (Cambridge: Cambridge University Press, 1977) [ウェストフォール (渡辺正雄・小川真里子訳)『近代科学の形成』(みすず書房, 1980)] 参照.

21)『OU 科学史 I　宇宙の秩序』(注 2-9), 322 頁より引用.

22) Robert Hooke, *Micrographia, or, Some Physiological Descriptions of Minute Bodies Made by Magnifying Glasses with Observations and Inquiries Thereupon* (London: J. Martyn & J. Allestry, 1665); repr. (Bruxelles: Cuture et Civilisation, 1966), p. 133. フックについては, 中島秀人『ロバート・フック――ニュートンに消された男』(朝日選書, 1996); 同『ロバート・フック』(朝倉書店, 1997) 参照.

23) デカルト (伊東俊太郎・塩川徹也訳)『人間論』,『デカルト著作集』第 4 巻 (白水社, 1973) 所収, 240-241 頁, 247-258 頁. デカルトは『人間論』(仏語版初版, 1664) の議論を「寓話」として提示している. すなわち, ここで述べる「人間」とは,「想像的空間」の中で考えられた別の世界に住む, 神によってわれわれに似せてつくられた機械であるかのように示した. しかし, その断り書きをつけることによって, 当時の現実的制約を逃れ, 彼自身の着想を大胆に語る自由をもったといえる. したがって, ここでの議論は虚構ということではなく, 逆に, この世界の人間についての彼本来の考えをより率直に開陳したものと解すべきであろう. 伊東俊太郎,『人間論』解説, 前掲書, 440 頁参照.

24) 魔術的伝統と機械論との拮抗については, たとえば, ディーバス『ルネサンスの自然観』(注 1-6); *idem., The Chemical Philosophy: Paracelsian Science and Medicine in the Sixteenth and Seventeenth Centuries*, 2 vols. (New York: Science History Publications, 1977) [ディーバス (川﨑勝・大谷卓史訳)『近代錬金術の歴史』(平凡社, 1999)] 参照. ルネサンス期の神秘思想・魔術思想を概観するには, 村上『科学史の逆遠近法』(注 1-6) が手頃である. Hugh Kearney, *Science and Change, 1500-1700* (New York: McGraw-Hill, 1971) [カーニイ (中山茂・高柳雄一訳)『科学革命の時代――コペルニクスからニュートンへ』(平凡社, 1983)] は, とくに魔術的伝統が近代科学の成立に果たした役割を強調している. 後のニュートンの科学思想においては, 機械論とヘルメス思想の両者が混在している. Richard S. Westfall, "Newton and the Hermetic Tradition," in *Science, Medicine and Society in the Renaissance*, ed. Debus (注 1-6), vol. 2, pp. 183-198; Betty Jo Teeter Dobbs, *The Foundations of Newtons Alchemy, or, 'The Hunting of the Green*

Lyon' (Cambridge: Cambridge University Press, 1975) [ドブス (寺島悦恩訳)『ニュートンの錬金術』(平凡社, 1995)].

25) 中国の錬金術については, Joseph Needham, *Science and Civilization in China*, vol. 5: *Chemistry and Chemical Technology*, Pts. 2-5 (Cambridge: Cambridge University Press, 1974-86) が詳しい. また Nathan Sivin, *Chinese Alchemy: Preliminary Studies* (Cambridge, Massachusetts: Harvard University Press, 1968), および同著者の論文集の邦訳であるセビン (中山茂・牛山輝代訳)『中国の錬金術と医術』(思索社, 1985) 所収, 参照.

中国の錬金術では, しばしば水銀や鉛が金づくりの原料として使われたため, その服用による中毒で多数の犠牲者を出した. たとえば, 道教を保護し錬金術士を登用した唐の皇帝6人が明らかに丹中毒と分かる症状で死んだことは史書から判断できる. 官制の記録には記されていない多くの一般の民衆も, その犠牲になったことは想像に難くない. 宋の時代までには, 丹の製法に関して毒物学的な注意が払われるようになる. 13世紀後半の蒙古侵入以降, 道教の衰微とともに中国の錬金術は徐々に衰えて行くが, 薬学 (本草学) の中に形を変えてその伝統は残された. 人工金を飲むという発想は, もともと古代アレクサンドリアの錬金術にはなかったものである. しかし, 中国錬金術に見られるこの発想は, 形を変えてアラビア世界に伝わり, そこからやがてヨーロッパに伝播し, 西方錬金術の目的と性格を変えるようになる. 錬金術的操作から得られた鉱物=化学物質を飲んで病気を直し健康を保つという着想は, ルネサンス期にヘルメス主義と融合し, パラケルススを祖とする「医化学」として発展する. それは, 植物や動物を主な薬としてきた中世以来の薬学 (マテリア・メディカ, materia medica) の方向を変え, またヨーロッパ錬金術に医療という1つの新しい目的と意義を与えた. これは中国が西方へ与えた影響ではあったが, 近代西欧の文脈では, 医化学派においてすら自然と人間の一体化という東洋の重大なエートスの部分は多分に切り落とされていたというべきである.

中国における丹中毒については, Ho Ping-yu and Joseph Needham, "Elixir Poisoning in Mediaeval China," *Janus*, 48 (1959): 221-251 参照. ルネサンスまでの錬金術の歴史を概観するには, さしあたって Allen G.

Debus, "Alchemy," in *Dictionary of the History of Ideas*（1973 ed.）［ディブス（坂本賢三訳）「錬金術」『知のマトリクス，叢書ヒストリー・オヴ・アイディアズ9』（平凡社，1987）所収］が手頃である．パラケルススの医化学思想については，ディーバス『近代錬金術の歴史』（注2-24）に詳しい．

第3章　大学と学会

1）中世の大学については，Charles H. Haskins, *The Rise of Universities*（New York: Henry Holt & Co., 1923）［ハスキンズ（青木靖三・三浦常司訳）『大学の起源』（社会思想社現代教養文庫，1977）］; Hastings Rashdall, *The Universities of Europe in the Middle Ages*, 3 vols. new ed.（Oxford: Oxford University Press, 1951-58）［ラシュドール（横尾壮英訳）『大学の起源——ヨーロッパ中世大学史』全3巻（東洋館出版社，1966-68）］; グラント『中世の自然学』（注1-4），第3章; Pearl Kibre and Nancy G. Siraisi, "The Institutional Setting: The Universities," *Science in the Middle Ages*, ed. Lindberg（注1-4），pp. 120-144参照．
2）ウェストフォール『近代科学の形成』（注2-20），154-159頁参照．
3）17世紀の個々の学会を論じた文献は多いが，総括的に展望した著書はあまりない．Martha Ornstein, *The Rôle of Scientific Societies in the Seventeenth Century*（Chicago: University of Chicago Press, 1928）は，古典的であるが，今なお標準的な一般史である．フランスのみを扱ったものとしては，Harcourt Brown, *Scientific Organizations in Seventeenth-Century France, 1620-1680*（Baltimore: The Williams & Wilkins Co., 1934; repr. New York: Russell & Russell, 1967）がある．James E. McClellan, III, *Science Reorganized: Scientific Societies in the Eighteenth Century*（New York: Columbia University Press, 1985）は，18世紀の学会を広く扱った労作であるが，第2章は17世紀の学会の起源にあてられている．概観するうえでは，さしあたって，ウェストフォールの通史（注2-20）の第6章が手頃であろう．
4）ガリレオとアカデミア・デイ・リンチェイの関係については，Stillman Drake, *Galileo Studies: Personality, Tradition, and Revolution*

(Ann Arbor, University of Michigan Press, 1970), Ch. 4 参照. また *idem.*, "Cesi, Federico," *Dictionary of Scientific Biography* (New York: Charles Scribner's Sons, 1971), vol. 3, pp. 179–180 参照.

5) 『サッジ』の英訳書は, Rupert A. Hall, ed., *Essays of Natural Experiments Made in the Accademia del Cimento*, trans. Richard, Walter (New York: Johnson Reprint, 1964) に復刻されている. アカデミア・デル・チメントについては, 高田誠二『実験科学の精神』(培風館, 1987), 第3章参照.

6) メルセンヌのアカデミーについては, 川田勝「メルセンヌの初期アカデミー思想 (1623-1634) ——メルセンヌアカデミー研究 (I)」『化学史研究』第23巻第4号 (1997) : 285-301 ; 同「メルセンヌアカデミーの思想と展開——メルセンヌアカデミー研究 (II)」『化学史研究』第25巻第2号 (1998) : 108-125 に詳しい.

7) 王立協会の歴史については多くの研究があるが, 比較的最近の文献には次のものがある. Harold Hartley, *The Royal Society: Its Origins and Founders* (London: Royal Society, 1960); Douglas McKie, "The Origins and Foundation of the Royal Society of London," *Notes and Records of the Royal Society*, 15 (1960): 1–37; Margery Purver, *The Royal Society: Concept and Creation* (Cambridge, Massachusetts, MIT Press, 1967); Charles Webster, "The Origins of the Royal Society," *History of Science*, 6 (1967): 106–128; Mary Boas Hall, "Science in the Early Royal Society," in *The Emergence of Science in Western Europe*, ed. Crosland (注 序-4), pp. 57–77; Michael Hunter, "The Social Basis and Changing Fortunes of an Early Scientific Institution: An Analysis of the Membership of the Royal Society, 1660–1685," *Notes and Records of the Royal Society*, 31 (1976): 9–114; K. Theodore Hoppen, "The Nature of the Early Royal Society," *British Journal for the History of Science*, 9 (1976): 1–24 and 243–273; Michael Hunter, *The Royal Society and Its Fellows, 1660–1700* (Chalfont St. Giles: The British Society for the History of Science, 1982); Michael Hunter, *Science and Society in Restoration England* (Hampshire, England: Gregg Revivals, 1992) [ハンター (大野誠訳)『イギリス科学革命——王政復古期の科学と社会』(南

窓社，1999)］．一般読者向けには，大野誠『ジェントルマンと科学　世界史リブレット 34』（山川出版社，1998），第 2 章がある．

8) ボイルの場合，その膨大な実験誌作成には，別の意図があったことが指摘されている．本書第 4 章および注 4-11 の文献参照．

9) Hooke, *Micrographia*（注 2-22）, "The Preface," n.p.g.

10) 王立科学アカデミーの歴史についての代表的な研究書は，Roger Hahn, *The Anatomy of a Scientific Institution: The Paris Academy of Sciences, 1666-1803*（Berkeley: University of California Press, 1971）; 隠岐さや香『科学アカデミーと「有用な科学」――フォントネルの夢からコンドルセのユートピアへ』（名古屋大学出版会，2011）．Charles C. Gillispie, *Science and Polity in France at the End of Old Regime*（Princeton: Princeton University Press, 1980）は，18 世紀の王立科学アカデミーの状況に詳しい．19 世紀から 20 世紀初頭については，Maurice Crosland, *Science under Control: The French Academy of Sciences, 1795-1914*（Cambridge: Cambridge University Press, 1992）参照．

第 4 章　自然探究と技術

1) 中世の技術革新については，Jean Gimpel, *La révolution industrielle du moyen âge*（Paris: Éditions du Seuil, 1975）［英語版，*The Medieval Machine: The Industrial Revolution of the Middle Ages*（New York: Holt, Rinehart & Winston, 1976)］［ギャンペル（坂本賢三訳）『中世の産業革命』（岩波書店，1978)］; Lynn White, Jr., *Medieval Technology and Social Change*（London: Oxford University Press, 1962）［ホワイト（内田星美訳）『中世の技術と社会変動』（思索社，1985)］参照．いずれの著作も中世の技術革新を社会史的視座から論じている．

2) 中世の職人に関しては，たとえば John Harvey, *Mediaeval Craftsmen*（London: B. T. Batsford, 1975）［ハーヴェー（森岡敬一郎訳）『中世の職人』全 2 巻（原書房，1986)］参照．

3) "superior artisan" という言葉は，たとえばツィルゼル（Edgar Zilsel）により使われている．"The Sociological Roots of Science," *American Journal of Sociology*, 47（1942）: 544-562 をはじめとする，このテーマを扱った彼の一連の論文は，ツィルゼル（青木靖三編訳）『科学と社会』

（みすず書房，1967）にまとめて邦訳されている．ルネサンスから近代初期における職人的伝統と学者的伝統の接近については，これまでさまざまなところで論じられてきた．たとえば，古典的通史 Stephen F. Mason, *A History of the Sciences: Main Currents of Scientific Thought* (London: Routledge & Kegan Paul, 1953)［メイスン（矢島祐利訳）『科学の歴史』上・下（岩波書店，1955)］，第13章；Rupert Hall, "The Scholar and the Craftsman in the Scientific Revolution," in *Critical Problems in the History of Science*, ed. Marshall Clagett (Madison: University of Wisconsin Press, 1959), pp. 3-23; Giorgio de Santillana, "The Role of Art in the Scientific Renaissance," *ibid.*, pp. 33-65; 伊東『文明における科学』（注1-3），153-164頁．近著では John W. Shirley and F. David Hoeniger, eds., *Science and the Arts in the Renaissance* (London: Associated University Presses, 1985) がある．

4) たとえば，ロッシ『魔術から科学へ』（注2-4），7頁．

5) スコラ学の物質変成理論については，たとえば，Eduard J. Dijksterhuis, *De Mechanisering van Het Wereldbeeld* (Amsterdam: J. M. Meulenhoff, 1950)［英訳：The Mechanization of the World Picture, trans. C. Dikshoorn (Oxford: Clarendon Press, 1961)］，英訳，pp. 226-235; Andrew G. van Melsen, *From Atomos to Atom: The History of the Concept Atom*, trans. Henry J. Koren (Pittsburgh: Duquesne University Press, 1952), Ch. 2 参照．*Cf.*, Robert E. Multhauf, "The Science of Matter," in *Science in Middle Ages*, ed. Lindberg（注1-4), pp. 369-390.

6) なお医化学の系譜には属さないが，ヘルメス思想の影響を受けたニュートンが錬金術研究を行っていたことは，今日ではよく知られている．関連文献は多いが，ドブス『ニュートンの錬金術』（注2-24）が代表的．また Westfall, "Newton and the Hermetic Tradition"（注2-24）参照．

7) ディーバス『ルネサンスの自然観』（注1-6），18-19頁より引用．

8) A. G. Keller, "Mathematics, Mechanics and Experimental Machines in Northern Italy in the Sixteenth Century," in *The Emergence of Science in Western Europe*, ed. Crosland（注 序-4），pp. 15-34；佐々木『科学革命の歴史構造』（注2-13），上，第2章；伊藤和行「ガリレオの運動論とその背景」，佐々木力編『科学史』（弘文堂，1987）所収，参照．

9) ガリレオ（今野武雄・日田節次訳）『新科学対話』上（岩波文庫，1937），21頁．

10) Steven Shapin and Simon Schaffer, *Leviathan and the Air-Pump: Hobbes, Boyle, and the Experimental Life* (Princeton: Princeton University Press, 1985), esp. Ch. 2; 吉本秀之「ロバート・ボイル，人と仕事」，伊東俊太郎・村上陽一郎編『ボイル，科学の名著第Ⅱ期8』（朝日出版社，1989）所収，cxli–clii頁．

11) Steven Shapin, "Pump and Circumstance: Robert Boyle's Literary Technology," *Social Studies of Science*, 14 (1984): 481–520; Shapin and Schaffer, *Leviathan and the Air-Pump* (注4-10), esp. Chs. 2, 6, 8; *Cf.*, Jan V. Golinski, "Robert Boyle: Scepticism and Authority in Seventeenth-Century Chemistry," in *The Figural and the Literal: Problems of Language in the History of Science and Philosophy, 1630–1800*, ed. A. E. Benjamin, G. N. Cantor, and J. R. R. Christie (Manchester: Manchester University Press, 1987), pp. 58–82; Steven Shapin, "The House of Experiment in Seventeenth-Century England," *Isis*, 79 (1988): 373–404. 次の著作は，ボイルをはじめとする17世紀イギリスの自然哲学者たちの実験や言明の作法を分析して，「科学的真理」の確立がいかに信用性，礼儀，名誉，高潔さといった社会的要因に依存していたかを論じている．Steven Shapin, *A Social History of Truth: Civility and Science in Seventeenth-Century England* (Chicago and London: University of Chicago Press, 1994).

12) 科学と技術の関係を吟味する場合，何を称して「科学」というかによって解釈が大きく異なってくるはずである．たとえば，橋や運河を築くのに初等的な算術や幾何学を使ったりすることを，「科学」の技術への応用といえるかという問題もあろう．技術の諸問題に単に「合理的」に取り組むのが「科学的」といえるかという問題もある．しかし，ここで問題にしているのは，ごく常識的な意味で，自然探究者（科学者）たちの遂行した系統的な自然研究の成果や，その時代の主導的な科学理論や概念や方法論が，当時の技術に実質的にどれだけの影響を与えたかということである．

13) Russell, *Science and Social Change* (注 序-4), p. 75.

14) Merton, *Science, Technology and Society in Seventeenth-Century England*（注 2-12), Ch. 10.

15) カーニイ『科学革命の時代』(注 2-24), 216 頁より引用.

16) ザイマン『社会における科学』(注 序-4), 上, 第 2 章.

第 5 章　啓蒙主義と科学

1) 啓蒙主義時代の科学の世俗化の様相については, 村上陽一郎『近代科学と聖俗革命』(新曜社, 1976);『OU 科学史 II　理性と信仰』(注 2-9), 39-99 頁, が明快に論じている.

2) 本章で主として取りあげるのは, フランスの文脈であるが, 国により啓蒙主義が異なる相貌をもっていたことは留意すべきであろう. 柏木肇「十八世紀の科学と思想」, 島尾永康編著『科学の歴史』(創元新書, 1978) 所収, はイギリス（イングランド, スコットランド）の状況をフランスと対比的に概観するのに手頃である. なお, 大野誠「18 世紀イギリス科学の社会史にむけて」『思想』第 779 号（1989, 5）: 29-47, は 18 世紀イギリス科学の社会史研究がまだ十分になされていないことを指摘している.

3) Margaret C. Jacob, *The Newtonians and the English Revolution, 1689-1720* (Hassocks: Harvester Press, 1976)［ジェイコブ（中島秀人訳）『ニュートン主義者とイギリス革命』(学術書房, 1990)］.

4) ヴォルテール（中川信訳）『哲学書簡』,『ヴォルテール, ディドロ, ダランベール, 世界の名著 35』(中公バックス, 1980) 所収, 124 頁.

5) 中川久定「フランス十八世紀の哲学者たち, ディドロ」, 前掲書所収, 35 頁から引用.

6) ダランベール（佐々木康之訳）「百科全書序論」, 前掲書所収, 478-479 頁. なお, ツィルゼルは科学進歩の概念のルーツをベイコンに求めている. Edgar Zilsel, "The Genesis of the Concept of Scientific Progress," *Journal of the History of Ideas*, 6 (1945): 325-349［ツィルゼル『科学と社会』(注 5-2) 所収, 第 3 章］.

7) 自然神学, キリスト教思想と 18-19 世紀の地質学・進化論・物理学などとの関係については, リンドバーグ, ナンバーズ編『神と自然』(注 1-5), 第 12-17 章の諸論文 ;『OU 科学史 II　理性と信仰』(注 2-9),

161-289頁；『OU科学史Ⅲ　創造と進化』（注2-9）に詳しい．

8）ショウのポータブル・ラボラトリーとその普及意図は，川﨑勝『社会的営為としての化学——ポスト・ニュートン時代のイギリスにおける化学の社会的位置付けをめぐって』（修士論文，東京大学教養学部大学院科学史科学基礎論課程，1989）に詳述されている．次の著作は，18世紀イギリスにおける化学の諸発見（笑気ガスの発見や水の電気分解など）が，啓蒙主義時代に特有の，科学を公共のための活動とする流れの中からもたらされたことを論じている．Jan Golinski, *Science as Public Culture: Chemistry and Enlightenment in Britain, 1760-1820* (Cambridge: Cambridge University Press, 1992)．また，川﨑勝「ニュートン主義と社会的営為——ヘイルズにおける自然探究の社会的位相」，吉本秀之ほか『科学と国家と宗教』（平凡社，1995）所収，も自然探究を社会改良運動の視点から描いている．

9）Robert E. Schofield, "The Industrial Orientation of Science in the Lunar Society of Birmingham," *Isis*, 48 (1957): 408-415; *idem., The Lunar Society of Birmingham* (Oxford: Clarendon Press, 1963).

10）Arnold Thackray, "Natural Knowledge in the Cultural Context: Manchester Model," *American Historical Review*, 79 (1974): 672-709は，初期のマンチェスター文学・哲学協会の会員をプロソポグラフィーを使って調査し，そのことを明らかにしている．大野誠「啓蒙主義と産業革命のはざまで——ソサイエティ・オヴ・アーツ設立期の懸賞活動」，吉本ほか『科学と国家と宗教』（注5-8）所収，はロンドンの産業振興団体の活動を啓蒙主義と産業革命の両文脈から論じている．

11）Morris Berman, *Social Change and Scientific Organization: The Royal Institution, 1799-1844* (London: Heinemann Education Books, 1978).

12）Robert Darnton, *Mesmerism and the End of the Enlightenment in France* (Cambridge, Massachusetts: Harvard University Press, 1968)［ダーントン（稲生永訳）『パリのメスマー——大革命と動物磁気催眠術』（平凡社，1987）］，訳書37頁．

13）前掲書，38頁より引用．

14）前掲書，33-35頁．また Charles C. Gillispie, *The Montgolfier Broth-*

ers and the Invention of Aviation, 1783–1784（Princeton: Princeton University Press, 1983）参照.

15）以下のメスメリズムについての記述は，主としてダーントン『パリのメスマー』（注 5–12）に依拠した．*Cf.*, Gillispie, *Science and Polity in France at the End of Old Regime*（注 3–10），pp. 261–289.

16）18 世紀の科学思想におけるエーテル概念については以下の著書を参照．I. Bernard Cohen, *Franklin and Newton: An Inquiry into Speculative Newtonian Experimental Science and Franklin's Work in Electricity as an Example Thereof*（Philadelphia: American Philosophical Society, 1956）; Robert E. Schofield, *Mechanism and Materialism: British Natural Philosophy in an Age of Reason*（Princeton: Princeton University Press, 1970）; Arnold Thackray, *Atoms and Powers: An Essay on Newtonian Matter-Theory and the Development of Chemistry*（Cambridge, Massachusetts: Harvard University Press, 1970）; J. L. Heilbron, *Electricity in the 17th and 18th Centuries*（Berkeley: University of California Press, 1974）.

第 6 章　フランス革命と科学の制度化

1）David Knight, *The Age of Science: The Scientific World-View in the Nineteenth Century*（Oxford: Basil Blackwell, 1986）, Ch. 1.

2）Hahn, *Anatomy of a Scientific Institution*（注 3–10），p. 275 ff.; 佐々木『科学革命の歴史構造』上（注 2–13），243–247 頁．クーンは，19 世紀前半の科学の方法論的変化（ベイコン的諸科学の数学化）および制度的革新を併せて「第二の科学革命」という語を適用している．Thomas S. Kuhn, "The Function of Measurement in Modern Physical Science," *Isis*, 52（1961）: 161–190; reprinted in *The Essential Tension: Selected Studies in Scientific Tradition and Change*（Chicago: University of Chicago Press, 1977）［クーン（安孫子誠也・佐野正博共訳）『科学革命における本質的緊張』（みすず書房，1998）］，訳書，183–184 頁．歴史家による「第二の科学革命」の用例は Cohen, *Revolution in Science*（注 1–1）, pp. 95, 97, 100, 101 で論じられている．

3）Charles C. Gillispie, "The Encyclopedie and the Jacobin Philosophy of

Science: A Study of Ideas and Consequences," in *Critical Problems in the History of Science*, ed. Clagett（注 4-3）, pp. 255–289; 佐々木『科学革命の歴史構造』（注 2-13）, 上, 250–256 頁.

4）Hahn, *Anatomy of a Scientific Institution*（注 3-10）, p. 227 より引用.

5）Russell, *Science and Social Change*（注 序-4）, pp. 125–126.

6）エコール・ポリテクニクの歴史を扱った著書として, Terry Shinn, *L'École Polytechnique, 1794–1914* (Paris: Presses de la Fondation nationale des sciences politiques, 1980); 堀内達夫『フランス技術教育成立史の研究――エコール・ポリテクニクと技術者養成』（多賀出版, 1997）がある.

7）Craig Zwerling, "The Emergence of the École Normale Supérieure as a Centre of Scientific Education in the Nineteenth Century," in *The Organization of Science and Technology in France, 1808–1914*, ed. Robert Fox and George Weisz (Cambridge: Cambridge University Press, 1980), pp. 31–60, on p. 55.

8）Janis Langins, "The Decline of Chemistry at the École Polytechnique, 1794–1805," *Ambix*, 28（1981）: 1–9.

9）科学ファキュルテについては Terry Shinn, "The French Science Faculty System, 1808–1914: Institutional Change and Research Potential in Mathematics and the Physical Sciences," *Historical Studies in the Physical Sciences*, 10（1979）: 271–332 参照. 19 世紀中葉以降の地方の科学ファキュルテの状況については Mary Jo Nye, *Science in the Provinces: Scientific Communities and Provincial Leadership in France, 1860–1930*（Berkeley: University of California Press, 1986）に詳しい. また, L. Pearce Williams, "Science, Education and Napoleon I," *Isis*, 47（1956）: 369–382 参照. ナポレオンの教育政策全般については, 吉田正晴『フランス公教育政策の源流』（風間書房, 1977）, 272–295 頁参照.

10）Zwerling, "The Emergence of the École Normale Supérieure,"（注 6-7）, p. 31.

11）19 世紀後半のフランスの技術教育については, Fox and Weisz, eds., *The Organization of Science and Technology in France*（注 6-7）所収の以下の論文を参照. Charles R. Day, "Education for the Industrial

World: Technical and Modern Instruction in France under the Third Republic, 1870–1914," pp. 127–153; Terry Shinn, "From 'Corps' to 'Profession': The Emergence and Definition of Industrial Engineering in Modern France," pp. 183–210. また John H. Weiss, *The Making of Technological Man: The Social Origins of French Engineering Education* (Cambridge, Massachusetts: MIT Press, 1982); Charles R. Day, *Education for the Industrial World: The Ecoles d'Arts et Métiers and the Rise of French Industrial Engineering* (Cambridge, Massachusetts: MIT Press, 1987) 参照.

12) Maurice Crosland, *The Society of Arcueil* (Cambridge, Massachusetts: Harvard University Press, 1967).

13) Robert Fox, "The Rise and Fall of Laplacian Physics," *Historical Studies of the Physical Sciences*, 4 (1974): 89–136. また，佐々木『科学革命の歴史構造』(注 2-13)，上，295–306 頁；橋本毅彦「数学的実験物理学の誕生――ラプラスの自然像をめぐって」，佐々木編『科学史』(注 4-8) 所収，参照.

14) Auguste Comte, *Introduction to Positive Philosophy*, ed. with revised translation by Frederick Ferré (Indianapolis: Bobbs-Merrill Educational Publishing, 1970), p. 32.

第 7 章　ドイツ科学の勃興とその制度的基盤

1) 衰退論については，Mary Jo Nye, "Scientific Decline: Is Quantitative Evaluation Enough?" *Isis*, 75 (1984): 697–708; *idem*., *Science in the Provinces* (注 6-9), "Introduction" 参照. このパストゥールの小冊子は次の邦訳がある. パストゥール (成定薫訳)『フランス科学についての省察』，『パストゥール，科学の名著 10』(朝日出版社，1981) 所収.

2) イギリスの衰退論については，D. S. L. Cardwell, *The Organization of Science in England* (London: Heinemann, 1957; rev. ed., 1972) [カードウェル (宮下晋吉・和田武編訳)『科学の社会史――イギリスにおける科学の組織化』(昭和堂，1989)] 参照.

3) Nye, "Scientific Decline" (注 7-1).

4) ベン＝デービッド『科学の社会学』(注 序-4)，第 6–7 章. 同書は，科

学の生産性（productivity）を国々の制度的構造の特徴と結びつけて論じた点において，パイオニア的研究といえる．ただし，科学を発明・発見の点のみからとらえ，各時代・各国におけるその文化的な意味や機能の違いを無視している点で限界がある．

5）GDNÄ については，河本英夫「社会的行為としての科学——ドイツ実証科学形成の制度史　1822-1849」，佐々木編『科学史』（注 4-8）所収，参照．また，柏木肇「西欧の化学——19 世紀化学の思想　その 3，ドイツ化学とその環境」『科学の実験』，1978 年 6 月号：33-39；同「19 世紀前半の科学——その思想と背景」，島尾編『科学の歴史』（注 5-2）所収，参照．

6）Hans W. Prahl, Sozialgeschichte des Hochschulwesens（München: Kösel-Verlag, 1978）［プラール（山本尤訳）『大学制度の社会史』（法政大学出版局，1988）］，訳書，巻末資料，（12）-（13）頁．

7）前掲書，184 頁から引用．次の引用文も同じ．

8）ドイツの近代大学の誕生に関しては，プラール『大学制度の社会史』（注 7-6）第 6 章のほか，潮木守一『近代大学の形成と変容——十九世紀ドイツ大学の社会的構造』（東京大学出版会，1973）；佐々木『科学革命の歴史構造』（注 2-13）下，第 4 章などを参照．佐野正博「科学をめぐるイデオロギーの形成——科学・技術についての十九世紀における社会的意識」，成定・佐野・塚原編著『制度としての科学』（注　序-4）所収，は，ドイツ近代大学理念の形成を実用主義教育との拮抗から描いている．

9）カードウェル『科学の社会史』（注 7-2），208 頁．

10）W. V. Farrar, “Science and the German University System, 1790-1850,” in *The Emergence of Science in Western Europe*, ed. Crosland（注 序-4）, pp. 179-192, on p. 181.

11）R. Steven Turner, “The Growth of Professorial Research in Prussia, 1818 to 1848——Causes and Context,” *Historical Studies in the Physical Sciences*, 3（1971）: 137-182.

12）A. Wankmüller, “Ausländische Studierende der Pharmazie und Chemie bei Liebig in Gießen,” *Deutsche Apotheker-Zeitung*, 107（1967）: 463-466, on S. 464.

13) *Cf.*, Aaron J. Ihde, *The Development of Modern Chemistry* (New York: Evanston, Harper & Row Publishers, 1964) [アイド（鎌谷親善・藤井清久・藤田千枝訳）『現代化学史』全3巻（みすず書房，1972-77)]，訳書，第2巻，266-269頁；J. B. Morrell, "The Chemist Breeders: The Research Schools of Liebig and Thomas Thomson," *Ambix*, 19 (1972): 1-58; Farrer, "Science and the German University System" (注7-10), pp. 184-186; William H. Brock, "Liebigiana: Old and New Perspectives, "*History of Science*, 19 (1981): 201-218 [ブロック（板垣良一訳）「リービヒ研究の現状」『化学史研究』第23号（1983): 61-74]; *idem., Justus von Liebig: The Chemical Gatekeeper* (Cambridge: Cambridge University Press, 1997).

14) Farrar, "Science and the German University System" (注7-10), p. 186.

15) テーハーの歴史については，潮木『近代大学の形成と変容』(注7-8), 297-344頁参照.

16) カードウェル『科学の社会史』(注7-2)，210頁.

17) Peter Lundgreen, "The Organization of Science and Technology in France: A German Perspective," in *The Organization of Science and Technology in France*, eds. Fox and Weisz (注6-7), pp. 311-332, on p. 315.

18) カードウェル『科学の社会史』(注7-2)，210頁．シュトゥットガルトの英国領事ローズ (Frederic Rose) による調査報告書の中の評価.

19) Farrar, "Science and the German University System" (注7-10), p. 189.

第8章　科学の専門分化と職業化

1) Charles P. Snow, *The Two Cultures: and a Second Look* (Cambridge: Cambridge University Press, 1964) [スノー（松井巻之助訳）『二つの文化と科学革命』(みすず書房，1967)].

2) 1934年3月発行の『クォータリー・レヴュー』の匿名の書評中に，ヒューエルはすでに "scientist" という語を提起している．その点を含め "scientist" の名称由来については，Sydney Ross, "Scientist: The Story

of a Word," *Annals of Science*, 18 (1962): 65-85, esp. pp. 71-72 参照.

3) William Whewell, *The Philosophy of the Inductive Sciences, Founded upon Their History* (London: Frank Cass and Co., 1840), vol. 1, p. cxiii.

4) 廣重『科学の社会史』(注 序-4), 68 頁. スペシャリストの台頭については, Russell, *Science and Social Change* (注 序-4), Ch. 11 参照.

5) Comte, *Introduction to Positive Philosophy* (注 6-14), pp. 17-18.

6) たとえば Susan Faye Cannon, *Science in Culture: The Early Victorian Period* (Kent: Dawson; New York Science History Publications, 1978) Ch. 7 の論議からも, この問題の根深さを垣間見ることができよう. *Cf.*, Joseph Ben-David, "The Profession of Science and Its Powers," *Minerva*, 10 (1972): 362-383; Maurice Crosland, "The Development of a Professional Career in Science in France," in *The Emergence of Science in Western Europe*, ed. Crosland (注 序-4), pp. 127-138; Gerald L. Geison, ed., *Professions and the French State, 1700-1900* (Philadelphia: University of Pennsylvania Press, 1984); Russell, *Science and Social Change* (注 序-4), Ch. 12; David Knight and Helge Kragh, eds., *The Making of the Chemist: The Social History of Chemistry in Europe, 1789-1914* (Cambridge, New York, and Melbourne: Cambridge University Press, 1998).

7) Charles Babbage, *Reflections on the Decline of Science in England, and on Some of Its Causes* (London: B. Fellowes and J. Booth, 1930; repr. New York: Augustus M. Kelley Publishers, 1970), p. 10.

8) Shinn, "From 'Corps' to 'Profession'" (注 6-11), p. 183.

9) *Ibid.*, pp. 185-188.

10) スミートンについては, D. S. L. Cardwell, *Turning Points in Western Technology: A Study of Technology, Science and Industry* (New York: Science History Publications, 1972) [カードウェル(金子努訳)『技術・科学・歴史——転回期における技術の諸原理』(河出書房新社, 1982)], 訳書, 117-124 頁参照.

11) 潮木『近代大学の形成と変容』(注 7-8), 308-314 頁.

12) Shinn, "From 'Corps' to 'Profession'" (注 6-11), p. 184.

13) たとえばイギリスの場合, カードウェル『科学の社会史』(注 7-2),

298頁；アメリカの場合，George Wise, "A New Role for Professional Scientists in Industry: Industrial Research at General Electric, 1900-1916," *Technology and Culture*, 21 (1980): 408-429, esp. on pp. 411-413.

14) Jack Morrell and Arnold Thackray, *Gentlemen of Science: Early Years of the British Association for the Advancement of Science* (Oxford: Clarendon Press, 1981).

第9章　産業革命とイギリス科学

1) たとえばS. Lilley, "Technological Progress and the Industrial Revolution," *The Fontana Economic History of Europe*, vol. 3 (London: Fontana, 1973) は，産業革命の技術革新をむしろ中世以来の職人技術の内的発展の1つの帰結であるとしている．

2) A. E. Musson and E. Robinson, *Science and Technology in the Industrial Revolution* (Manchester: Manchester University Press, 1969) がこの立場を代表している．

3) たとえば，カードウェル『技術・科学・歴史』(注8-10)，318-319頁．本書第4章でも述べたように理論と実践の関係の問題は複雑であるが，科学的技術や産業科学の形成過程を検討するうえで，いちおう当時の科学と技術の関係を吟味しておく必要がある．なお，知的活動としての科学が産業革命期のイギリスにおいて文化的・社会的機能を果たしたことはすでに触れたし（第5章），以下にも述べる．その意味ではイギリス産業革命と科学とは重要な関係があったが，それはここでの議論とは別の問題である．

4) ワットはグラスゴー大学のブラック (Joseph Black) らと交わり，当時の熱理論の知識をもっていたと思われるが，ブラックの潜熱のアイディアを基にして彼の凝縮器付蒸気機関を発明したという伝説は，前掲書，129-130頁でも否定されている．またRussell, *Science and Social Change* (注 序-4), p. 9参照．

5) カードウェル『技術・科学・歴史』(注8-10)，319頁．*Cf.*, 大野「18世紀イギリス科学の社会史にむけて」(注5-2)，35頁．

6) 科学史家パイエンソン (Lewis Pyenson) は，19世紀から20世紀前半にかけてヨーロッパ列強が帝国主義的海外膨張政策として科学を利用し

たことを指摘し，これを「文化帝国主義」(Cultural Imperialism) と呼んでいる．Lewis Pyenson, *Cultural Imperialism and Exact Sciences: German Expansion Overseas, 1900–1930* (New York: P. Lang, 1985); *idem., Empire of Reason: Exact Sciences in Indonesia, 1840–1940* (Leiden and New York: E. J. Brill, 1989); *idem.*, "Science and Imperialism," in *Companion to the History of Modern Science*, ed. Robert Olby (Routledge, 1989), Ch. 60 [パイエンソン（佐々木力訳・解題）「科学と帝国主義」『思想』第779号 (1989, 5): 9–28]; *idem., Civilizing Mission: Exact Sciences and French Overseas Expansion, 1830–1940* (Baltimore: Johns Hopkins University Press, 1993).

技術については Daniel R. Headrick, *The Tools of Empire: Technology and European Imperialism in the Nineteenth Century* (New York and Oxford: Oxford University Press, 1981) [ヘッドリック（原田勝正・多田博一・老川慶喜訳）『帝国の手先——ヨーロッパ膨張と技術』（日本経済評論社，1989)]; *idem., The Tentacles of Progress: Technology Transfer in the Age of Imperialism, 1850–1940* (New York: Oxford University Press, 1988); *idem., The Invisible Weapon: Telecommunications and International Politics, 1851–1945* (New York: Oxford University Press, 1991) などを参照.

7) Russell, *Science and Social Change* (注 序-4), pp. 99–103.

8) カードウェル『科学の社会史』(注 7-2)，28 頁； Robert H. Kargon, *Science in Victorian Manchester: Enterprise and Expertise* (Baltimore: Johns Hopkins University Press, 1977), p. 9 より引用．マンチェスター文学・哲学協会でのヘンリーのこの発言の意味については，*ibid.*, pp. 9–10 参照．ヘンリーについては，W. V. Farrar, Kathleen Farrar, and E. L. Scott, "The Henrys of Manchester. Part I: Thomas Henry (1734–1816)," *Ambix*, 20 (1973): 183–208 参照.

9) 王立化学カレッジについては，Jonathan Bentley, "The Chemical Department of the Royal School of Mines: Its Origins and Development under A. W. Hofmann," *Ambix*, 17 (1970): 153–181; Gerrylynn K. Roberts, "The Establishment of the Royal College of Chemistry: An Investigation of the Social Context of Early-Victorian Chemistry," *Historical*

Studies in the Physical Sciences, 7 (1976): 437-485 参照.

10) L. F. Haber, *The Chemical Industry during the Nineteenth Century* (London: Oxford University Press, 1958) [ハーバー（水野五郎訳）『近代化学工業の研究——その技術・経済史的分析』（北海道大学図書刊行会, 1977)], 訳書, 178頁. ドイツ染料工業については, John J. Beer, *The Emergence of the German Dye Industry* (Urbana: University of Illinois Press, 1959), モーヴ, マジェンタ, アリザリン, インジゴなど, 個々の合成染料の誕生と工業化については, Anthony S. Travis, *The Rainbow Makers: The Origins of the Synthetic Dyestuffs Industry in Western Europe* (Bethlehem: Lehigh University Press; London and Toronto: Associated University Presses, 1993) が優れている.

11) カードウェル『科学の社会史』（注7-2), 211頁. ローズの報告書（注7-18）より.

12) Russell, *Science and Social Change* (注 序-4), pp. 154-173. 数値は p. 159より. また, Steven Shapin and Barry Barnes, "Science, Nature and Control: Interpreting Mechanics' Institutes," *Social Studies of Science*, 7 (1977): 31-74 参照. *Cf.*, Michael D. Stephens and Gordon W. Roderick, "Science, the Working Classes and Mechanics' Institutes," *Annals of Science*, 29 (1972): 349-360.

13) Romualdas Sviedrys, "The Rise of Physical Science at Victorian Cambridge," *Historical Studies in the Physical Sciences*, 2 (1970): 127-145, on pp. 131-132; *idem.*, "The Rise of Physics Laboratories in Britain," *ibid.*, 7 (1976): 405-435, on p. 406. グラスゴー大学に続いてロンドンのユニヴァーシティ・カレッジが1841年に工学の教授職を設けた. ケンブリッジではウィリス（Robert Willis）が1837年から機械学を講じたことが知られているが, 彼のポストは実験哲学（とくに化学と医学）担当の「ジャクソニアン教授職」であった. 賛否両論を経て, ケンブリッジで最初に正式の工学の教授職がつくられたのは1875年のことである. その経緯については上記論文（1970）参照.

14) 非国教徒アカデミーについては, たとえば『OU科学史II 理性と信仰』（注2-9), 136-156頁；藤井清久「18世紀ユニテリアンの教育理念——J・プリーストリとマンチェスター知識人の教養教育論」, 吉本ほか

『科学と国家と宗教』（注 5-8）所収；三時眞貴子「ウォリントン・アカデミー（Warrington Academy, 1757-86）の新たな研究に向けて」『化学史研究』第 26 巻第 2 号（1999）: 65-78，参照.

15）Jack Morrell, "Individualism and the Structure of British Science in 1830," *Historical Studies in the Physical Sciences*, 5（1971）: 183-204; *Cf.*, Morris Berman, "'Hegemony' and the Amateur Tradition in British Science," *The Journal of Social History*, 8（1974）: 30-50; ヴィクトリア時代の科学については，柏木肇「19 世紀前半の科学」（注 7-5）所収；同「和しつ諍う知の司祭――ヴィクトリア科学　序曲」，吉本ほか『科学と国家と宗教』（注 5-8）所収，が好適である．Cannon, *Science in Culture*（注 8-6）は，この時代のイギリス科学のさまざまな側面を扱った論文集．BAAS の会長演説を通してヴィクトリア科学を描いた書として，George Basalla, William Coleman, and Robert H. Kargon, eds., *Victorian Science: A Self-Portrait from the Presidential Address*（New York: Anchor Books, 1970）がある．

16）Russell, *Science and Social Change*（注 序-4）, p. 237.

17）Harvey W. Becher, "William Whewell and Cambridge Mathematics," *Historical Studies in the Physical Sciences*, 11（1980）: 1-48; 梅田淳「ウィリアム・ヒューエルと 19 世紀英国科学」『科学史・科学哲学』第 3 号（1983）: 17-30；同「19 世紀イギリスにおける紳士教育と科学――W・ヒューエルを中心に」，吉本ほか『科学と国家と宗教』（注 5-8）所収.

18）Gerrylynn K. Roberts, "The Liberally-Educated Chemist: Chemistry in the Cambridge Natural Science Tripos, 1851-1914," *Historical Studies in the Physical Sciences*, 11（1980）: 157-183. この表題のようにロバーツは，このようなトライポス化学者に "liberally-educated chemist" という呼称を使っている．物理学のトライポスについては，David B. Wilson, "Experiments among the Mathematicians: Physics in the Cambridge Natural Sciences Tripos, 1851-1900," *Historical Studies in the Physical Sciences*, 12（1982）: 327-371 参照.

19）カードウェル『科学の社会史』（注 7-2），179 頁より引用.

20）Jonathan Bentley, "Hofmann's Return to Germany from the Royal

College of Chemistry," *Ambix*, 19 (1972): 197–203.

21) カードウェル『科学の社会史』(注 7-2), 80 頁. 1844 年 12 月 19 日付のファラデイに宛てた手紙の一節. リービッヒは, 1837 年に「英国は科学の国ではない. アマチュア的なものだけが蔓延している」とも述べている. Russell, *Science and Social Change* (注 序-4), p. 175 参照.

22) カードウェル『科学の社会史』(注 7-2), 148 頁より引用.

第 10 章 アメリカ産業社会における科学

1) John J. Beer, "Coal Tar Dye Manufacture and the Origins of the Industrial Research Laboratory," *Isis*, 49 (1948): 123–131. なお本章の叙述は, 拙著「産業界における科学者たち——黎明期のアメリカ産業科学」, 佐々木編『科学史』(注 4-8) 所収, と重複している.

2) Richard H. Shryock, "American Indifference to Basic Research during the Nineteenth Century," *Archives Internationales d'Histoire des Sciences*, 28 (1948–49): 3–18.

3) Nathan Reingold, "American Indifference to Basic Research: A Reappraisal," in *Nineteenth Century American Science: A Reappraisal*, ed. George H. Daniels (Evanston: Northwestern University Press, 1972), pp. 38–62; Hamilton Cravens, "American Science Comes of Age: An International Perspective, 1850–1930," *American Studies*, 17 (1976): 49–70. なおアメリカ科学史学会発行の『オサイリス』新シリーズの創刊号は, アメリカ科学のヒストリオグラフィー (歴史叙述法) を特集しており, これまでの研究動向を知るうえで貴重である. *Osiris*, 2nd Series, 1 (1985): 1–321. この特集号は単行本としても刊行されている. Sally G. Kohlstedt and Margaret W. Rossiter, eds., *Historical Writing on American Science: Perspectives and Prospects* (Baltimore: Johns Hopkins University Press, 1986).

4) ベン゠デービッド『科学の社会学』(注 序-4), 第 8-9 章.

5) アメリカの大学教育の歴史については, Laurence R. Veysey, *The Emergence of the American University* (Chicago: University of Chicago Press, 1965); Alexandra Oleson and John Voss, eds., *The Organization of Knowledge in Modern America, 1860–1920* (Baltimore: Johns

Hopkins University Press, 1979); Roger L. Geiger, *To Advance Knowledge: The Growth of American Research Universities, 1900–1940* (Oxford: Oxford University Press, 1986); *idem., Research and Relevant Knowledge: American Research Universities since World War II* (New York: Oxford University Press, 1993); 潮木守一『大学と社会，教育学大全集 6』（第一法規，1982）参照.

6) Owen Hannaway, "The German Model of Chemical Education in America: Ira Remsen at Johns Hopkins," *Ambix*, 23 (1976): 145–164. *Cf.*, D. S. Tarbell, Ann T. Tarbell, and R. M. Joyce, "The Students of Ira Remsen and Roger Adams," *Isis*, 71 (1980): 620–626. 橋本毅彦「世紀転換期アメリカにおける科学技術と大学」，成定・佐野・塚原編著『制度としての科学』（注 序-4）所収，は当時のジョンズ・ホプキンスの物理学科における純粋科学と実用主義との相克について論じている.

7) Arnold Thackray, Jeffrey L. Sturchio, P. Thomas Carroll, and Robert Bud, *Chemistry in America, 1876–1976: Historical Indicators* (Dordrecht: D. Reidel, 1985), pp. 135, 345–346. 同書はアメリカ化学の歩みを，職業化・教育・産業・ディシプリン化など，さまざまな観点から数量的統計データを指標として分析，「科学指標」(Science Indicator) のパイオニア的研究書として有名.

8) GE における基礎研究の起源と初期の展開に関しては，George Wise, "A New Role for Professional Scientists in Industry"（注 8-13）; *idem., Willis R. Whitney, General Electric, and the Origins of U.S. Industrial Research* (New York: Columbia University Press, 1985); Leonard S. Reich, *The Making of American Industrial Research: Science and Business at GE and Bell, 1876–1926* (Cambridge: Cambridge University Press, 1985) を参照. 次の文献は GE 社の基礎研究の創設に重要な役割を果たしたスタインメッツ (Charles Proteus Steinmetz, 1865–1923) の伝記だが，当時の状況が詳しく述べられている. Ronald R. Kline, *Steinmetz: Engineer and Socialist* (Baltimore and London: Johns Hopkins University Press, 1992), esp., Part 2.

9) George Wise, "Ionists in Industry: Physical Chemistry at General Electric, 1900–1915," *Isis*, 74 (1983): 7–21.

10) デュポン社のR＆Dの歴史は，David A. Hounshell and John K. Smith,Jr., *Science and Corporate Strategy: Du Pont R & D, 1902–1980* (Cambridge: Cambridge University Press, 1988) に詳しい．

11) 重役会に宛てた，次のスタインの社内文書からの引用．"Pure Scientific Work," December 18, 1926 (Hagley Museum and Library 所蔵)．

12) Charles M. A. Stine, "Chemical Research: A Factor of Prime Importance in American Industry," *Journal of Chemical Education*, 9 (1932): 2032–2038, on. p. 2034.

13) 古川安「化学研究におけるアメリカニズム――アメリカ高分子化学の源流」，新田義弘ほか編『精密科学の思想，岩波講座現代思想 11』（岩波書店，1995）所収；Yasu Furukawa, *Inventing Polymer Science: Staudinger, Carothers, and the Emergence of Macromolecular Chemistry* (University of Pennsylvania Press, 1998), Chs. 1–3 参照．カローザースの伝記として，Matthew E. Hermes, *Enough for One Lifetime: Wallace Carothers, Inventor of Nylon* (Washington, D.C.: American Chemical Society; Philadelphia: Chemical Heritage Foundation, 1996) がある．

14) この時のスタインの発表内容は『ニューヨーク・ヘラルド・トリビューン』紙に報道された．"New Synthetic Textile Fiber, Made from Coal, Water and Air, Announced to Forum," *New York Herald Tribune*, October 30, 1938. この記事は，スタインが用意した原稿 "What Laboratories of Industry Are Doing for Tomorrow: Chemicals and Textiles" (Hagley Museum and Library 所蔵) をほぼそのまま掲載したものであるが，その原題が示すように，むしろ企業における基礎科学研究の有効性を誇らかに示すことに力点が置かれている．デュポン側が発表した，ナイロン発明の経緯の正史として，Elmer K. Bolton, "Development of Nylon," *Industrial and Engineering Chemistry*, 34 (1942): 53–58; Ferdinand Schulze, *The Technical Division of the Rayon Department, 1920–1950*, revised and enlarged by Roy Soukup (Wilmington, Delaware: E. I. Du Pont Nemours and Company, 1952) が代表的である．最近の歴史研究は，こうした正史には語られていない面，またそれと矛盾する面を明るみにしている．たとえば，John K. Smith and David A. Hounshell, "Wallace Hume Carothers and Fundamental Re-

search at Du Pont," *Science*, 229 (1985): 346-442; *ibid.*, *Science and Corporative Strategy* (注 10-10), Pts. 2, 3; Furukawa, *Inventing Polymer Science* (注 10-13), Chs. 3, 4 参照.

15) そのことは, 彼の死後, 父親がイリノイ大学教授アダムズ (Roger Adams) (カローザースの師) に宛てた書簡に記されている. Ira Hume Carothers to Roger Adams, December 2, 1937 (University of Illinois Archives 所蔵).

16) ベル研の起源については, Leonard Reich, "Industrial Research and the Pursuit of Corporate Security: The Early Years of Bell Labs," *Business History Review*, 54 (1980): 503-529; Lilian Hoddeson, "The Emergence of Basic Research in the Bell System, *Technology and Culture*, 22 (1981): 512-544; Reich, *The Making of American Industrial Research* (注 10-8), Ch. 7 参照.

17) John W. Servos, "The Industrial Relations of Science: Chemical Engineering at MIT, 1900-1939," *Isis*, 71 (1980): 531-549 ; 橋本「世紀転換期アメリカにおける科学技術と大学」(注 10-6), 107-113 頁参照.

18) David F. Noble, *America by Design: Science, Technology, and the Rise of Corporate Capitalism* (New York: Alfred A. Knopf, 1977).

19)「産業化科学」(industrialised science) の語は, Jerome R. Ravetz, *Scientific Knowledge and Its Social Problems* (Oxford: Oxford University Press, 1971) [部分訳:ラベッツ (中山茂・吉岡斉・江口高顕・須磨春樹訳)『批判的科学――産業化科学の批判のために』(秀潤社, 1977)] のキーワードになっている. ただし本章で論じた「科学の産業化」は, 共通部分はあるが, 必ずしも同書の定義通りのものではないことを断っておく.

第 11 章　科学とナショナリズム

1) McClellan, *Science Reorganized* (注 3-3) はこの点を明らかにしている. また廣重『科学の社会史』(注 序-4), 70-75 参照.

2) Crosland, *Society of Arcueil* (注 6-12), pp. 20-25. *Cf.*, Geoffrey Sutton, "The Politics of Science in Early Napoleonic France: The Case of the Voltaic Pile," *Historical Studies in the Physical Sciences*, 11 (1981):

329-366.

3) パストゥール（成定薫訳）「1888年11月14日，パストゥール研究所開設記念式典における演説」，『パストゥール』（注7-1）所収，351頁.

4) パストゥール『フランス科学についての省察』（注7-1），p. 404.

5) 本節の叙述は主として Russell, *Science and Social Change*（注 序-4），pp. 235-241に依拠した．なお，ロンドン博に関する一般向け読物では，松村昌家『水晶宮物語――ロンドン万国博覧会1851』（リブロポート，1986）が好著である．

6) 次の文献は，プレイフェアが1851年ロンドン博について行った講演録（1852年2月）の部分訳を所収．山口達明訳・解説「19世紀中葉におけるイギリス科学技術教育――1851年ロンドン大博覧会に関するL．プレイフェアの講演」『化学史研究』第21号（1982）: 161-173.

7) 博覧会スカラシップについては，Roy M. MacLeod and E. Kay Andrews, "Scientific Careers of Exhibition Scholars," *Nature*, 218（1968）: 1011-1016; Sviedrys, "The Rise of Physics Laboratories in Britain"（注9-13），p. 433 ff. 参照．英国政府の支援に対する各方面からの反発については，Russell, *Science and Social Change*（注 序-4），pp. 241-245参照.

8) Nye, *Science in the Provinces*（注6-9），p. 24.

9) *Ibid.*, esp., Ch. 7.

10) Sviedrys, "The Rise of Physics Laboratories in Britain"（注9-13）.

11) 1973年までには計22人のノーベル賞受賞者がキャヴェンディッシュ研究所の関係者からでている．同所の歴史は，J. G. Crowther, *The Cavendish Laboratory, 1874-1974*（New York: Science History Publications, 1974）が代表的.

12) たとえばアメリカの科学史家ケイハン（David Cahan）は，ドイツにおける物理学研究所の台頭を "Institutional Revolution"（制度革命）と呼んでいる．David Cahan, "The Institutional Revolution in German Physics, 1865-1914," *Historical Studies in the Physical Sciences*, 15（1985）: 1-65.

13) とくにドイツの文脈ではこのことがいえる．前掲論文はこの点を強調している．したがって physikalische Institut（物理学研究所）の実態は，研究施設というよりむしろ教育施設に近かった．なお，ここでは触れな

かったが，ドイツではほぼ19世紀中葉以降，化学においても，同様の大学付属のInstitutが相次いで誕生している．そのことはドイツにおけるInstitutの設立運動が必ずしも物理学だけに特有の現象ではなかったことを示唆している．R. Steven Turner, "Justus Liebig versus Prussian Chemistry: Reflections on Early Institute-Building in Germany," *Historical Studies in the Physical Sciences*, 13 (1982): 129-162; Jeffrey J. Johnson, "Academic Chemistry in Imperial Germany," *Isis*, 76 (1985): 500-524 参照.

14) Sviedrys, "The Rise of Physics Laboratories in Britain" (注 9-13) は，この要因を強調している．またGraeme Gooday, "Precision Measurement and the Genesis of Physics Teaching Laboratories in Victorian Britain," *British Journal for the History of Science*, 23 (1990): 23-51 参照.

15) Jun Fudano, *Early X-Ray Research at Physical Laboratories in the United States of America, circa 1900: A Reappraisal of American Physics* (Ph. D. dissertation, University of Oklahoma, 1990)；札野順「19世紀末アメリカにおけるX線研究――アメリカ物理学の再評価」，大野誠・小川眞里子編著『科学史の世界』（丸善，1991）所収，は研究志向型のイギリスとアメリカのPhysical Laboratoryの間にあった制度的相違と，その研究内容との関係を分析している．

16) Cahan, "The Institutional Revolution in German Physics, 1865-1914" (注 11-12), pp. 60-61. 田中浩朗『19世紀ドイツにおける物理学施設の発展――大学の物理学施設と帝国物理技術研究所』（修士論文，東京大学大学院科学史科学基礎論課程，1989）は，physikalische Institutの創設からPTR誕生に至る経緯を，こうした文脈から明快に論じている．

17) この会議には，英国，ポルトガル，スウェーデンを除いて，西ヨーロッパのほとんどの国が代表団（主として数学者）を送った．Maurice Crosland, "The Congress on Definitive Metric Standards, 1798-1799: The First International Scientific Congress?" *Isis*, 60 (1969): 226-231.

18) PTRの起源については，いくつかの詳細な研究があるが，とくにDavid Cahan, "Werner Siemens and the Origin of the Physikalisch-Technische Reichsanstalt, 1872-1887," *Historical Studies in the Physical Sciences*, 12 (1982): 253-283; *idem., An Institute for an Empire: The*

Physikalisch-Technische Reichsanstalt, 1871–1918（Cambridge, New Rochelle, Melbourne, and Sydney: Cambridge University Press, 1989）参照．また，田中『19世紀ドイツにおける物理学施設の発展』（注11–16），49–92頁参照．

19）ケイハンによれば，「産業上の経済的・技術的要請や帝国の政治家たちの意図は，PTR設立において二義的な重要性しかもたなかった．はるかに重要なことは，ヴェルナー・ジーメンスの個人的な純粋科学振興の望み，技術の科学的基盤の確保，彼の愛国主義であった」．Cahan, "Werner Siemens and the Origin of the Physikalisch-Technische Reichsanstalt, 1872–1887（注11–18), p. 254.

20）Nye, *Science in the Provinces*（注6–9），p. 23より引用．

21）Cahan, "Werner Siemens and the Origin of the Physikalisch-Technische Reichsanstalt, 1872–1887"（注11–18），p. 264より引用．

22）NPLの歴史を扱った著書として，Edward Pyatt, *The National Physical Laboratory: A History*（Bristol: Adam Hilger, 1983）がある．NBSについては，Rexmond Cochrane, *Measures for Progress*（Washington, D.C.: GPO, 1966）; Carrol W. Pursell, Jr., "A Preface to Government Support of Research and Development: Research Legislation and the National Bureau of Standards," *Technology and Culture*, 9（1968）: 145–164参照．

23）アメリカ科学と財団とのかかわりについては，Robert E. Kohler, "Science, Foundations, and American Universities in the 1920s," *Osiris*, 2nd Series, 3（1987）: 135–164; *idem.*, *Partners in Science: Foundations and Natural Scientists, 1900–1945*（Chicago: University of Chicago Press, 1991）参照．

24）Daniel J. Kevles, "George Ellery Hale, the First World War, and the Advancement of Science in America," *Isis*, 59（1968）: 427–437; *idem.*, *The Physicists: The History of a Scientific Community in Modern America*（New York: Alfred A. Knopf, 1978), pp. 109 ff.; Kohler, "Science, Foundations, and American Universities in the 1920s"（注11–23), pp. 141–144.

25）*The Times*, October 12, 1910, p. 6参照．

26) この建議書は，KWG編纂の次の文献に所収．*25 Jahre Kaiser Wilhelm-Gesellschaft zur Förung der Wissenschaften*, Bd. 1: Handbuch (Berlin: Verlag von Julius Springer, 1936)［(文部省専門學務局訳)『カイザー・ヴィルヘルム科學振興協會二十五年誌』，第1巻『要覧』(文部省，1942)］．KWGならびにKWIの歴史についての研究書としては，Rudolf Vierhaus und Bernhard vom Brocke, hrsg., *Forschung im Spannungsfeld von Politik und Gesellschaft: Geschichte und Struktur der Kaiser-Wilhelm- / Max-Planck-Gesellschaft* (Stuttgart: Deutsche Verlags-Anstalt, 1990) が最も詳しい．また以下の文献も参照．Friedrich Glum, *Zwischen Wissenschaft, Wirtschaft und Politik: Erlebtes und Erdachtes in Vier Reichen* (Bonn: H. Bouvier u. Co. Verlag, 1964); Lothar Burchardt, *Wissenschaftpolitik im Whilhelmischen Deutschland: Vorgeschichte, Gründung und Aufbau der Kaiser-Wilhelm-Gesellschft zur Förderung der Wissenschften* (Göttingen: Vandenhöck & Ruprecht, 1975); Michael Engel, *Geschichte Dahlems* (Berlin: Berlin Verlag, 1984); Jeffrey A. Johnson, *The Kaiser's Chemists: Science and Modernization in Imperial Germany* (Chapel Hill and London: University of North Carolina Press, 1990); Gerhard A. Ritter, *Grossforschung und Staat in Deutschland: ein historischer Überblick* (München: C. H. Beck, 1992)［リッター（浅見聡訳）『巨大科学と国家――ドイツの場合』(三元社，1998)］．

27)『要覧』(注11-26)，28頁．

28) 同書，28-29頁．

29) 同書，29頁．

30) Johnson, *The Kaiser's Chemists* (注11-26) はKWIの創設に化学者たち（それもドイツ・アカデミズム界を支配していた古典有機化学者ではなく，新興分野の物理化学者や生化学者）が決定的な役割を果たしたことを指摘している．

31)『要覧』(注11-26)，30頁．

32) Robert Gerwin and Barbara Holzt, *The Max-Planck-Gesellschaft and Its Institutes: Portrait of a Research Organization*, trans. Ralf Friese (3rd. ed., München: MPG, 1984).

33) ただし Elisabeth Crawford, *Nationalism and Internationalism in Science, 1880–1939: Four Studies of the Nobel Population* (Cambridge, New York, and Oakleigh: Cambridge University Press, 1992) は, KWG はノーベル賞をすでに受賞した者, これから受賞が予想される者を意図的に雇用したこと, 彼らを KWG の権威と名声のために使ったこと, KWI に来てからノーベル賞を受賞した者も, その受賞対象となった研究は KWI に所属する前になされたケースが少なくないこと, などを指摘している. ノーベル賞 (1901 年発足) は化学技術者ノーベル (Alfred Bernhard Nobel, 1833–96) が「人類に対する最大の貢献をなした者に授与する」と遺言状に記し, インターナショナル (全世界的) な見地から設立された褒賞制度であるが, 結果的には国家間の科学レベルの序列を示すオリンピックのように見なされ, 科学におけるナショナリズムを煽ることになった. *Idem., The Beginnings of the Nobel Institution: The Science Prizes, 1901–1915* (Cambridge, New York, and Melbourne: Cambridge University Press, 1984) 参照. 吉岡斉『科学革命の政治学——科学からみた現代史』(中公新書, 1987), 第 8 章はノーベル賞の功罪について論じている.

第 12 章　戦争と科学

1) Guy Hartcup, *The War of Invention: Scientific Developments, 1914–18* (London: Brassey's Defence Publishers, 1988), pp. 1–20; E. Mendelsohn, "Science, Scientists, and the Military," in *Science in the Twentieth Century*, ed. Krige and Pestre (注 序–4), pp. 175–202. なお, その重要性にもかかわらず, 科学史家による, 科学と戦争のかかわりに関する系統的な研究は最近始まったばかりであることを追記しておく.
2) Morris W. Travers, *A Life of Sir William Ramsay* (London: Edward Arnold, 1956), pp. 287–290 参照.
3) Hartcup, *The War of Invention* (注 12–1), pp. 21–23; Andrew Hull, "War of Words: the Public Science of the British Scientific Community and the Origins of the Department of Scientific and Industrial Research, 1914–16," *British Journal for the History of Science*, 32 (1999): 461–481.

4) Hartcup, *The War of Invention*（注 12-1）, p. 32 より引用.

5) この間の事情は, Daniel Kevles, "Into Hostile Camps: The Reorganization of International Science in World War I," *Isis* 62（1971）: 47-60; *idem.*, "George Ellery Hale, the First World War, and the Advancement of Science in America"（注 11-24）; *idem.*, *The Physicists*（注 11-24）, Chs. 8, 9 参照.

6) 同所のそもそもの発案者は化学者の高峰譲吉であった. すでに 1908 年（明治 41）には東京帝国大学助教授の物理学者・中村清二がドイツの PTR やイギリスの NPL のような機関をわが国にもつくる必要性を訴えており, 欧米型の大研究所の設立を呼びかける機運が科学者間に生まれていた. アメリカで活躍し欧米先進国の情勢に通じていた高峰は, 一時帰国した 1913 年（大正 2）に「国民科学研究所」の設立を訴え, 財界の渋沢栄一の賛同と協力を得て, 化学者の桜井錠二や数学者の菊池大麓らのエリート科学者や, 産業人・官僚を巻き込む基礎研究所設立運動を開始した. 研究所設立には 1,000 万から 2,000 万円の資金を要するとみられた. 2,000 万円といっても新型の戦艦一隻の建造費に相当する額にすぎない, 戦艦は 10 年や 15 年で旧式になるのに対して, 研究所はやがて新しい独創的発明を生み出し富を起こす基礎となる, と説いた高峰の演説はよく知られている. 高峰の提唱は, とりあえず「化学研究所」という形で具体化する運動が進められた. 巨額の設立資金の調達は, 民間の基金だけでは不十分であり, 当然政府の援助を仰がなければならなかった. 設立運動は官界の関心を惹いたが, 資金面で政府は積極的な姿勢を示さなかった.

結果的には, この状態に転機をもたらしたのが第一次世界大戦であった. 1914 年（大正 3）に大戦が勃発すると, それまでドイツに多くを依存していた化学薬品の輸入が途絶したため, 農商務省は化学工業調査会を設置して不足物資の調達や化学工業振興策を諮問した. その際, 同調査会のメンバーであった化学者たち（桜井はその有力委員であった）からただちにこの化学研究所について建議された. その直後, 建議の内容としては化学のみならず物理学も必要ではないかという商工局長の提案をふまえて, 翌 1915 年（大正 4）以降は「理化学研究所」として青写真の作成が進められた. そして 1917 年（大正 6）に, 設立資金こそ当

初の構想より縮小されながらも，半官半民の研究所として発足にこぎつけた．

理研はその後第二次世界大戦までの間，資金・設備・人材の点で，わが国随一の巨大研究機関として発展をとげた．同所創設の経緯に，われわれは欧米と類似した制度化運動のパターンを見ることができる．建議書に見られるように，ドイツのPTRやKWI，イギリスのNPL，アメリカのNBSなどの諸機関の実例を引き合いに出し，科学研究における国家間競争の激化を強調している点は，19世紀後半以後の欧米科学者の研究所設立運動のスタイルと類似している．「国威を宣揚」し，かつ「百般工業の根本を啓沃」し，それにより「国富の増進」をはかるための基礎科学研究所を構想し，科学エリートが財界・産業界と手を組んで政府に支援を求め，国家主導のもとに運営されるべきことを訴えたのは，ドイツのパターンと軌を一にする．第一次大戦という国家的緊急時に，こうした訴えが急速に実現していったのも象徴的である．当時のわが国における科学技術の制度化は，このように，世界の科学におけるナショナリズムの流れと呼応していたのである．

戦時下に理化学研究所が創設されたいきさつは，鎌谷親善『技術大国百年の計――日本の近代化と国立研究機関』（平凡社，1988），199-220頁に詳しい．また，廣重『科学の社会史』（注 序-4），92-97頁参照．

7) Hartcup, *The War of Invention*（注12-1), pp. 34-35.

8) レマルク（秦豊吉訳）『西部戦線異状なし』（新潮文庫，1955），80-81頁．

9) L. F. Haber, *The Poisonous Cloud: Chemical Warfare in the First World War*（Oxford: Clarendon Press, 1986), pp. 18-21.［ハーバー（佐藤正弥訳）『魔性の煙霧――第一次世界大戦の毒ガス攻防戦史』（原書房，2001)］．また，Hartcup, *The War of Invention*（注12-1), p. 94参照．

10) Haber, *The Poisonous Cloud*（注12-9), pp. 21-24; Hartcup, *The War of Invention*（注12-1), p. 95.

11) Haber, *The Poisonous Cloud*（注12-9), pp. 24-28. ハーバーの生涯と業績については，Dietrich Stoltzenberg, *Fritz Haber: Chemiker, Nobelpreisträger, Deutscher, Jude: Eine Biographie*（Weinheim: Verlag Chemie, 1994); Margit Szöllösi-Janze, *Fritz Haber 1868-1934: Eine Biographie*（München: Verlag C. H. Beck, 1998）参照．

12) Haber, *The Poisonous Cloud* (注 12-9), pp. 28-35.

13) *Ibid.*, pp. 39-40, 245-246.

14) *Ibid.*, pp. 239-258; Hartcup, *The War of Invention* (注 12-1), pp. 114-115.

15) James B. Conant, *My Several Lives: Memoirs of a Social Inventor* (New York: Harper and Row, 1970), p. 67.

16) 後にハーンは自伝の中でそのことを述べている. Otto Hahn, *Mein Leben* (München, F. Bruckmann, 1968) [ハーン (山崎和夫訳)『オットー・ハーン自伝』(みすず書房, 1977)], 訳書, 133-150 頁. ただし L. F. ハーバーは, ハーンのこの回顧的発言に懐疑的である. Haber, *The Poisonous Cloud* (注 12-9), p. 292 参照. シュタウディンガーについては, 古川安「シュタウディンガーの科学活動と政治的葛藤」『化学史研究』第 20 巻 (1993): 1-19, 参照. 同論文は, 吉本ほか『科学と国家と宗教』(注 5-8) に再録.

17) たとえば, Fritz Haber, *Aus Leben und Beruf: Aufsätze, Reden, Vorträge* (Berlin: Verlag von Julius Springer, 1927) [部分訳: ハーバー (田丸節郎訳)『ハーバー博士講演集――國家と學術の研究』(岩波書店, 1931)], 訳書, 8-11 頁参照.

18) ジュネーヴ議定書をめぐるアメリカの騒動についての以下の叙述は, 主として Daniel P. Jones, "American Chemists and the Jeneva Protocol," *Isis*, 71 (1980); 426-440 に依拠し, また Gilbert F. Whittmore, Jr., "World War I, Poison Gas Research, and the Ideals of American Chemists," *Social Studies of Sciences*, 5 (1975): 135-163 も参考にした.

19) ザイマン『社会における科学』(注 序-4), 下, 357 頁.

20) "Scientific Workers and War," *Nature*, 137 (1936): 829-830.

21) ザイマン『社会における科学』(注 序-4), 下, 370 頁より引用. なおバーナールの戦前の反戦活動および戦中の活動については, Maurice Goldsmith, *Sage: A Life of J. D. Bernal* (London: Hunchinson, 1980) [ゴールドスミス (山崎正勝・奥山修平訳)『バナールの生涯』(大月書店, 1985)], 第 6-7 章参照.

22) マイトナーについては, Ruth L. Sime, *Lise Meitner: A Life in Physics* (Berkeley: University of California Press, 1996) が優れている.

23) ナチスは1933年4月に公務員再建法を可決し，大学や研究機関に勤務するユダヤ系研究者を解雇した．ナチズム時代の科学については，Allan D. Beyerchen, *Scientists under Hitler: Politics and the Physics Community in the Third Reich* (New Haven and London: Yale University Press, 1977) [バイエルヘン（常石敬一訳）『ヒトラー政権と科学者たち』（岩波現代選書，1980)]; Josiane Olff-Nathan, dir., *La science sous le Troisième Reich: Victime ou alliée du nazisme?* (Paris: Éditions du Seuil, 1993) [オルフ＝ナータン編（宇京頼三訳）『第三帝国下の科学——ナチズムの犠牲者か，加担者か』（法政大学出版局，1996)]; Kristie Macrakis, *Surviving the Swastika: Scientific Research in Nazi Germany* (New York and Oxford: Oxford University Press, 1993); Monika Renneberg and Mark Walker, eds., *Science, Technology and National Socialism* (Cambridge: Cambridge University Press, 1994) 参照.

24) この手紙は Leo Szilard, *Leo Szilard: His Version of the Facts—Selected Recollections and Correspondence*, ed. Spencer R. Weart and Gertrud W. Szilard (Cambridge, Massachusetts: MIT Press, 1978) [シラード（伏見康治・伏見諭訳）『シラードの証言——核開発の回想と資料，1930-1945年』（みすず書房，1982)]，訳書，124-125頁に所収．この手紙を誰がどのようにして起草したかについては，異なる証言・解釈がある．*Cf.*, Robert William Reid, *Tongues of Conscience: War and the Scientists' Dilemma* (New York: Contable, 1969) [リード（服部学訳）『戦争と科学者——良心のジレンマ』（ダイヤモンド社，1972)]，第6章；Banesh Hoffmann, *Albert Einstein: Creator and Rebel* (New York: New American Library, 1972), pp. 205-210; 足立壽美『オッペンハイマーとテラー——悲劇の物理学者たち』（現代企画室，1987)，第10章；藤永茂『ロバート・オッペンハイマー——愚者としての科学者』（朝日選書，1996)，226-229頁.

25) マンハッタン計画については，Richard Rhodes, *The Making of the Atomic Bomb* (New York and London: Simon and Schuster, 1986) [ローズ（神沼二真，渋谷泰一訳）『原子爆弾の誕生』上・下（紀伊國屋書店，1995)] が詳しい．また，山崎正勝・日野川静枝編著『原爆はこうして開発された』（青木書店，1990)；山極晃・立花誠逸編，岡田良之助

訳『資料マンハッタン計画』（大月書店，1993）； James Hershberg, *James B. Conant: Harvard to Hiroshima and the Making of the Nuclear Age* (New York: Alfred A. Knopf, 1993)；坂本義和編『核と人間 I ――核と対決する 20 世紀』（岩波書店，1999）所収の諸論文参照.

26) ドキュメンタリー映画の "The Day after Trinity," PBS 製作，U.S.A., 1980［「オッペンハイマーと原爆――われは死なり，世界を滅ぼす者」（日本語版，NHK）］は，ロスアラモスで原爆開発に携わった科学者たちのインタヴューをもとに，この時期の研究者の心理をよく描いている.「テクノロジーの落とし穴」は，オッペンハイマーの弟で物理学者のフランク（Frank Oppenheimer）の言葉.

27) 科学者の社会的責任を論じた邦書として，唐木順三『「科学者の社会的責任」についての覚え書』（筑摩書房，1980）；吉岡斉『科学者は変わるか――科学と社会の思想史』（社会思想社，1984）；村上陽一郎『科学者とは何か』（新潮社，1994）；上岡義雄『神になる科学者たち――21 世紀科学文明の危機』（日本経済新聞社，1999）などがある.

28) オッペンハイマーが戦後間もなく行った，原爆に関する講演や寄稿は次の文献に集録邦訳されている. オッペンハイマー（美作太郎・矢島敬二共訳）『原子力は誰のものか』（中央公論社，1957）；引用は訳書，137 頁以下より. またリード『戦争と科学者』（注 12-24），第 10 章；村山磐『オッペンハイマー――科学とデーモンの間』（太平出版社，1977）；Peter Goodchild, *J. Robert Oppenheimer: Shatterer of Worlds* (Boston: Houghton Mifflin, 1981)［グッドチャイルド（池澤夏樹訳）『ヒロシマを壊滅させた男オッペンハイマー』（白水社，1982）］；吉岡斉『科学者は変わるか』（注 12-27），145–152 頁；Barton J. Bernstein, "In the Matter of J. Robert Oppenheimer," *Historical Studies in the Physical Sciences*, 12, Part 2 (1982): 195–252; *idem.*, "Four Physicists and the Bomb: The Early Years, 1925–1950," *Historical Studies in the Physical and Biological Sciences*, 18, Part 2 (1988): 231–263；中沢志保『オッペンハイマー』（中公新書，1995）；藤永『ロバート・オッペンハイマー』（注 12-24），第 11 章；Kai Bird and Martin J. Sherwin, *American Prometheus: The Triumph and Tragedy of J. Robert Oppenheimer* (London: Atlantic Books, 2005)；S. S. Schweber, *In the Shadow of the*

Bomb: Oppenheimer, Bethe, and the Moral Responsibility of the Scientist (Princeton: Princeton University Press, 2007) 参照. インタヴューの引用は "The Day after Trinity" (注 12-26) より.

29) アインシュタインの平和活動については, Albert Einstein, *Einstein on Peace*, ed. Otto Nathan and Heinz Norden (New York: Schocken Books, 1968) [アインシュタイン著, ネーサン, ノーデン編 (金子敏男訳)『アインシュタイン平和書簡』全3巻 (みすず書房, 1974-77)] 参照.

30) 冷戦期のアメリカの軍事研究, 宇宙科学などについての歴史的研究は最近盛んになりつつある. *Science After '40, Osiris*, 2nd Series, 7 (1992), ed. Arnold Thackray 所収の諸論文; Paul Forman, "Behind Quantum Electronics: National Security as Basis for Physical Research in the United States, 1946-1960," *Historical Studies in the Physical and Biological Sciences*, 18, Part 1 (1987); 149-229; Peter Galison and Barton Bernstein, "In Any Light: Scientists and the Decision to Build the Superbomb, 1952-1954," *ibid.*, 19, Part 2 (1989): 267-347; Daniel J. Kevles, "Cold War and Hot Physics: Science, Security, and the American State, 1945-1956," *ibid.*, 20, Part 2 (1990): 239-264; Robert A. Divine, *The Sputnik Challenge: Eisenhower's Response to the Soviet Satellite* (New York: Oxford University Press, 1993); Lawrence Badash, *Scientists and the Development of Nuclear Weapons: from Fission to the Limited Test Ban Treaty, 1939-1963* (Atlantic Highlands, New Jersey: Humanities Press, 1995); Jessica Wang, *Ameircan Science in the Age of Anxiety: Scientists, Anticommunism, and the Cold War* (Chapel Hill and London: University of North Carolina Press, 1999) 参照.

31) ザイマン『社会における科学』(注 序-4) 下, 351頁.

32) 戦後の日本におけるこの点の議論については, 杉山滋郎『「軍事研究」の戦後史——科学者はどう向きあってきたか』(ミネルヴァ書房, 2017) 参照.

終章　科学・技術批判の時代

1) Rachel L. Carson, *Silent Spring* (Greenwich, Connecticut: Fawcett,

1962）［カーソン（青樹簗一訳）『沈黙の春』（新潮文庫，1974）］，邦訳，11-13頁．エコロジー思想の歴史については，Donald Worster, *Nature's Economy: A History of Ecological Ideas*, new edition (Cambridge: Cambridge University Press, 1985)［オースター（中山茂・成定薫・吉田忠訳）『ネイチャーズ・エコノミー――エコロジー思想史』（リブロポート，1989）］；Edmund P. Russell, *War and Nature: Fighting Humans and Insects with Chemicals from World War I to Silent Spring* (Cambridge: Cambridge University Press, 2001) 参照．

2）カーソン『沈黙の春』（注 終-1），13頁．

3）Theo Colborn, Dianne Dumanoski, and John P. Myers, *Our Stolen Future: Are We Threatening Our Fertility, Intelligence, and Survival?: A Scientific Detective Story* (New York: Dutton, 1996)［コルボーン，ダマノスキ，マイヤーズ（長尾力訳）『奪われし未来』（翔泳社，1997）］．化学物質とその危険性を歴史的に平易に解説したものとして，美浦義明『化学汚染と人間の歴史』（築地書館，1999）；常石敬一『NHK人間講座　20世紀の化学物質――人間が造り出した"毒物"』（日本放送出版協会，1999）などがある．

4）環境運動の歴史については，John McCormick, *The Global Environmental Movement*, 2nd ed. (Chichester: John Wiley and Sons, 1995)［マコーミック（石弘之・山口裕司訳）『地球環境運動全史』（岩波書店，1998）］参照．Donella H. Meadows, et al., *The Limits to Growth: A Report for the Club of Rome's Project on the Predicament of Mankind* (London: Earth Island, 1972)［メドウズほか（大来佐武郎監訳）『成長の限界』（ダイヤモンド社，1972）］は，国家を代表しない世界的な提言機関であるローマ・クラブの人類の危機への報告書として有名．高木仁三郎『市民科学者として生きる』（岩波新書，1999）は，アカデミズムを離れ「市民科学者」として原子力問題に対峙してきた著者の自伝であり示唆に富む．

5）放射線の被曝の危険性について歴史的に概観した書として，Catherine Caufield, *Multiple Exposures: Chronicles of the Radiation Age* (New York: Perennial Library, 1989)［コーフィールド（友清裕昭訳）『被曝の世紀――放射線の時代に起こったこと』（朝日新聞社，1990）］がある．

日本の原子力の歴史については，吉岡斉『原子力の社会史――その日本的展開』（朝日選書，1999；新版，2011）に詳しい．また佐々木力『科学論入門』（岩波新書，1996）第5章参照．

6）アシロマー会議とその影響については，June Goodfield, *Playing God: Genetic Engineering and the Manipulation of Life* (London: Hutchinson, 1977)［グッドフィールド（中村桂子訳）『神を演ずる――遺伝子工学と生命の操作』（岩波書店，1979）］；Sheldon Krimsky, *Genetic Alchemy: The Social History of the Recombinant DNA Controversy* (Cambridge, Massachusetts: MIT Press, 1982)；小泉賢吉郎「科学技術と政策 I ――大衆参加への道」『科学』第53巻（1983. 3）：162-168参照．分子生物学の通史としては，Michel Morange, *A History of Molecular Biology*, trans. from the French by Matthew Cobb (Cambridge, Massachusetts, and London: Harvard University Press, 1998）が読みやすい．バイオテクノロジーの歴史については Arnold Thackray, ed., *Private Science: Biotechnology and the Rise of the Molecular Sciences* (Philadelphia: University of Pennsylvania Press, 1998）参照．遺伝子組み換えの産業化については，Susan Wright, "Recombinant DNA Technology and Its Social Transformation, 1972-1982," *Osiris*, 2nd Series, 2 (1986): 303-360 参照．

7）ヒトゲノム計画については，Daniel J Kevles and Leroy Hood, eds., *The Code of Codes: Scientific and Social Issues in the Human Genome Project* (Harvard University Press, 1992)［ケブルス，フード編（石浦章一，丸山敬訳）『ヒト遺伝子の聖杯――ゲノム計画の政治学と社会学』（アグネ承風社，1997）］; Michael Fortun, "The Human Genome Project and the Acceleration of Biotechnology," in *Private Science*, ed. Thackray（注 終-6), pp. 182-201 参照．

8）優生学の歴史については多数の文献があるが，Daniel J. Kevles, *In the Name of Eugenics: Genetics and the Uses of Human Heredity* (Berkeley and Los Angeles: University of California Press, 1986)［ケヴルズ（西俣総平訳）『優生学の名のもとに――「人種改良」の悪夢の百年』（朝日新聞社，1993）］が代表的．ナチスと優生学のかかわりについては，たとえばオルフ＝ナータン編『第三帝国下の科学』（注 12-23）所収の

諸論文；米本昌平『遺伝管理社会――ナチスと近未来』(1989, 弘文堂)参照. 日本を含む各国の優生学については, 米本昌平・松原洋子・橳島次郎・市野川容孝『優生学と人間社会――生命科学の世紀はどこへ向かうのか』(講談社現代新書, 2000) 参照.

9) アリストテレス (出隆訳)『形而上学』上 (岩波文庫, 1959), 21頁.

10)「ニューサイエンス」の呼称はわが国の論壇やジャーナリズムで, とくに1980年代によく使われた和製英語である. この種の思潮としてわが国に紹介された本は多数にのぼるが, ここでは代表的な邦訳書を掲げておく. G.ベイトソン (佐藤良明訳)『精神と自然』(思索社, 1982)；D.ボーム (佐野正博訳)『断片と全体』(工作舎, 1985)；F.カプラ (吉福伸逸・田中三彦・島田裕巳・中山直子訳)『タオ自然学』(工作舎, 1979)；同 (吉福伸逸・田中三彦・上野圭一・菅靖彦訳)『ターニング・ポイント』(工作舎, 1984)；A.ケストラー (村上陽一郎訳)『偶然の本質』(蒼樹書房, 1974)；同 (田中三彦・吉岡佳子訳)『ホロン革命』(工作舎, 1983)；同, スミシーズ編 (池田善昭監訳)『還元主義を超えて』(工作舎, 1984)；J. E.ラヴロック (スワミ・プレム・プラブッダ訳)『地球生命圏――ガイアの科学』(工作舎, 1984)；R.シェルドレイク (幾島幸子・竹居光太郎訳)『生命のニューサイエンス』(工作舎, 1986)；L.ワトソン (木幡和枝・村田恵子・中野恵津子訳)『生命潮流』(工作舎, 1981)；A.ワイル (名谷一郎訳)『ナチュラル・マインド』(草思社, 1977)；K.ウィルバー (吉福伸逸・菅靖彦訳)『意識のスペクトル1・2』(春秋社, 1985)；同編 (井上忠・井上章子・山本巍・伊藤惣康・渡辺邦夫訳)『空像としての世界――ホログラフィをパラダイムとして』(青土社, 新訂版, 1984). また, 湯浅泰雄・竹本忠雄編『科学・技術と精神世界――日仏協力筑波国際シンポジウム』全5巻 (青土社, 1986-87) 参照. このように「ニューサイエンス」といわれるものは, 物理学・生態学・生物学・心理学・医学など多方面にわたっている. ただし, どこからどこまでをこのカテゴリーに入れるかは, 識者により意見の分かれるところである. また, こうした思潮に対する強い反発もある.「もう1つの科学」に類する思潮の「賛否」をめぐる議論は多いものの, その興隆を1つの歴史現象として科学史の視座から客観的に分析した研究はまだほとんどない.

上記の流れとは多少異なるが，1970年代に邦人により著された科学批判の書として，柴谷篤弘『反科学論』（みすず書房，1973）；同『あなたにとって科学とは何か』（みすず書房，1977）がよく知られている．

アメリカの中世史家・技術史家ホワイトは，すでに1967年の『サイエンス』誌に「生態学的危機の歴史的根源」と題する論考を発表し，今日の自然や生態系の破壊にともなう危機が，近代科学に内包されるキリスト教的自然観・人間観（主体・客体の分離，自然征服・支配，自然改造）の所産であることを指摘し，欧米の識者の間に大きな反響を呼びおこした．Lynn White, Jr., "The Historical Roots of Our Ecologic Crisis," *Science*, 155（1967）: 1203-1207; ホワイト『機械と神』（注2-9）第5章所収．ホワイトの見解は，フェミニズム運動家によっても評価され，女性学の立場からの現代科学技術批判にもしばしば引用されている．たとえば，ロスチャイルド編『女性vsテクノロジー』（注2-6）．ホワイト論文の評価に関しては，小川眞里子「技術とキリスト教――『今日の生態学的危機の歴史的根源』その後」，大野・小川編著『科学史の世界』（注11-15）所収，215-234頁参照．

11）適正技術・代替技術については，E. F. Schumacher, *Small Is Beautiful: A Study of Economics as if People Mattered*（London: Muller, Blond & White, 1973）［シューマッハー（小島慶三・酒井懋訳）『スモール・イズ・ビューティフル――人間中心の経済学』（講談社学術文庫，1986）］；David Dickson, *Alternative Technology and the Politics of Technical Change*（Glasgow: Fontana, 1974）［ディクソン（田窪雅文訳）『オルターナティブ・テクノロジー――技術変革の政治学』（時事通信社，1980）］参照．また，里深文彦『等身大の科学――80年代科学技術への構想』（日本ブリタニカ，1980）；同『もうひとつの科学　もうひとつの技術』（現代書館，1985）；中山茂『科学と社会の現代史』（岩波書店，1981），第8-9章；吉岡斉『テクノピアをこえて――科学技術立国批判』（社会評論社，改訂版，1985），第3章参照．

12）イギリスでは90年代に入ると，ATの一部はビジネスや国の政策にも採り入れられるようになったといわれる．里深文彦「もうひとつの技術が『もうひとつ』でなくなる日」『Sclas　サイアス』1997年10月17日号：58-60参照．

ちくま学芸文庫

科学の社会史　ルネサンスから20世紀まで

二〇一八年十月十日　第一刷発行
二〇二二年十二月五日　第七刷発行

著者　古川安（ふるかわ・やす）
発行者　喜入冬子
発行所　株式会社　筑摩書房
東京都台東区蔵前二―五―三　〒一一一―八七五五
電話番号　〇三―五六八七―二六〇一（代表）
装幀者　安野光雅
印刷所　株式会社精興社
製本所　加藤製本株式会社

ISBN978-4-480-09883-2 C0140